AF818546

DEUTSCHE AUTOS

Legendäre Modelle seit 1945

Roland Löwisch

Joachim Hack

IMPRESSUM

HEEL Verlag GmbH
Gut Pottscheidt
53639 Königswinter
Telefon 02223 9230-0
Telefax 02223 9230-13
info@heel-verlag.de
www.heel-verlag.de

© 2021 HEEL Verlag GmbH, Königswinter
2. Auflage 2025

Verantwortlich für den Inhalt:
Roland Löwisch

Lektorat:
Jan Weiden

Lithographie, Satz und Gestaltung:
F5 Mediengestaltung Ralf Kolmsee, Bonn

Alle Rechte, auch die des Nachdrucks, der Wiedergabe in jeder Form und der Übersetzung in andere Sprachen, behält sich der Herausgeber vor. Es ist ohne schriftliche Genehmigung des Verlages nicht erlaubt, das Buch und Teile daraus auf fotomechanischem Weg zu vervielfältigen oder unter Verwendung elektronischer bzw. mechanischer Systeme zu speichern, systematisch auszuwerten oder zu verbreiten. Ebenso untersagt ist die Erfassung und Nutzung auf Netzwerken, inklusive Internet, oder die Verbreitung des Werkes auf Portalen wie Googlebooks.

Fotonachweis:
Archiv HEEL Verlag, Archive Hersteller, Jürgen Schlegelmilch

Titelfoto: ©Benz AG

Alle Angaben ohne Gewähr, Irrtümer vorbehalten

Printed in Latvia

ISBN: 978-3-96664-147-0

DEUTSCHE AUTOS

Legendäre Modelle seit 1945

Roland Löwisch
Joachim Hack

HEEL

300
LB DD 990

Unglaublich, wie die Zeit vergeht – schon wieder sind 12 Jahre vorbei, seit wir das Werk „Deutsche Autos seit 1945" veröffentlicht haben. Es ist also höchste Zeit für ein Update, denn es hat sich in der Zwischenzeit viel getan bei den deutschen Autoherstellern.

Wer sein Lieblingsauto – oder die schon immer gehasste grauenvolle Möhre – jetzt hier trotzdem nicht findet, bitte nicht böse sein: Die Redaktion kam nicht umhin, eine Auswahl anzubieten, wenn auch eine sehr umfangreiche. Aber es existieren so viele Generationen, Varianten, Motorisierungen und Sondermodelle, dass wir auf technisch begrenztem Platz nicht alle erfassen können. Aus gleichem Grund kommen in den Technischen Daten zum Beispiel auch nur die serienmäßigen Getriebeausstattungen und Antriebsarten vor. Und Sie werden auch – von sehr wenigen Ausnahmen abgesehen – viele der absoluten Top-Sportler der jeweiligen Baureihen nicht finden, jedenfalls nicht bei Mercedes, BMW und Audi mit ihren jeweiligen AMG-, M- und quattro-Varianten. Das liegt daran, dass diese drei „Werkstuner" (die quattro GmbH heißt seit 2017 „Audi Sport" GmbH) schon seit den 1960er bis 1980er Jahren als eigene Gesellschaften geführt werden und wesentlich mehr Modelle anbieten als OPC von Opel (seit 1997) und R von VW (seit 2010). Deren Produkte werden im Buch „Deutsche Sportwagen" gewürdigt. Zum Beispiel ein Porsche 911 darf allerdings nicht fehlen, selbst wenn es ein reiner Sportwagen ist. Aber eben auch ein unglaublich deutsches Auto. Dafür sind dann die GT-Varianten hier nicht aufgeführt.

Und wer sich über die Einordnungen in die „Bauart" wundert: Die Redaktion hat versucht, die Antwort darauf so einfach wie möglich zu gestalten, auch wenn es in vielen Fällen recht unterschiedliche Meinungen zu der Kategorisierung geben wird. Ein Smart als „Coupé" zu bezeichnen, tut weh, aber „Kleinstwagen" ist eben keine Karosserieform. Und ob „Microvan", „Minivan", Kompaktvan", „Großraumvan" oder „Sportsvan" (letzteres meiner Meinung nach nichts anderes als eine Marketingerfindung, die versucht, zwei sich gegenseitig ausschließende Begriffe zu vereinen) liegt immer am Raumbedarf der Käufer und deren Zufriedenheit, ihn auszunutzen zu können. Übrigens: Viertürige Coupés sind hier unter „Limousinen" gelistet – eine Folge unserer Erfahrungen, dass klassische Coupés nicht mehr als zwei Türen besitzen. Wobei jedoch nicht jede Limousine mit nur zwei Türen ein Coupé ist.

Spannend übrigens die technische Revolution von Verbrennungsmotoren zu elektrischen Antrieben in Massenautos, die hier gerade noch in ihren Anfängen miterfasst werden konnten. Wir sind gespannt, wie sich das entwickelt haben wird, wenn wir in spätestens 12 Jahren wieder eine Aktualisierung anbieten …

Hamburg/Königswinter im April 2021

Roland Löwisch

Alpina B5, B5 S

Auch wenn Alpina als „Autohersteller" eingetragen ist – die Basis für jeden Alpina ist unverkennbar ein BMW. Der B5 war Nachfolger des Alpina B10, der von 1989 bis 1996 als schnellste Serienlimousine der Welt galt. Als Basis dienten der Fünfer-BMW E60/E61 als Limousine und Kombi sowie der 4.4-Liter-Motor aus dem ehemaligen 545i/745i. Alpina stärkte nicht nur den Motor, sondern baute größere Bremsen ein, ein anderes Fahrwerk samt „Elektronischer Dämpfer Control" (EDC), eine Edelstahl-Schalldämpferanlage mit poliertem Doppelendrohr und sorgte für die für Alpina typischen Änderungen des Ex- und Interieurs. Für die Fans von Details: Der V8 wurde von einem Radialverdichter aufgeladen. Der von der Firma ASA bezogene Lader wurde auch „Turbessor" genannt, da er die Vorteile von Turbolader und Kompressor vereinen sollte. Bei niedrigen Drehzahlen sprach er spontan an wie ein herkömmlicher Verdränger-Kompressor, er konnte aber auch sofort die Schubkraft eines Turbos liefern. Genau wie dieser erreichte er auch Drehzahlen von mehr als 100.000 Umdrehungen pro Minute. Anders ausgedrückt: 500 statt der serienmäßigen 333 PS. 2007 schob Alpina eine 530 PS starke S-Version nach.

Baujahr	2005-2011
Motor-Bauart	V8
Hubraum (cm^3)	4398
Leistung (PS/U/min)	500, 530
Vmax in (km/h)	310 bis 317
Bauart	Limousine (4-türig), Kombi
Produktionszahl	k.A.

Alpina B6, B6 S

Baujahr	2006-2010
Motor-Bauart	V8-Kompressor
Hubraum (cm^3)	4398
Leistung (PS/U/min)	500, 530
Vmax in (km/h)	311 bis 318
Bauart	Coupé, Cabriolet
Produktionszahl	k.A.

Schon die 6er Reihe von BMW war sowohl technisch als auch optisch ein Hingucker – klar, dass es das von Alpina veredelte Modell auf dieser Basis namens B6 auch war. Alpina-Chef Burkard Bovensiepen zeigte seinen B6 als Cabrio auf der IAA im Herbst 2005, das Coupé folgte im selben Jahr auf der Tokyo Motor Show. Ab 2006 waren die optisch dezent aufgerüsteten Power-Sechser mit satten 500 PS dank einem aufgeladenen 4.4-Liter-V8 bei uns zu haben. Da sich Alpina nicht an die freiwillige Höchstgeschwindkeitsgrenze der deutschen Hersteller von 250 km/h hielt, rannten diese Autos mehr als 310 km/h. Das Alpina-Cabrio war mit später 313 km/h Spitze eines der schnellsten viersitzigen Cabriolets auf dem Markt. Im Herbst 2007 folgte ein Facelift, natürlich begleitet von noch mehr PS (jetzt 530 an der Zahl) und der Namensänderung in B6 S. Das Coupé konnte so gerüstet 318 km/h erreichen.

Alpina B3 Biturbo, B3 S Biturbo

Genfer Salon, Festival of Speed in Goodwood und IAA in Frankfurt – keine schlechten Adressen, um den neuen Alpina B3 Biturbo als Limousine, Coupé und Cabriolet in Szene zu setzen. Die Kombiversion Touring folgte allerdings erst 2008 im Zuge eines Facelifts. Was nicht so schlimm war, konnte man doch erstmal mit 360 PS aus einem Dreiliter-Sechszylinder mit zwei Turboladern spielen und sogar optional mit Allradantrieb (Ausnahme: Cabriolet). 2010 gab es die zweite B3-Biturbo-Welle, jetzt mit satten 400 PS, was den Sprint in 4,9 Sekunden ermöglichte. Die Power wurde erreicht dank 40 Prozent größerer Querschnitte bei den Ansaugwegen, zweier motornahen Kats bei der neuen Abgasanlage, 1,3 bar Druck der Lader und einer angepassten Motorsteuerung. Trotz aller Kraft und dem entsprechenden Fahrwerk freuten sich die Kunden auch über tatsächlich noch vorhandenen Komfort.

Baujahr	2007-2013
Motor-Bauart	Reihensechszylinder-Biturbo
Hubraum (cm³)	2979
Leistung (PS/U/min)	360, 400
Vmax in (km/h)	285, 300
Bauart	Limousine, Kombi, Coupé, Cabriolet
Produktionszahl	k.A.

Alpina D3 Biturbo

Ein Alpina ohne Streifen auf der Seite ist kein Alpina – das galt auch für einen Diesel, hier in Gold und Silber. Aber was für ein Diesel: Der D3 Biturbo basierte auf dem BMW E90, büßte aber unter den Fingern der Tuner aus Buchloe im schwäbischen Landkreis Ostallgäu die BMW-Badges ein – vor allem im Innenraum. Am Dachhimmel fand man in der Mitte, bei den Schaltern für die Innenraumbeleuchtung, eine Plakette mit der jeweiligen Fahrzeugnummer. Die Besitzer waren besonders stolz auf den Vierzylinder-Dieselmotor mit zwei Turboladern, der 214 PS leistete, was den Sprint in 6,9 Sekunden garantierte. Und sie hatten die Wahl, ob sie eine Limousine, den Touring oder das Coupé fahren wollten – für letzteres legte man zunächst gut 40.000 Euro auf den Tisch des Hauses. Dafür musste in Kauf genommen werden, dass es keinen Endschalldämpfer gab – Soundtuning a la Alpina. Genau 1301 Stück der Dieselspaßversion wurden gebaut, am Heck auf den ersten Blick nur durch die Spoilerlippe auf der Kofferraumklappe zu erkennen.

Baujahr	2007-2013
Motor-Bauart	Vierzylinder-Biturbodiesel
Hubraum (cm³)	1995
Leistung (PS/U/min)	214
Vmax in (km/h)	241, 244
Bauart	Limousine, Kombi, Coupé
Produktionszahl	1301

Alpina B3

Baujahr	seit 2020
Motor-Bauart	Reihensechszylinder-Biturbo
Hubraum (cm^3)	2993
Leistung (PS/U/min)	462
Vmax in (km/h)	303, 300
Bauart	Limousine, Kombi
Produktionszahl	k.A.

Das „Deutsche Auto des Jahres 2021" in der Kategorie „Performance": BMW Alpina B3. Mit einer Leistung von 462 PS liegt der B3 beinahe auf dem Niveau des neuen BMW M3. Doch während der M3 mit aggressivem Design, gewaltigen Nüstern und beinahe nervösem Fahrverhalten antritt, gibt sich der B3 diskret: Die Karosserie entspricht dem regulären 3er, die visuellen Indikatoren für die überlegene Leistung dieser Sportlimousine beschränken sich auf zurückhaltendes Spoilerwerk und die Alpina-typischen Designstreifen, die man auf Wunsch auch weglassen kann. Der Spurt von 0 auf 100 km/h wird in nur 3,8 Sekunden absolviert, die Spitze liegt bei überragenden 303 km/h – ein Alpina verzichtet seit jeher darauf, den Fahrer mit künstlicher Abriegelung zu bevormunden. Im Interieur dominiert klassische Handwerkskunst: Die optionale Lavalina-Belederung und die Edelholz-Ausstattung mit Alpina-Klavierlack erfreuen Nostalgiker und setzen nach wie vor Maßstäbe. 79.202 Euro werden für die Limousine fällig, die Touring-Variante kostet 80.956 Euro.

Amphicar (Modell 770)

Wer schon immer ein Auto haben wollte, das auch als veritables Boot eingesetzt werden konnte, war mit Hans Trippels Amphicar-Konzept nicht schlecht bedient. Man musste sich aber darüber im Klaren sein, dass dieses Fahrzeug Beides nicht besonders gut konnte: Als Straßenfahrzeug war es mit seinem kleinvolumigen Triumph-Herald-Motor zu langsam, und das Fahrverhalten ist nicht allzu Vertrauen erweckend. Als Boot ist es schwerfällig und mangels eines echten Ruders kaum zu manövrieren.

Baujahr	1961-1968
Motor-Bauart	Vierzylinder (Reihe)
Hubraum (cm³)	1147
Leistung (PS/U/min)	38 bei 4750
Vmax in (km/h)	115
Bauart	Cabriolet
Produktionszahl	3500

Audi (Audi, Audi 75, Audi 80, Audi Super 90, Audi 60)

Die neuen Audi-Modelle entstanden nach dem Verkauf der Auto Union GmbH durch Daimler-Benz unter der Ägide des neuen Besitzers Volkswagen. Nach dem Schwanengesang des Zweitaktheulers DKW F 102 hatte man schon mit dem schlicht „Audi" genannten Viertakt-Erstling einen gelungenen Anfang gemacht. Die nachfolgenden Typen 60, 75, 80 und Super 90 setzten mit ihren sogenannten Mitteldruckmotoren technische Akzente, die die Basis für Audis sensationelle Aufwärtsentwicklung darstellten.

Baujahr	1965-1972
Motor-Bauart	Vierzylinder (Reihe)
Hubraum (cm³)	1496, 1696, 1770
Leistung (PS/U/min)	55 bei 4750 bis 90 bei 5200
Vmax in (km/h)	137 bis 163
Bauart	Limousine (2-türig), Limousine (4-türig), Kombi
Produktionszahl	416.852

Audi 100 Limousine, Werkscode C1

Baujahr	1968-1976
Motor-Bauart	Vierzylinder (Reihe)
Hubraum (cm³)	1760, 1871
Leistung (PS/U/min)	80 bei 5000 bis 112 bei 5700
Vmax in (km/h)	156 bis 180
Bauart	Limousine (2-türig), Limousine (4-türig)
Produktionszahl	796.787

Audis Einstieg in die gehobene Mittelklasse begann 1968. Der „100" markierte einen wichtigen Schritt heraus aus dem Schatten der DKW-Vergangenheit. Frontantrieb, üppiges Raumangebot und solide Technik kennzeichneten die neuen Modelle. Zahlreiche Ausstattungsvarianten konnten im Laufe der Jahre mit Motoren von 80 bis 112 PS kombiniert werden. Die Baureihe wurde zu einer echten Konkurrenz für die mittelgroßen Mercedes- und BMW-Modelle, litten aber zu Unrecht etwas unter ihrem Image als Beamtenauto.

Audi 100 Coupé S

Baujahr	1970-1976
Motor-Bauart	Vierzylinder (Reihe)
Hubraum (cm³)	1871
Leistung (PS/U/min)	112 bei 5700, 115 bei 5500
Vmax in (km/h)	185
Bauart	Coupé
Produktionszahl	30.687

Die sportliche Version der bürgerlichen Limousine sicherte sich rasch eine treue Fangemeinde. Mit etwas leistungsgesteigertem Antriebsaggregat und noblerer Ausstattung sprach es eine individualistischere Klientel an, denn Konkurrenz in diesem Marktsegment gab es bei inländischen Mitanbietern kaum. Auch heute noch gibt es einen harten Kern von Audi Coupé-Enthusiasten.

Audi 80

Der moderne Mittelklassewagen war Wegbereiter der späteren Erfolgsmodelle VW Passat, Golf und Scirocco, die dem angeschlagenen VW-Konzern den Weg aus der Krise wiesen. Es gab das völlig neu konstruierte Auto ab Sommer 1972 in sechs Ausstattungs- und vier Motorisierungsvarianten von 55 bis 100 PS. Besonderen Anklang fanden neben der hohen Praxistauglichkeit auch die guten Fahreigenschaften des 80ers, der die Ingolstädter auf einen steilen Erfolgsweg brachte.

Baujahr	1972-1978
Motor-Bauart	Vierzylinder (Reihe)
Hubraum (cm³)	1297, 1471, 1588
Leistung (PS/U/min)	55 bei 5500, 100 bei 6000, 110 bei 6100
Vmax in (km/h)	147 bis 181
Bauart	Limousine (2-türig), Limousine (4-türig)
Produktionszahl	1.103.766

Baujahr	1974-1978
Motor-Bauart	Vierzylinder (Reihe)
Hubraum (cm³)	1093, 1272
Leistung (PS/U/min)	50 bei 5800, 60 bei 6000, 60 bei 5600
Vmax in (km/h)	142, 152
Bauart	Limousine (2-türig)
Produktionszahl	180.812 87

Audi 50

Der neue Audi 50 wurde 1974 sofort zum Verkaufsschlager. Prompt machte ihn die Konzernmutter VW ein halbes Jahr nach Serienanlauf zu seinem optisch identischen VW Polo. Damit war das Schicksal des kleinen noblen Ingolstädters besiegelt: Im Juli 1978 wurde seine Produktion nach nur 181.000 Exemplaren eingestellt. So wurde der Kompaktwagen zu einer interessanten Fußnote der Automobilhistorie: Als erster deutscher Kleinwagen erschloss er jene Marktlücke, die bis dato von einheimischen Herstellern vernachlässigt worden war. Es gab den Audi 50 in den zwei Ausstattungsversionen LS und GLS, seine Motoren leisteten 50 oder 60 PS.

Audi 80 GTE

Baujahr	1975-1978
Motor-Bauart	Vierzylinder (Reihe)
Hubraum (cm³)	1588
Leistung (PS/U/min)	110 bei 6100
Vmax in (km/h)	178
Bauart	Limousine (2-türig), Limousine (4-türig)
Produktionszahl	k.A.

Mit 100 PS, Breitreifen und sportlichen Ausstattungsmerkmalen hatte Audi seinen 80 GT versehen und damit zwei Jahre vor dem Golf GTI erahnt, wohin der Trend laufen würde. Im Herbst 1975 kam dann der noch einmal aufgewertete 80 GTE mit Bosch K-Jetronic-Benzineinspritzung, den es bald darauf auch viertürig zu kaufen gab. Seine gut im Saft stehenden 110 PS reichten für eine Spitze von über 180 km/h aus, womit er sich auch im Konkurrenzvergleich nicht verstecken musste.

Audi 100, Werkscode C43

Baujahr	1976-1982
Motor-Bauart	Vierzylinder (Reihe), Fünfzylinder (Reihe)
Hubraum (cm³)	1588, 1984, 2144
Leistung (PS/U/min)	85 bei 5600, 115 bei 5500, 136 bei 5700
Vmax in (km/h)	160 bis 190
Bauart	Limousine (2-türig), Limousine (4-türig)
Produktionszahl	896.299

Die zweite Generation des Audi 100 (intern als Typ 43 bezeichnet) setzte die Erfolgsgeschichte der Modellreihe ungebremst fort. Sicherheit und Komfort hatten im Fokus der Entwicklungsarbeit gestanden. Das Motorenangebot umfasste zwei Vierzylinder mit 1,6 bzw. 2 Litern Hubraum sowie einen innovativen 2,2-Liter-Fünfzylinder, der – laut Audi – die Vorzüge eines Sechszylinders wie Laufkultur und Leistungsniveau aufwies ohne dessen Nachteile in Sachen Fertigungskosten, Wartung und Wirtschaftlichkeit in Kauf nehmen zu müssen.

Audi 200 (200, 200 5E, 200 5T)

Baujahr	1980-1982
Motor-Bauart	Fünfzylinder (Reihe)
Hubraum (cm³)	2144
Leistung (PS/U/min)	136 bei 5700 bis 170 bei 5300
Vmax in (km/h)	184 bis 203
Bauart	Limousine (4-türig)
Produktionszahl	ca. 50.000

Audis erster Versuch, in der Oberklasse mit den dort marktbeherrschenden Konkurrenten aus Stuttgart und München zu konkurrieren, konnte immerhin als Achtungserfolg gelten. Der 200 ähnelte noch zu stark dem 100er und litt vor allem unter einem massiven Imagenachteil. Technisch befand er sich schon auf Augenhöhe mit den Wettbewerbern und vor allem der 2,2-Liter-Fünfzylinder-Turbomotor hatte seinen ganz eigenen Reiz und war ein erstes markantes Indiz für das, was sich im Lauf der nächsten zwei Jahrzehnte bei Audi tun sollte. Der „Vorsprung durch Technik" sollte sich als weit mehr erweisen, denn als bloßer Werbespruch.

Baujahr	1980-1987
Motor-Bauart	Vierzylinder (Reihe), Fünfzylinder (Reihe)
Hubraum (cm³)	1781, 1921, 1944, 2226
Leistung (PS/U/min)	75 bei 4500 bis 90 bei 5200, 115 bei 5900
Vmax in (km/h)	170 bis 200
Bauart	Coupé
Produktionszahl	207.657

Audi Coupé

Ein voller Erfolg wurde das viersitzige Coupé auf Audi-80-Basis, das die Ingolstädter 1980 auf den Markt brachten. Der Schachzug war geschickt: Die optische Verwandtschaft zum innovativen Prestige-Modell quattro gab dem bürgerlich motorisierten und spezifizierten Normal-Coupé den nötigen Schub. An den grundsätzlichen Qualitäten der Baureihe gab es ohnehin nichts zu mäkeln. Grundsolide, sparsam, mit ordentlichem Raumangebot und den lebhaften Vier- und Fünfzylindermotoren war das Coupé eine rundweg gute Wahl für sportlich gesonnene Kleinfamilien, denen Manta und Capri nicht seriös genug waren.

Audi quattro

Der quattro war das Auto, das die Marke Audi in bisher nie gekannte Höhen katapultierte und als ernst zu nehmenden Herausforderer im Premium-Segment etablierte. Nicht mehr unspannende Familienkutschen waren das Thema, sondern mit einem Mal die sexy Welt des Motorsports auf Weltniveau und eindrucksvolle Hochtechnologie. Mit seinem 200 PS starken Turbo-Fünfzylinder samt Vierradantrieb sowie seinem martialischen Auftritt mit bauchigen Kotflügelverbreiterungen setzte er einen ersten starken Impuls für einen nachhaltigen Wandel des Markenimage. Auch in Sachen Fahrdynamik setzte der quattro neue Maßstäbe. Der Markt akzeptierte ihn ohne Wenn und Aber – fast 11.500 Exemplare des teuren Nischenmodells fanden in der rund achtjährigen Produktionszeit einen Käufer.

Baujahr	1980-1990
Motor-Bauart	Fünfzylinder (Reihe)
Hubraum (cm³)	2144
Leistung (PS/U/min)	200 bei 5800
Vmax in (km/h)	235
Bauart	Coupé
Produktionszahl	11.429

Audi 80 quattro

Im Glanz des „großen" quattro sonnte sich auch der Audi 80. 1982 präsentierten die Ingolstädter ein allradgetriebene Spitzenversion des 80ers, die nur von Fünfzylinder-Triebwerken befeuert wurde, entweder mit 2 oder 2,2 Litern Hubraum, aber stets ohne Turbolader. Das machte insgesamt ein durchaus interessantes Paket, es geriet aber ein wenig zu teuer, um Kunden vom 190er Mercedes-Benz oder 3er BMW zu einem Auto zu ziehen, das wie ein Audi 80 aussah und letztlich auch einer war. Die Publikumsresonanz blieb deshalb mau: Nach nur knapp drei Jahren verschwand der 80 quattro sang- und klanglos wieder vom Markt.

Baujahr	1982-1984
Motor-Bauart	Fünfzylinder (Reihe)
Hubraum (cm³)	1944, 2144
Leistung (PS/U/min)	115 bei 5400, 136 bei 5900
Vmax in (km/h)	184, 195
Bauart	Limousine (2-türig), Limousine (4-türig)
Produktionszahl	k.A.

Audi Sport quattro

Ein ganz heißes Eisen, auch wenn es ein wenig skurril aussah. Der Sport quattro war ein nur in limitierter Stückzahl als reines Motorsport-Basisfahrzeug hergestelltes Spezialmodell, das Belange der Ästhetik und unbedingter Alltagstauglichkeit bewusst außer Acht ließ. Handlichkeit, Leistung und Fahrdynamik waren die alles entscheidenden Faktoren. Ein radikal gekürzter Radstand, satte 306 PS aus dem aufgeladenen 2,2-Liter-Fünfzylinder und hochentwickelte Fahrwerkstechnik prädestinierten den Sport quattro zu einem Auto für Spezialisten – aber auch sein Preis: Wer eines der 220 gebauten Exemplare sein Eigen nennen wollte, musste 1984 stolze 200.000 D-Mark berappen.

Baujahr	1984
Motor-Bauart	Fünfzylinder (Reihe)
Hubraum (cm³)	2133
Leistung (PS/U/min)	306 bei 6700
Vmax in (km/h)	250
Bauart	Coupé
Produktionszahl	220

Audi V8

Baujahr	1988-1994
Motor-Bauart	V8
Hubraum (cm³)	3562, 4172
Leistung (PS/U/min)	250 bei 5800, 280 bei 5800
Vmax in (km/h)	235 bis 252
Bauart	Limousine (4-türig)
Produktionszahl	ca. 21.000

Die Ingolstädter näherten sich ihrem Ziel, sich als dritter Oberklasse-Wettbewerber neben Mercedes-Benz und BMW zu positionieren, langsam aber stetig. Der nächste Schritt auf der Leiter – nach dem 200 – war der Audi V8, eine optisch dem seinerzeitigen Audi 100 sehr nahe stehende Nobel-Limousine, die erstmals in der jüngeren Audi-Geschichte von einem Achtzylindermotor angetrieben wurde. Der edel ausgestattete Wagen verfügte serienmäßig über Vierradantrieb und war mit seinen maximal 280 PS souverän motorisiert – aber auch er litt noch unter mangelnder Akzeptanz bei der potenziellen Käuferschicht.

Audi A6, Werkscode C5

Die konsequente Weiterentwicklung des Erfolgsmodells Audi 100 führte zum A6. Der sollte das Jahrzehnte lang etwas behäbige Image der Audi-Fahrzeuge mächtig aufpolieren – was ihm auch mühelos gelang. Allgemein gefällige und dennoch nicht beliebige Optik gepaart mit ausgeprägten technischen Talenten und exzellenter Produktqualität machten den A6 zum ernst zu nehmenden Herausforderer für die BMW 5er Reihe und die Mercedes-Benz E-Klasse. Niemand sprach nun noch über Audi als Hersteller von Beamtenautos…

Baujahr	1997-2003
Motor-Bauart	Vierzylinder (Reihe), V6, V8
Hubraum (cm³)	1781 bis 4172
Leistung (PS/U/min)	110 bei 4150 bis 300 bei 6200
Vmax in (km/h)	190 bis 250
Bauart	Limousine (4-türig), Kombi (5-türig)
Produktionszahl	k.A.

Audi TT, Werkscode 8N

Etwas harzig begann 1998 die Karriere des TT: Die ersten ausgelieferten Fahrzeuge des sportlichen 2+2-Sitzers hatten Stabilitätsprobleme im Hochgeschwindigkeitsbereich. Nach einigen schweren Unfällen, die womöglich auf diese Probleme zurückzuführen waren, reagierten die Ingolstädter prompt, riefen die bereits in Kundenhand befindlichen Fahrzeuge zurück und rüsteten ab sofort alle TT mit einem Abtrieb fördernden Heckspoiler aus. Damit waren zwar die Schwächen des Fahrverhaltens kuriert, die Optik des Sport-Audi für manchen Betrachter aber ruiniert. Bald erinnerte sich kaum noch jemand an dieses Thema – der TT etablierte sich fortan in seiner Klasse bestens.

Baujahr	1998-2005
Motor-Bauart	Vierzylinder (Reihe), VR6
Hubraum (cm³)	1781 bis 3189
Leistung (PS/U/min)	150 bei 5500 bis 250 bei 6500
Vmax in (km/h)	210 bis 240
Bauart	Coupé
Produktionszahl	k.A.

Baujahr	1999-2005
Motor-Bauart	Dreizylinder, Vierzylinder (Reihe)
Hubraum (cm³)	1390 bis 1598
Leistung (PS/U/min)	75 bei 5000 bis 110 bei 5800
Vmax in (km/h)	170 bis 200
Bauart	Limousine (5-türig)
Produktionszahl	k.A.

Audi A2, Werkscode 8Z

Für Audi-Verhältnisse zum Misserfolg geriet der höchst aufwändig konzipierte A2. Aus heutiger Sicht war er seiner Zeit weit voraus, aber vor allem zu teuer. Entwicklungsschwerpunkt war eine Reduzierung des Kraftstoffverbrauchs, die über geringes Gewicht (mittels Einsatz der Aluminium-Spaceframe-Technologie), eine exzellente Aerodynamik und auf Sparsamkeit getrimmte Motoren erreicht werden sollte. Dies alles hatte seinen Preis und forderte hie und da eine gewisse Kompromissbereitschaft. Das kollektive Umweltbewusstsein war 1999 jedoch noch nicht so weit, und dementsprechend wirkte der A2 ein wenig wie ein erhobener Zeigefinger auf vier Rädern.

Audi A8, Werkscode D3

Seit jeher hängen die Trauben im Oberklassesegment national wie international sehr hoch. Speziell Mercedes-Benz legte über Jahrzehnte die Messlatte im Bereich der Spitzen-Limousinen. Audi wollte nach eher zaghaften Versuchen mit den Typen 200 und V8 auch hier einen Pflock einschlagen und präsentierte den A8 mit innovativer Aluminium-Spaceframe-Technologie. V8-motorisiert und von seinen Qualitäten ohne Fehl und Tadel tat sich der A8 (und tut es bis heute) recht schwer, sich gegen die Konkurrenz aus Stuttgart und München auf breiter Front durchzusetzen. Das aktuelle Modell überzeugt vor allem durch modernste Triebwerkstechnologie und ein besonders stilsicher und attraktiv gestaltetes Interieur.

Baujahr	2002-2010
Motor-Bauart	V6, V8, W12
Hubraum (cm³)	2773 bis 5998
Leistung (PS/U/min)	210 bei 5500 bis 450 bei 6200
Vmax in (km/h)	238 bis 250
Bauart	Limousine (4-türig)
Produktionszahl	k.A.

Audi A4, Werkscode B8

Der Nachfolger des Audi 80 katapultierte die Ingolstädter dorthin, wo sie sich schon immer sahen: in den Premiumbereich des jeweiligen Marktsegments. An allen Fronten des neuen Volumenmodells wurden tiefgreifende Qualitätssteigerungen realisiert. In der Gestaltung der Karosserie, des Innenraums, bei den verwendeten Materialien und beim Verarbeitungsstandard. Das bis 2015 auf dem Markt befindliche Modell legte dabei noch einmal zu und kann im Wettbewerbsumfeld von BMW und Mercedes-Benz durchaus als bestes Angebot gelten. Die umfangreiche Motorenpalette reicht vom 1,8-Liter-Vierzylinder mit 160 PS über zahlreiche Dieseltriebwerke bis hin zum 3,2-Liter-V6.

Baujahr	2007-2015
Motor-Bauart	Vierzylinder (Reihe), V6
Hubraum (cm³)	1798 bis 3197
Leistung (PS/U/min)	120 bei 4200 bis 265 bei 6500
Vmax in (km/h)	191 bis 250
Bauart	Limousine (4-türig), Kombi (5-türig), Cabrio
Produktionszahl	k.A.

Audi Q7, Werkscode 4L (3.0 TFSI, 3.6 FSI, 4.2 FSI, 3.0 TDI, 4.2 TDI, V12 TDI)

Baujahr	2005-2015
Motor-Bauart	V6, V6-Kompressor, V8, V6-Turbodiesel, V8-Turbodiesel, V12-Turbodiesel
Hubraum (cm³)	2967 bis 5934
Leistung (PS/U/min)	204 bei 4400 bis 500 bei 3750
Vmax in (km/h)	202 bis 250
Bauart	SUV
Produktionszahl	k.A.

Audi sprang 2005 auf den ratternden SUV-Zug und zeigte sein erstes Sport Utility Vehicle auf der Frankfurter IAA. Der intern 4L genannte hochbeinige Großraumwagen hörte offiziell auf den Namen Q7 und teilte sich mit dem VW Touareg und dem Porsche Cayenne die Plattform. Da Letztere schon eine Weile auf dem Markt waren, profitierte der Q7 von dem Spätstart, weil viele technische Probleme bereits ausgeräumt waren. Die erste Generation des Audi Q7 wurde fast zehn Jahre lang gebaut. 2009 gab es eine Modellpflege, die aber nicht besonders umfangreich war und hauptsächlich aus optischen Retuschen bestand. Lediglich die Motoren wurden im Laufe der Bauzeit signifikant überarbeitet. Das Top-Modell war der V12 TDI mit satten 500 PS und einem gewaltigen Drehmoment von 1000 Nm, aber auch mit einem mindestens ebenso beeindruckenden Gewicht von bis zu 2,7 Tonnen. Er wurde von 2009 bis 2012 angeboten.

Audi R8, Werkscode 42

Die Strategie von Audi ist darauf abgestellt, früher oder später zum weltgrößten Hersteller von Premiumfahrzeugen aufzusteigen. Mit glasklarer Konsequenz wird diese Zielstellung verfolgt – was auch bedeutet, exklusive automobile Imageträger in die Modellpalette zu integrieren. Mit dem R8 taten die Ingolstädter 2007 diesen Schritt. Der bärenstarke Mittelmotor-Renner sollte aber weniger ein kompromissloser Hochleistungssportwagen sein, sondern vielmehr auch im Alltag und auf Reisen überzeugen. Damit trat er von seinen Fähigkeiten her eher in Konkurrenz zum Porsche 911 – freilich ohne dessen unantastbares Prestige erreichen zu können.

Baujahr	2006-2015
Motor-Bauart	V8, V10
Hubraum (cm³)	4163 bis 5204
Leistung (PS/U/min)	420 bei 7800 bis 570 bei 8000
Vmax in (km/h)	301-320
Bauart	Coupé
Produktionszahl	k.A.

Audi A5, Werkscode 8T

Audi erinnerte sich an eine Marktnische, die in Deutschland, aber auch auf Exportmärkten, nicht allzu stark besetzt war und die Markenwerte sowie die Qualitäten der Audi-Fahrzeuge optimal zur Geltung bringen würde: die der 2+2-sitzigen Gran Turismos, kurz GTs genannt. Eine gediegen-sportliche, nicht allzu auffällige Erscheinung, ein reisetaugliches Raumangebot und souveräne Motorisierung kennzeichneten dann auch den 2007 präsentierten A5. Außer dem Mercedes-Benz CLK war weit und breit keine Fahrzeugbaureihe zu sehen, die sich als ernsthafte Konkurrenz zum A5 hätte aufschwingen können. Auch in dieser Marktnische vermochte es Audi, sich markant in Szene zu setzen.

Baujahr	2007-2016
Motor-Bauart	Vierzylinder (Reihe), V6
Hubraum (cm³)	1798 bis 3197
Leistung (PS/U/min)	170 bei 6200 bis 272 bei 6500
Vmax in (km/h)	210 bis 250
Bauart	Coupé
Produktionszahl	k.A.

Audi A3 Cabriolet, Werkscode 8PA (1.2 TFSI, 1.6, 1.8 TFSI, 2.0 TFSI, 1.6 TDI, 1.9 TDI, 2.0 TDI)

Etwas kantiger als der Vorgänger zeigte sich die zweite Generation des Audi A3 im Jahr 2003. Sie stand auf der Golf V-Plattform, ebenso wie zum Beispiel der VW Touran. Das Cabriolet war in Deutschland erst ab 2008 zu haben, es wurde gemeinsam mit dem RS3 Sportback im heimischen Ingolstadt gebaut. Die Kunden hatten die Wahl zwischen 102 bis 200 Benziner-PS, natürlich gab es auch die beliebten TDI-Motoren. Audi machte mit seinem Viersitzer alle glücklich, die keine Fans von zu dieser Zeit so modernen Blechklappdächern waren, weil der A3 (ebenso wie A4) ein klassisches Stoffverdeck erhielt.

Baujahr	2008-2013
Motor-Bauart	Vierzylinder-Turbo (Reihe)
Hubraum (cm³)	1197 bis 1984
Leistung (PS/U/min)	102 bei 5600 bis 200 bei 6000
Vmax in (km/h)	183 bis 234
Bauart	Cabriolet
Produktionszahl	k.A.

Audi S5, Werkscode 8T

Audi hat eine lange Coupé-Tradition – angefangen mit den quattro-Modellen aus den frühen 1980er Jahren, die die Rallyeweltmeisterschaft aufmischten. 1988 bis 1996 bot Audi das Coupé B3 an, dann kam später der TT. Und endlich kam wieder ein neuer großer Sportler, das A5 Coupé; 2007 folgte die scharfe S-Version. Der Audi S5 trug die leicht modifizierte Karosserie des A5 Coupé. Unter dem Singleframe-Grill hing eine aggressive Frontschürze, Allradantrieb und Xenon-Licht waren serienmäßig. Vier abgerundete Auspuffendrohre lugten unter der hinteren Stoßstange hervor, unter der ein Diffusor zu sehen war. Drei Limited-Edition-Serien von jeweils 5 Exemplaren und nur für Japan: mit 19-Zöllern und in Lila und Silbergrau.

Immerhin konnten fünf Personen in dem Auto reisen, vorne gab es sportliche Schalensitze. Alle vier Räder des Sportlers wurden in der ersten Generation von einem 440 Newtonmeter starken 4,2-Liter-V8 angetrieben, der Kunde hatte die Wahl zwischen Sechsgang-Handschalter und Sechsgang-Doppelkupplung. Eine Gewichtsverteilung von 50:50 sorgte für gute Fahreigenschaften. Gab es das Auto zunächst nur als Coupé, kamen 2009 Cabriolet und Sportback hinzu. 2009 ersetzte ein V6-Kompressor mit 333 PS den V8.

Baujahr	2007-2016
Motor-Bauart	V8-Kompressor, V8
Hubraum (cm³)	2995, 4163
Leistung (PS/U/min)	333 bei 6500 und 354 bei 7500
Vmax in (km/h)	250
Bauart	Coupé, Sportback
Produktionszahl	k.A.

Audi Q5, Werkscode 8R (2.0 TFSI, 3.2 FSI, 3.0 TFSI, SQ5 TFSI, 2.0 TFSI hybrid, 2.0 TDI, 3.0 TDI, SQ5 TDI, SQ5 TDI Competition, SQ5 TDI plus)

Baujahr	2008-2016
Motor-Bauart	Vierzylinder-Turbo, V6, V6-Kompressor, Vierzylinder-Turbo mit E-Motor (Reihe)
Hubraum (cm³)	1984 bis 3197
Leistung (PS/U/min)	180 bei 6000 bis 354 bei 6500
Vmax in (km/h)	205 bis 250
Bauart	SUV
Produktionszahl	k.A.

Das erste Mittelklasse-SUV von Audi mit der internen Baureihenbezeichnung 8R war gleich ein Erfolg, was unter anderem an seinem recht zeitlosen Design lag – es gefiel, fiel aber nicht unbedingt auf. Das Auto war ein typischer Audi: Solide und mit guter Qualität, allerdings auch mit recht wenig Ausstattung in der Basisversion. Gebaut wurde er in Deutschland, China und Indien. Technisch lehnte er sich stark an den Audi A4 und A5 an, auch bei den Motoren. Die Kunden hatten die Auswahl aus diversen Benzin- und Dieselmotoren mit bis zu 354 PS. Meistgekauftes Modell war der Zweiliter-Turbodiesel mit Allradantrieb. Von 2011 bis 2015 war auch ein Hybride im Angebot mit 245 PS starkem Vierzylinder-Turbo samt 54 PS starkem E-Motor.

Audi TTS Coupé, Roadster

Baujahr	2008-2014
Motor-Bauart	Vierzylinder-Turbo (Reihe)
Hubraum (cm³)	1984
Leistung (PS/U/min)	272 bei 6000
Vmax in (km/h)	250
Bauart	Coupé, Roadster
Produktionszahl	k.A.

Audi wollte mit dem TTS eine Fahrmaschine anbieten – und das gelang voll und ganz. 272 PS aus einem Zweiliter-Vierzylinder-Turbo für fast 1,4 Tonnen waren ausreichend, um einem das Grinsen ins Gesicht zu zaubern, gemeinsam mit dem Allradantrieb und dem (leider optionalen) Hightech-Doppelkupplungsgetriebe S tronic. Das Fahrwerk war zu keiner Zeit überfordert, was auch an dem elektronischen Dämpfungssystem „Magnetic Ride" lag, mit dem der Pilot seine Technik-Vorlieben einstellen konnte. Das 2+2-Coupé kostete 44.900 Euro, der Roadster 47.750 Euro. Dafür gab's auch dank 350 Nm einen garantierten Sprint von 0 auf 100 km/h in 5,2 Sekunden beim Coupé und 5,4 Sekunden beim Roadster mit Sechsgang-S tronic. Das Top-Tempo war allerdings bei 250 km/h abgeregelt. Aber die Gaspedalspielerei war auf Landstraßen sowieso schöner, weil das Auto so gut am Gas hing und locker bis 6800/min drehte. Ingenieurkunst am Auspuffstrang sorgte für den passenden Sound. So gut übrigens die Automatik war – fast mehr Spaß machte die Arbeit an der Sechsgang-Handschaltung. In Zusammenhang mit dem Allradantrieb fuhr der leicht untersteuernde TTS der meist nur an einer Achse angetriebenen Konkurrenz vor allem bei Nässe und Glätte locker davon.

Baujahr	2009-2016
Motor-Bauart	Vierzylinder-Turbo, V6-Kompressor, Vierzylinder-Turbodiesel, V6-Turbodiesel
Hubraum (cm³)	1798 bis 3197
Leistung (PS/U/min)	160 bei 6200 bis 333 bei 7000
Vmax in (km/h)	210 bis 250
Bauart	Cabriolet
Produktionszahl	k.A.

Audi A5 Cabriolet, S5 Cabriolet, Werkscode 8F (1.8 TFSI, 2.0 TFSI, 3.0 TFSI, 2.0 TDI, 2.7 TDI, 3.0 TDI)

Der neue Audi A5 war ab 2007 zu haben, das Cabriolet folgte erst 2009. Während das Coupé und der Sportback inklusive deren S/RS-Modelle in Ingolstadt vom Band liefen, wurde das Cabrio (interne Typbezeichnung „8F") in allen Ausführungen im Werk Neckarsulm gefertigt. Es löste das Audi A4 Cabrio ab. Besonders interessant ist die Powervariante RS5: Dessen 4.2-Liter-V8 schickt 450 PS auf die Kurbelwelle, und alle vier Räder wurden angetrieben. Das ermöglichte den Sprint in gut fünf Sekunden – schnell genug, um diverse Frisuren durcheinander zu wirbeln. Bei 250 km/h war allerdings elektronisch begrenzt Schluss mit Vortrieb.

Audi A4 allroad quttro, Werkscode B8 (2.0 TFSI, 2.0 TDI, 3.0 TDI)

Einen hochgelegten „Quasioffroadkombi" auf Basis des A6 gab es bereits seit dem Jahr 2000. 2009 versuchte Audi den gleichen Trick mit dem A4 Avant und bot den A4 Allroad an. Die Karosserie lag genau sechs Zentimeter höher als beim A4 Avant, war zudem zwei Zentimeter länger und 1,5 Zentimeter breiter. Außerdem war Allradantrieb Standard. Insgesamt thronte der Allroad satte 18 Zentimeter über dem Grund und kam damit fast an die Daten den SUV Q5 an. Optisch überzeugte das Modell mit breiteren Kotflügeln mit schwarzem Kantenschutz, massiven Schwellern und Unterfahrschutz aus Edelstahl. Respektable 17-Zöller und die auffällige Dachreling luden für leichte Offroadfahrten ein. Die Vierzylinder-Modelle wurden sogar mit einem Start-Stopp-System ausgestattet. Grundpreis für den einfachsten A4 allroad quattro: 37.100 Euro.

Baujahr	2009-2016
Motor-Bauart	Vierzylinder-Turbo(Reihe), Vierzylinder-Turbodiesel (Reihe), V6-Turbodiesel
Hubraum (cm³)	1984 bis 2967
Leistung (PS/U/min)	143 bei 4200 bis 245 bei 4500
Vmax in (km/h)	200 bis 237
Bauart	Kombi
Produktionszahl	k.A.

Audi A1, Werkscode Typ 8X (1.0 TFSI ultra, 1.2 TFSI, 1.4 TFSI, 1.8 TFSI, 2.0 TFSI, 1.4 TDI ultra, 1.4 TDI, 2.0 TDI, A1 quattro, S1)

Baujahr	2010-2018
Motor-Bauart	Dreizylinder-Turbo, Vierzylinder-Turbo, Vierzylinder-Kompressor-Turbo, Dreizylinder-Turbodiesel, Vierzylinder-Turbodiesel (alle Reihe)
Hubraum (cm³)	999 bis 1984
Leistung (PS/U/min)	82 bei 5500 bis 256 bei 6000
Vmax in (km/h)	177 bis 250
Bauart	Limousine
Produktionszahl	909.000

Mit einer Länge von knapp vier Metern war der A1 – gelauncht im Jahr 2010 – das kleinste Modell im Portfolio der vier Ringe. Er teilte sich die Plattform mit dem Seat Ibiza und dem VW Polo. Während die ersten Exemplare bis Anfang 2012 nur als Dreitürer mit Schrägheck angeboten wurden, kam später die fünftürige Sportbackversion hinzu. 2015 gab es ein Facelift, das besonders neue Motoren unter die Motorhauben spülte. Im Herbst 2012 bot Audi ein Sondermodell mit Allradantrieb an, allerdings in nur 333 Exemplaren. Der für 2012 avisierte A1 e-tron erschien dagegen nicht. Audi fokussierte sich lieber ab 2014 auf den S1 mit 231 PS. Der stärkste A1 war allerdings das Sondermodell quattro mit 256 PS. Von der ersten Generation A1 wurden bis 2018 mehr als 900.000 Stück hergestellt.

Baujahr	2010-2017
Motor-Bauart	Vierzylinder-Turbo, (Reihe), V6, V6-Kompressor, V6-Turbodiesel, V6-Biturbodiesel
Hubraum (cm³)	1798 bis 2995
Leistung (PS/U/min)	190 bei 5000 bis 333 bei 6500
Vmax in (km/h)	229 bis 250
Bauart	Limousine
Produktionszahl	k.A.

Audi A7, Werkscode C7 (1.8 TFSI, 2.0 TFSI, 2.5 FSI, 2.8 FSI, 3.0 TFSI, 2.0 TDI ultra, 3.0 TDI, 3.0 TDI ultra, 3.0 TDI clean diesel, 3.0 TDI competition)

Audi erweiterte im Jahr 2010 seine Oberklasse mit einer „Coupé-Limousine" auf Basis des A6 und schaffte dafür die neue Baureihe A7, intern C7 genannt. Die als „Sportback" vermarkteten Fließheckmodelle – wegen der vier Türen keine echten Coupés – liefen in Neckarsulm vom Band und sollten eine Alternative für Käufer sein, denen die klassische A8-Limousine zu konservativ war und die dringend einen Coupé-Look haben wollten. In der ersten Generation des Oberklasse-Coupés von Audi starteten die Preise für einen A7-Neuwagen mit Basisausstattung bei rund 50.000 Euro. 2014 stand bereits ein Facelift an, das sich besonders um die Motoren kümmerte wegen der Umstellung von Euro 5 auf Euro 6. Kraftvollste Art, den A7 zu bewegen, bot – abgesehen von der Supersportversion RS7 – der S7 mit maximal 450 PS. 2018 sorgte die zweite Generation für die Ablösung.

Audi A6, Werkscode C7 (1.8 TFSI, 2.0 TFSI, 2.8 TFSI, 3.0 TFSI, S6, 2.0 TDI, 3.0 TDI, 3.0 TDI competition)

Noch heute gilt der Audi A6 der vierten Generation, intern 4G genannt, als Traum aller Vielfahrer. Das liegt sowohl an seiner guten Qualität, seiner Ausstattung und auch an den Motorleistungen bis zu 450 PS, die Audi mit der Limousine kombiniert. Mit Allradantrieb und V6 wird ihm echtes Oberklassefeeling nachgesagt. 2011 kam er in Deutschland in den Handel, zuerst als Limousine, später als Kombi. Er stand auf dem „modularen Längsbaukasten" (MLB) von Audi. 2014 gab es ein Facelift, wobei hauptsächlich die Motoren modernisiert wurden. Was die Dieselvarianten nicht davor bewahrte, in den Abgasskandal aufgrund von illegalen Abschalteinrichtungen zu geraten. Seit Anfang 2012 war eine Hybrid-Version verfügbar.

Baujahr	2011-2018
Motor-Bauart	Vierzylinder-Turbo (Reihe), V6, V6-Kompressor, V8-Biturbo, Vierzylinder-Turbodiesel (Reihe), V6-Turbodiesel, V6-Biturbodiesel
Hubraum (cm³)	1798 bis 3993
Leistung (PS/U/min)	136 bei 4200 bis 450 bei 6400
Vmax in (km/h)	200 bis 250
Bauart	Limousine, Kombi
Produktionszahl	ca. 900.000

Baujahr	2011-2018
Motor-Bauart	Vierzylinder-Turbo,(Reihe), Fünfzylinder-Turbo (Reihe), Vierzylinder-Turbodiesel (Reihe)
Hubraum (cm³)	1395 bis 2480
Leistung (PS/U/min)	125 bis 340
Vmax in (km/h)	194 bis 270
Bauart	SUV
Produktionszahl	k.A.

Audi Q3, Werkscode 8U (1.4 TFSI, 2.0 TFSI, 2.5 TFSI, 2.0 TDI, 2.0 TDI ultra)

Nach den größeren SUV-Modellen Q7 und Q5 brachte Audi den kompakten Q3 (intern: 8U) zum Ende des Jahres 2011 auf den Markt. Auf derselben Plattform standen schon der VW Tiguan, der VW-Golf und der Audi A3. Wahlweise konnte man bei den eher niedriger motorisierten Modellen reinen Vorderradantrieb bekommen, meistens aber gab es Allrad serienmäßig, natürlich auch als Option. Als Dieselantrieb gab es nur den Zweiliter-TDI, der bis zu 184 PS leistete. Die Kunden freuten sich über den leisen Innenraum und bequeme Sitze, bemängelt wurde meistens der zu kleine Kofferraum, der nicht mehr Platz bot als derjenige im kleineren Q2. 2015 gab es ein dezentes Facelift mit stärkeren und wirtschaftlicheren Motoren und kleineren optischen Retuschen. Top-Modell war der 2.5 TFSI mit zuerst 310 und dann 340 PS, der dann erst ab 2016 zum supersportlichen RS Q3 performance mutierte und 367 PS auf die Straße brachte.

Audi TT (Typ FV/8S) 1.8 TFSI, 2.0 TFSI, 2.5 TFSI, 2.0 TDI ultra, 40 TFSI, 45 TFSI, TTS, TTRS

Baujahr	seit 2014
Motor-Bauart	Vierzylinder-Turbo (Reihe), Fünfzylinder-Turbo (Reihe), Vierzylinder-Turbodiesel (Reihe)
Hubraum (cm³)	1798 bis 2480
Leistung (PS/U/min)	180 bei 6200 bis 400 bei 7000
Vmax in (km/h)	234 bis 250
Bauart	Coupé, Roadster
Produktionszahl	k.A.

Die dritte Generation des Audi TT namens FV/8S vermied es, am Ruf als Designikone zu rütteln – auch wenn der alte „Bauhausstil" schon etwas verwässert war. Hinten gibt es zwar ausgeformte Sitze, aber da haben schon Kinder es schwer, sich wohlzufühlen. Serienmäßig ist der TT bereits gut ausgestattet, unter anderem mit Klimaanlage, Xenonlicht, Radio und Sportsitzen. Der Kunde kann zwischen Coupé und Roadster wählen, Allradantrieb ist optional zu haben. Das Top-Tempo ist auf 250 km/h elektronisch begrenzt. Das Top-Modell ist der TTRS mit satten 400 PS und natürlich Allradantrieb. Dafür sprintet auch das aktuelle Modell in minimal 3,7 Sekunden auf 100 km/h. Für Aufsehen sorgte im TT die Premiere des virtuellen, digitalen Cockpits, das alle Anzeigen inklusive der Navigation auf einem Bildschirm vor dem Fahrer vereint. Dadurch spart sich Audi den Bildschirm in der Mittelkonsole, dessen Integration selten elegant gelingt. Puristen dürften darüber die Nase rümpfen – erst recht, wenn sie realisieren, dass es das Modell auch mit reinem Frontantrieb gibt. 2018 kam der TT mit einem Facelift, das aber den Charakter kaum veränderte. Ein echter Nachfolger ist nicht in Sicht.

Audi A4 allroad quattro, Werkscode B9 (45 TFSI, 2.0 TFSI, 2.0 TDI, 40 TDI, 3.0 TDI, 45 TDI, 50 TDI)

Mit dem Audi A4 ins Gelände? Soll funktionieren, auch mit der Neuauflage des allroad quattro. Die kommt 2016, üppig beplankt, mit rustikalen Schürzen vorne und hinten, Radlaufkanten und Unterfahrschutz. Der *„allroad quattro"* – nur als Kombi zu haben – besitzt 24 Millimeter mehr Bodenfreiheit als der A4 Avant. Wer die größeren Räder ordert, dem stehen sogar 34 Millimeter mehr zur Verfügung. Schwächstes Aggregat unter der Haube ist ein 150-PS-Turbodiesel, Top-Modell der Dreiliter-V6-Turbo mit 286 PS. Wer einen Benziner fahren will, kann nur auf den Zweiliter-Vierzylinder-Turbo mit 252 PS (ab 2020: 265 PS) zurückgreifen.

Baujahr	seit 2016
Motor-Bauart	Vierzylinder-Turbo (Reihe), Vierzylinder-Turbodiesel (Reihe), V6-Turbodiesel
Hubraum (cm³)	1968 bis 2967
Leistung (PS/U/min)	150 bis 286
Vmax in (km/h)	205 bis 250
Bauart	Kombi
Produktionszahl	k.A.

Audi Q2, Werkscode GA (1.0 TFSI, 1.4 TFSI, 2.0 TFSI, 1.6 TDI, 2.0 TDI, 30 TFSI, 35 TFSI, 40 TFSI, SQ2 TFSI, 30 TDI, 35 TDI, Q2L e-tron)

Mit dem Q2 erschloss sich Audi ab 2016 den Markt der Kompakt-SUV. Im Gegensatz zur bisherigen SUV-Modellfamilie gerät der Q2 eckiger, was die Besucher des Genfer Salons im März 2016, wo er zum ersten Mal zu sehen ist, überrascht. Es ist das Serienmodell, das aus der 2012 gezeigten Studie Crosslane Coupé entstanden ist. Zum Marktstart kam das Modell mit zwei Otto- und drei Dieselmotoren zu den Händlern, ein Jahr später gesellte sich der dritte und leistungsstärkste Benziner für das derzeitige Topmodell ins Programm. Alle Aggregate stammen von Volkswagen und sind mit Turbolader, Zylinderabschaltung und Start-Stopp-System ausgestattet Die Basismotorisierung 1.0 TFSI ultra kommt mit nur drei Zylindern und 116 PS für mindestens 23.400 Euro, man kann seit Ende 2018 aber auch zum 300 PS starken Top-Modell SQ2 TFSI greifen. 2019 gesellte sich zur Modellfamilie ein Q2L e-tron, was bedeutet: Angetrieben wird das Auto von einem reinen E-Motor mit 136 PS. Allerdings gibt es den Q2L e-tron nur für den chinesischen Markt. Dort wird er auch produziert.

Baujahr	seit 2016
Motor-Bauart	Dreizylinder-Turbo (Reihe), Vierzylinder-Turbo (Reihe), Vierzylinder-Turbodiesel (Reihe), Permanentmagnet-Synchronmotor
Hubraum (cm³)	999 bis 1984
Leistung (PS/U/min)	116 bis 300
Vmax in (km/h)	150 bis 250
Bauart	SUV
Produktionszahl	k.A.

Audi Q5, Werkscode FY (2.0 TFSI, SQ5 TFSI, 2.0 TDI, 3.0 TDI, 45 TFSI, 50 TFSI e, 55 TFSI e, 35 TDI, 40 TDI, 45 TDI, 50 TDI, SQ5 TDI)

Baujahr	seit 2017
Motor-Bauart	Vierzylinder-Turbo (Reihe), V6-Turbo, Vierzylinder-Turbo (Reihe) und E-Motor, Vierzylinder-Turbodiesel (Reihe), V6-VTG-Turbodiesel
Hubraum (cm³)	1968 bis 2967
Leistung (PS/U/min)	136 bei 4200 bis 367 bei 6000
Vmax in (km/h)	206 bis 250
Bauart	SUV
Produktionszahl	k.A.

Der Q5 ist tatsächlich das meistverkaufte SUV von Audi. 2008 zum ersten Mal präsentiert und damals gleich an die Spitze des Segments gefahren, wechselte er 2016 in die zweite Generation. Dank einer Plattform des modularen Querbaukastens (MQB) ist er eng verwandt mit dem A4. Bietet er äußerlich auch wenig Spektakuläres, so entzückte er die Fans von Anfang an mit seinem volldigitalen Interieur und bestem Infotainment. Alle Q5-Benziner fahren serienmäßig mit dem Allradantrieb quattro und kommen bei den Vierzylindern mit Doppelkupplungsgetriebe und bei den V6-Motoren mit einer achtstufigen Automatik. Der 150 PS starke Basis-Diesel muss mit Vorderradantrieb auskommen. 2019 schob Audi zwei Hybrid-Modelle nach: den 50 TFSI e und den 55 TFSI e. Beide besitzen den Zweiliter-Reihenvierzylinder gekoppelt mit einer permanenterregten Synchronmaschine, was zusammen 299 bzw. 367 PS bedeutet. Damit ist der 50 Hybrid-Q5 der stärkste Q5 im Portfolio. Anfang 2021 spendierte Audi ein Facelift, was hauptsächlich eine leicht geänderte Optik und für bestimmte Modelle stärkere Motoren bedeutet. Der Power-Diesel SQ5 TDI zum Beispiel bietet jetzt 341 PS an.

Audi R8 Spyder, Werkscode 4S

Baujahr	seit 2016
Motor-Bauart	V10
Hubraum (cm³)	5204
Leistung (PS/U/min)	540 bei 7800 bis 620 bei 8250
Vmax in (km/h)	318 bis 329
Bauart	Cabriolet
Produktionszahl	k.A.

Von der Erneuerung der Modellreihe des Audi R8 (Typ 4S) im Jahr 2015 profitiert auch der Spyder, der seit 2016 angeboten wird – allerdings jetzt nicht mehr wahlweise mit V8 oder V10, sondern nur noch mit dem Zehnzylinder-Motor, der zuerst wahlweise 540 PS oder 610 PS leistet (im R8 V10 plus Spyder). Anfang 2019 spendiert Audi eine Kraftspitze, der Motor ist nun mit 570 oder 620 PS zu haben. Der Spyder gerät rund 80 Kilo schwerer als das Coupé. Toll das Verdeck, das sich elektrisch in 20 Sekunden auf- oder abbaut und bis etwa 250 km/h kaum etwas zu den Windgeräuschen im Innern beiträgt. Dank tieferer Sitzposition als im Vorgänger hocken die Insassen bis etwa 100 km/h bei offenem Dach recht gut windgeschützt im Auto – auch ohne Windschott. Seit 2020 ist der R8 auch heckgetrieben in unlimitierter Stückzahl auf dem Markt - natürlich ebenfalls als Spyder. Das Modell ist mehr als 50 Kilo leichter als der Allradler, muss sich aber mit 540 PS begnügen.

Baujahr	seit 2018
Motor-Bauart	Vierzylinder-Turbo (Reihe), V6-Turbo, V6-Turbo und E-Motor, V8-Biturbo, V6-Turbodiesel, V8-Biturbodiesel
Hubraum (cm³)	1984 bis 3996
Leistung (PS/U/min)	231 bis 600
Vmax in (km/h)	226 bis 250
Bauart	SUV-Coupé
Produktionszahl	k.A.

Audi Q8, Werkscode 4M (45 TFSI, 55 TSFI, 55 TFSI e, 60 TFSI e, SQ8 TFSI, RSQ8, 45 TDI, 50 TDI, SQ8 TDI)

Der fette 5-Sitzer namens Q8 auf Q7-Basis fischt im schrägen Segment der SUV-Coupés und will im VW-Konzern die Lücke zwischen Porsche Cayenne und Bentley Bentayga schließen. Das macht ihn zum Top-Modell bei Audi. Kurz nach der Präsentation des Q8 folgt eine Mild-Hybrid-Alternative. Dabei sorgt die mit dem Verbrenner und einem 48-Volt-Bordstromnetz verbaute Akkueinheit mit einem Generator dafür, dass Verzögerungs- und Bremsenergie zurückgewonnen werden können. Serienmäßig bietet der Q8 als Neuwagen neben dem quattro-Allradantrieb mit selbstsperrendem Mittendifferenzial eine elektronische Dämpferregelung, die sich an unterschiedliche Untergründe anpasst und sich auf Knopfdruck komfortabel oder sportlich einstellen lässt. Zudem bietet das System drive select standardmäßig sechs unterschiedliche Fahrprogramme zur Auswahl an. Als Siebensitzer ist der Q8 – anders als sein Q7-Bruder – allerdings nicht zu haben. Optional ist natürlich eine Luftfederung erhältlich, wie es sich für die Oberklasse gehört.

Audi e-tron, Werkscode GE (50 quattro, e-tron 55 quattro, e-tron S)

Baujahr	seit 2019
Motor-Bauart	zwei E-Motoren, drei E-Motoren
Hubraum (cm³)	entfällt
Leistung (PS/U/min)	313 bis 503
Vmax in (km/h)	190 bis 210
Bauart	SUV
Produktionszahl	k.A.

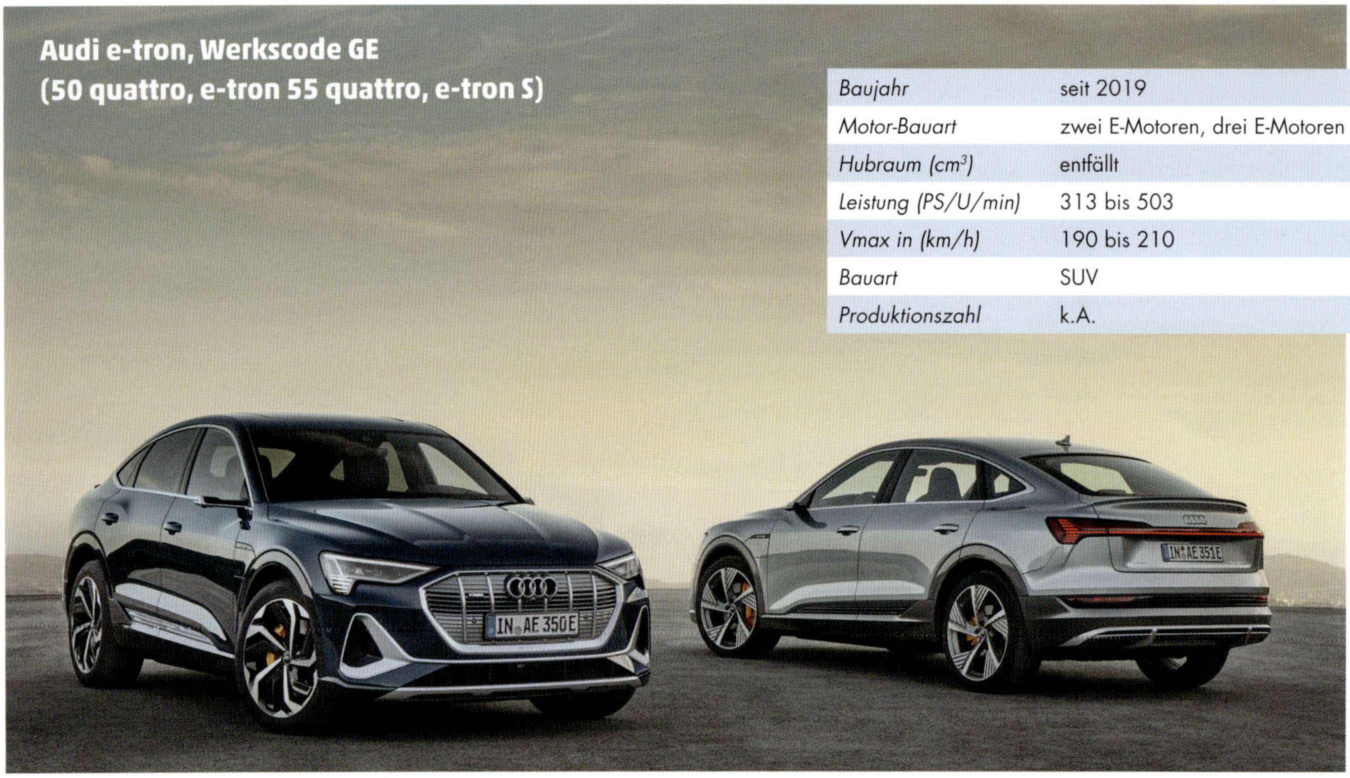

2018 zunächst in zwei Versionen vorgestellt, gibt es inzwischen drei Modelle von der Audi-eigenen Nebenmarke e-tron. Der e-tron ist der erste rein elektrische Audi und bietet Reichweiten bis zu 400 Kilometern. Optisch reiht sich der Audi e-tron zwischen Audi A6 allroad, Q5 und Q7 ein. Den e-tron gibt es mit zwei verschiedenen Akkugrößen und drei Leistungsversionen. Stets kümmern sich E-Motoren um bestimmte Achsen, was zusammen immer Allradantrieb ergibt. Das Top-Modell e-tron S will in 5,1 Sekunden, im Boost-Mode sogar in 4,5 Sekunden von 0 auf 100 km/h sprinten. Wohlgemerkt ein SUV, das fast 2,7 Tonnen wiegt. Den Audi e-tron gibt es übrigens auch in einer zweiten Karosserievariante, und zwar als e-tron Sportback. Hochmodern auch die Option, die Außenspiegel durch Kameras zu ersetzen – auch wenn die Nutzung viel Übung erfordert.

Audi A4 Avant G-Tron, Werkscode B9

Kaum ein Autohersteller setzt noch auf Erdgas als Energieträger – Audi schon, trotz Elektro-Offensive des Mutterkonzerns VW. Neben dem A3 und dem A5 kommt jetzt auch wieder der A4 als Kombi in den Genuss, neben Benzin auch „Compressed Natural GAS" (CNG) verbrennen zu können. CNG ist dabei auch deutlich günstiger als Diesel und Benzin – besonders gut für Vielfahrer. Nachteil: In Deutschland gibt es nur rund 850 Erdgastankstellen verglichen mit rund 14.000 für Diesel und Benzin. Erdgas verbrennt allerdings sauberer als die konventionellen fossilen Kraftstoffe. Es werden rund 20 Prozent weniger CO_2 frei als bei Diesel, der Stickoxyd- und Feinstaubausstoß reduziert sich um 80 bis 90 Prozent. Der CNG-Tank im Audi soll für etwa 300 Kilometer reichen.

Unter der Motorhaube des A4 Avant G-Tron steckt ein Zweiliter-TFSI, der 170 PS leistet. Den 0-100-Sprint erledigt der Vierzylinder in 8,4 Sekunden, in der Spitze schafft er knapp mehr als 220 km/h. Die Kraftübertragung übernimmt eine Siebengang-S tronic zusammen.

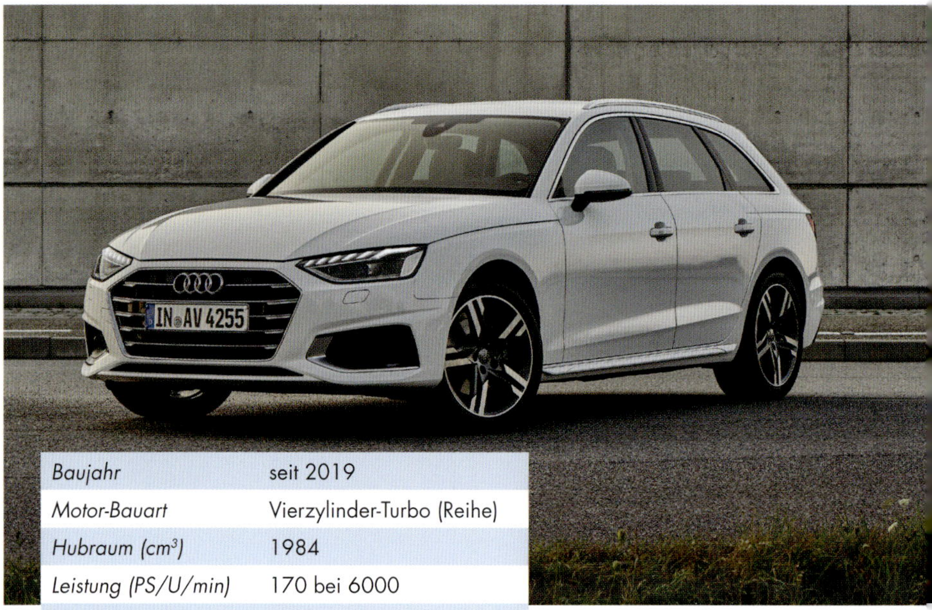

Baujahr	seit 2019
Motor-Bauart	Vierzylinder-Turbo (Reihe)
Hubraum (cm³)	1984
Leistung (PS/U/min)	170 bei 6000
Vmax in (km/h)	221
Bauart	Kombi
Produktionszahl	k.A.

AWS Shopper 250

So sah in den frühen siebziger Jahren Autofahren an der Basis aus. Die vierrädrige Einkaufstasche des Kleinstherstellers AWS war auf technischer Basis des Goggomobils entstanden und eine simple aber clevere Konstruktion aus Kunststoff beschichteten planen Stahlblechen, die mittels Aluwinkeln zusammengesteckt wurden. Vor allem erfreute der Shopper betagtere Herren, die in der Nachkriegszeit nur den alten Führerschein Klasse IV erworben hatten, der sie noch zum Führen eines Automobils bis 250 cm^3 berechtigte.

Baujahr	1973-1974
Motor-Bauart	Zweizylinder-Zweitaktmotor
Hubraum (cm^3)	247
Leistung (PS/U/min)	13,6
Vmax in (km/h)	80
Bauart	Limousine (2-türig), Cabriolet
Produktionszahl	1400

Bitter CD

Baujahr	1973-1979
Motor-Bauart	V8
Hubraum (cm^3)	5354
Leistung (PS/U/min)	230
Vmax in (km/h)	210
Bauart	Coupé
Produktionszahl	395

Erich Bitter aus Schwelm bei Wuppertal erfüllte sich seinen Traum. Der frühere Rennfahrer lancierte 1973 mit dem Bitter CD ein außergewöhnlich elegant geformtes 2+2-sitziges Luxuscoupé, dessen Technik von Opel geliefert wurde. Unter der Haube fand sich der gut 5,3 Liter große, GM-V8 aus dem Edel-Opel „Diplomat". All das machte gehörigen Eindruck, genügte aber letztlich nicht, um der Marke Bitter eigene dauerhafte Identität zu geben. Nach immerhin etwa siebenjähriger Bauzeit wurde der CD vom Nachfolgemodell SC abgelöst.

Bitter SC

Baujahr	1981-1986
Motor-Bauart	Sechszylinder (Reihe)
Hubraum (cm³)	2968, 3849
Leistung (PS/U/min)	180 bei 5800 und 210 bei 5100
Vmax in (km/h)	210 bis 230
Bauart	Coupé, Cabriolet, Limousine (4-türig)
Produktionszahl	ca. 600

Der 1981 unter erheblichen Geburtswehen von Erich Bitter auf den Markt gebrachte Nachfolger des eleganten CD bediente sich wieder bewährter Opel-Technik, diesmal stand die Senator/Omega-Baureihe Pate. So begeisternd die Linienführung des 2+2-sitzigen Coupés auch war, so problematisch war die Qualität der Ausführung und Verarbeitung des nicht gerade billigen SC. Erst der Wechsel der Fertigung zu Steyr in Österreich brachte ein akzeptables Verarbeitungsniveau. Dies alles hielt den nimmermüden Bitter indes nicht davon ab, hochfliegende Pläne für den US-Markt zu schmieden und sich mit weiteren Versionen des SC als Cabrio, Viertürer und mit Vierradantrieb zu beschäftigen. Das Mitte der achtziger Jahre dramatisch gescheiterte US-Engagement beendete dann zeitweilig Bitters Dasein als Automobilproduzent.

Baujahr	1952-1958
Motor-Bauart	Sechszylinder (Reihe)
Hubraum (cm³)	1971, 2077
Leistung (PS/U/min)	65 bei 4400 bis 72 bei 4500
Vmax in (km/h)	135, 145
Bauart	Limousine (4-türig)
Produktionszahl	8936

BMW 501 (501, 501 A, 501 B, 501 Sechszylinder, 501 Cabriolet und Coupé)

Aus der Periode, als BMW nur Autos für Tagelöhner und Generaldirektoren produzierte – ein seinerzeit gängiger Spruch –, stammt der „501". Der Urvater des klassischen Barockengels war BMWs erste Nachkriegskreation und gleich im obersten Marktsegment angesiedelt – ein Zustand, den die Isetta ab 1955 kompensierte. Ausgerüstet mit einer überarbeiteten Version des Zweiliter-Reihensechszylinders aus der Vorkriegszeit bot der 501 bei extrem solider Bauweise und entsprechendem Gewicht nur sehr dezente Fahrleistungen.

BMW 501 V8 (501 V8, 502, 2600, 3200 L, 3200 S)

Erst als die Münchner den allzu angestrengten Vorkriegs-Sechszylinder durch einen brandneuen V8 mit 2,6, später mit 3,2 Litern Hubraum ersetzten, entwickelte sich der Barockengel zu einem hochklassigen Reisewagen mit entsprechenden Kraftreserven. In echte Konkurrenz zu den „Erzfeinden" aus Stuttgart-Untertürkheim zu treten, gelang indes mit dem noblen Achtzylinder nicht-es haperte am nötigen Markenprestige. Cabrio- und Coupévarianten blieben äußerst rar.

Baujahr	1954-1963
Motor-Bauart	V8
Hubraum (cm³)	2580, 3168
Leistung (PS/U/min)	100 bei 4800 bis 160 bei 5600
Vmax in (km/h)	160 bis 190
Bauart	Limousine (4-türig), Cabriolet (2-türig), Cabriolet (4-türig), Coupé
Produktionszahl	ca. 13.224

BMW 507

Baujahr	1956-1959
Motor-Bauart	V8
Hubraum (cm³)	3168
Leistung (PS/U/min)	150 bei 5000
Vmax in (km/h)	200 bis 220
Bauart	Cabriolet
Produktionszahl	254

BMWs Antwort auf den Mercedes-Benz 300 SL bekam die Typbezeichnung 507 und wurde noch seltener verkauft als der parallel gebaute 503 – eigentlich unverständlich, denn stilistisch und technisch brauchte er sich wahrlich nicht hinter dem Super-Benz zu verstecken. Freilich fehlten ihm im direkten Vergleich 65 PS und die verlockende Aura großartiger Motorsporterfolge – schon damals ein probates Verkaufsargument.

BMW Isetta 250, Isetta 300

Augenzwinkernd als „Schlaglochsuchgerät" oder „Knutschkugel" tituliert, spielte die Isetta in mehrerer Hinsicht eine wichtige Rolle in der Automobilgeschichte: Sie bewahrte BMW vor dem frühzeitigen Ruin und leistete einen wichtigen Beitrag beim Übergang vom Motorrad zum vollwertigen Automobil. Das hoppelnde Raumwunder verfügte über den Einzylinder-Viertakt-Motorradmotor aus der BMW R 25, der sich ordentlich plagen musste, um der Isetta ein Mitschwimmen im Verkehr zu ermöglichen.

Baujahr	1955-1962
Motor-Bauart	Einzylinder-Viertaktmotor
Hubraum (cm³)	245, 298
Leistung (PS/U/min)	12 bei 5800 bis 13 bei 5200
Vmax in (km/h)	85, 95
Bauart	Coupé
Produktionszahl	161.360

BMW 503 Coupé und Cabriolet

Gedacht als sportlich-elegante Ergänzung des lückenhaften Modellprogramms erwies sich der von Albrecht Graf Goertz äußerst schlicht gezeichnete „503" als echter Flop. Trotz Achtzylindermotor, exquisiter Ausstattung und Aluminiumkarosserie konnte der riesige Wagen in vier Produktionsjahren nicht mehr als 412 Käufer von seinen Qualitäten überzeugen. Heute freilich steht er schon wegen seiner Seltenheit bei BMW-Enthusiasten hoch im Kurs.

Baujahr	1956-1960
Motor-Bauart	V8
Hubraum (cm³)	3168
Leistung (PS/U/min)	140 bei 4800 bis 150 bei 4800
Vmax in (km/h)	190
Bauart	Coupé, Cabriolet
Produktionszahl	412

BMW 600

Die Spekulation, dass eine vergrößerte Isetta mit vier breitspurigen Rädern, mehr Leistung und mehr Platz ebenso Erfolg haben müsste, ging nicht auf. Der relativ hohe Preis und ein immer kompetenter werdendes Konkurrenzumfeld, das den steigenden Ansprüchen der Autofahrer besser gerecht wurde, sorgten dafür, dass nur gerade 34.000 Exemplare in drei Jahren abgesetzt werden konnten. Mit seinem klassischen BMW-Zweizylinder-Boxermotor und Raum für vier Personen wirkt das 600-Konzept heute zukunftsträchtiger als damals.

Baujahr	1957-1959
Motor-Bauart	Zweizylinder (Boxer)
Hubraum (cm³)	585
Leistung (PS/U/min)	19,5 bei 4500
Vmax in (km/h)	103
Bauart	Coupé
Produktionszahl	34.813

BMW 700 Coupé (700 Coupé, LS Coupé, 700 Sport, 700 CS Coupé)

Auch Kleinwagenkunden mochten am Beginn der sechziger Jahre nicht auf sportlich getrimmte Coupé- oder Cabrioversionen verzichten. Der BMW 700 Sport kam diesen Wünschen entgegen. 40 PS im Heck reichten aus, um die flotte Heckschleuder auf Landstraßen unterhaltsam bewegen zu können. Heute sind diese wirtschaftlichen Klein-Sportler bei den Oldtimerfans sehr gesucht.

Baujahr	1959-1965
Motor-Bauart	Zweizylinder (Boxer)
Hubraum (cm³)	697
Leistung (PS/U/min)	30 bei 5000 bis 40 bei 5700
Vmax in (km/h)	125 bis 135
Bauart	Coupé
Produktionszahl	31.062

BMW 700 Limousine (700, LS)

Ende der fünfziger, Anfang der sechziger Jahre war den deutschen Wirtschaftwunderkindern nach erwachsen aussehenden Autos, nicht mehr nach Behelfslösungen à la Isetta oder BMW 600 zumute. In höchster finanzieller Not erkannten dies schließlich die Münchner und zeigten mit dem „700", was sie konnten. Ausgereiftes Konzept, gefällige Karosserielinien und durchaus sportliche Fahreigenschaften machten die Baureihe zu dem, was BMW seinerzeit dringender brauchte als alles Andere: zu einem finanziellen Erfolg.

Baujahr	1959-1965
Motor-Bauart	Zweizylinder (Boxer)
Hubraum (cm³)	697
Leistung (PS/U/min)	30 bei 5000 bis 32 bei 5000
Vmax in (km/h)	120
Bauart	Limousine (2-türig)
Produktionszahl	154.557

BMW 700 Cabriolet

Auch Kleinwagenkunden mochten am Beginn der sechziger Jahre nicht auf sportlich getrimmte Coupé- oder Cabrioversionen verzichten. Der BMW 700 Sport kam diesen Wünschen entgegen. 40 PS im Heck reichten aus, um die flotte Heckschleuder auf Landstraßen unterhaltsam bewegen zu können. Heute sind diese wirtschaftlichen Klein-Sportler bei den Oldtimerfans sehr gesucht.

Baujahr	1961-1964
Motor-Bauart	Zweizylinder (Boxer)
Hubraum (cm³)	697
Leistung (PS/U/min)	40 bei 5700
Vmax in (km/h)	135
Bauart	Cabriolet
Produktionszahl	2592

BMW 3200 CS

Baujahr	1961-1965
Motor-Bauart	V8
Hubraum (cm³)	3168
Leistung (PS/U/min)	160 bei 5600
Vmax in (km/h)	200
Bauart	Coupé
Produktionszahl	587

Bertone führte den Zeichenstift bei der Formgebung des 503-Erben „3200 CS". Ebenso wie sein Vorgänger wirkte er trotz der Verwendung BMW-typischer Stilmerkmale etwas betulich. Die überzeugende Linie eines viersitzigen Coupés wollte sich nicht recht einstellen. Unter der Haube hatte sich auch nicht viel getan: Der 3,2-Liter-V8 leistete mittlerweile 160 PS, die für angemessene, nicht aber wirklich gute Fahrleistungen sorgten. Das alte Münchner Coupé-Konzept war nach 10 Jahren relativer Erfolglosigkeit definitiv gescheitert.

BMW 1500 und 1600, „Neue Klasse"

Baujahr	1962-1966
Motor-Bauart	Vierzylinder (Reihe)
Hubraum (cm³)	1499, 1573
Leistung (PS/U/min)	80 bei 5700 bis 83 bei 5500
Vmax in (km/h)	150
Bauart	Limousine (4-türig)
Produktionszahl	33.282

Neben den kleinen 700-Modellen erwies sich die unter Aufbietung aller Mittel entwickelte „Neue Klasse" für BMW als Retter in letzter Minute. Zugleich begann mit dem „1500" eine industrielle Erfolgsstory par excellence. Bei der „Neuen Klasse" stimmte alles: Konzept, Marketing, Technik, Design und Qualität. BMW besetzte mit dieser Modellreihe jene Marktnische, in der man sich noch heute befindet: die der kompakten, sportlichen Limousinen mit dem gewissen Etwas.

BMW 1800, 1800 TI, 1800 TI/SA, „Neue Klasse"

Man erkannte in München schnell, dass Motorsporterfolge nach wie vor unverzichtbare Elemente der Haus-Philosophie waren. Die nötigen Anlagen hierzu brachten die Modelle der „Neuen Klasse" zweifellos mit. Der auf 1,8 Liter vergrößerte Vierzylinder des 1800 TI brachte satte 110 PS und sorgte für verblüffte Gesichter auf der Überholspur. Noch besser konnte es jedoch der in limitierter Auflage produzierte, extra sportliche TI/SA.

Baujahr	1963-1972
Motor-Bauart	Vierzylinder (Reihe)
Hubraum (cm³)	1773, 1766
Leistung (PS/U/min)	90 bei 5250, 110 bei 5800, 130 bei 6100
Vmax in (km/h)	160, 170, 180
Bauart	Limousine (4-türig)
Produktionszahl	147.160

BMW 2000 C und 2000 CS

Baujahr	1965-1970
Motor-Bauart	Vierzylinder (Reihe)
Hubraum (cm³)	1990
Leistung (PS/U/min)	100 bei 5500 bis 120 bei 5500
Vmax in (km/h)	172 bis 185
Bauart	Coupé
Produktionszahl	13.691

1965 beginnt BMW wieder eine andere Karosserieform als nur Limousinen zu bauen. Die neuen Coupés sollen allerdings nicht in der Luxusklasse angesiedelt werden, sondern die Oberklasse abrunden – in der Hoffnung, so mehr Autos verkaufen zu können. BMW spendiert dem „komfortablen Reisewagen mit sportlichem Herz für große Fahrt" ein schnittiges Coupé-Kleid, das von Hofstylist Wilhelm Hofmeister entworfen und von Karmann in Osnabrück gebaut wird (wie alle folgenden Coupés), zu erkennen an der Front mit breiten Schlitzaugen. Dafür verschwindet das Bertone-Coupé aus dem Angebot. Zunächst kommt der Zweitürer als 100 PS starker 2000 C und CA (CA ist das Coupè mit Automatikgetriebe, für das 1200 Mark Aufpreis bezahlt werden müssen) auf den Markt für mindestens 16.905 Mark. Die Kunden aber wollen mehr und bekommen es – in Form des 2000 CS: 120 PS, 185 km/h Spitze, ausschließlich lieferbar mit sportlichem Schaltgetriebe und 17.500 Mark teuer. BMW verkauft von CA/C und CS immerhin mehr als 11.000 Stück.

Baujahr	1966-1972
Motor-Bauart	Vierzylinder (Reihe)
Hubraum (cm³)	1990
Leistung (PS/U/min)	100 bei 5500, 120 bei 5500, 130 bei 5800
Vmax in (km/h)	168 bis 185
Bauart	Limousine (4-türig)
Produktionszahl	158.057

BMW 2000 (2000, 2000 TI, 2000 tilux, 2000 tii („Neue Klasse", Werkscode E1)

Die Spitzenmodelle der seinerzeit schon etablierten „Neuen Klasse" hatten ein Facelifting an Front und Heck erhalten. In der tii-Version mit mechanischer Benzineinspritzung zerrten satte 130 PS am Antriebsstrang. Das mehr auf Komfort ausgelegte tilux-Modell leistete 10 PS weniger. Als Alfa-Alternative waren diese Fahrzeuge stets ein guter Tipp, wenngleich sie heute kaum mehr zu finden sind.

BMW 1502, 1600-2, 1602, 1600 ti, 1802, 2002, 2002 ti, 2002 tii, „02er Reihe"

Der Urvater der 02er-Reihe hieß 1600-2 und wies mit seinem höchst lebendigen 85-PS-Motor schon den Weg in die Zukunft. Mit den 1,8- und 2-Liter-Versionen 1802 bzw. 2002 entfaltete sich die Vielfalt der Baureihe, die dank ihrer typischen Charakteristik bald so etwas wie Kultstatus erlangte und den BMW-Automobilen ihr bis heute typisches Gepräge gab. Die einzige tiefgreifende Modellpflege gab es zur IAA 1973 mit komfortablerer Ausstattung und leichten optischen Retuschen wie eckigen Rückleuchten.

Baujahr	1966-1977
Motor-Bauart	Vierzylinder (Reihe)
Hubraum (cm³)	1573 bis 1990
Leistung (PS/U/min)	75 bei 5800 bis 130 bei 5800
Vmax in (km/h)	155 bis 190
Bauart	Limousine (2-türig)
Produktionszahl	822.445

BMW 1600-2 Cabriolet

Baujahr	1967-1971
Motor-Bauart	Vierzylinder (Reihe)
Hubraum (cm³)	1573
Leistung (PS/U/min)	85 bei 5700
Vmax in (km/h)	160
Bauart	Cabriolet
Produktionszahl	k.A.

Nur mit der kleinen 85-PS-Maschine lieferbar war das von 1967 bis 1971 mit einer Baur-Karosserie versehene viersitzige Cabrio auf Basis des BMW 1600. Das war auch gut so, denn mit wesentlich mehr Motorleistung wäre die wenig steife Offen-Karosserie vollends überfordert gewesen. Aber schon mit der dezenten Motorisierung fand das hübsch ausschauende Cabrio leider nur wenige Freunde.

BMW CS, Werkscode E9 (2,5 CS, 2800 CS, 3,0 CS, 3,0 CSL, 3,0 CSi)

Baujahr	1968-1975
Motor-Bauart	Sechszylinder (Reihe)
Hubraum (cm³)	2494 bis 3153
Leistung (PS/U/min)	150 bei 6000 bis 206 bei 5600
Vmax in (km/h)	200 bis 220
Bauart	Coupé
Produktionszahl	30.224

Erst mit der Sechszylindermotorisierung der Coupé-Baureihe wurde diese ein Erfolg. Zusammen mit einigen tiefgreifenden Karosserieretuschen entstand so ein echter 2+2-sitziger GT von internationaler Klasse. Das sportliche Image rührte nicht zuletzt von den Erfolgen der Renncoupés her, die renommierte BMW-Tuner wie Alpina oder Schnitzer auf den Rennstrecken Europas mit großem Erfolg zum Einsatz brachten.

BMW 2500, 2800, 2,8 L, 3,0 S, 3,0 Si, 3,0 L, 3,3 L, 3,3 Li, Werkscode E3

Baujahr	1968-1977
Motor-Bauart	Sechszylinder (Reihe)
Hubraum (cm³)	2494 bis 3299
Leistung (PS/U/min)	150 bei 6000 bis 200 bei 5500
Vmax in (km/h)	190 bis 211
Bauart	Limousine (4-türig)
Produktionszahl	ca. 190.000

Ein ähnlicher Erfolg wie mit den Vierzylinder-Limousinen war BMW auch mit den großen Sechszylindern beschieden. Am Markt positioniert als sportliche Konkurrenz zu den damals noch sehr behäbigen Viertürern aus Stuttgart-Untertürkheim konnten sie sich einen festen Stamm begeisterter Fahrer sichern. Besonders die exzellenten, neukonstruierten Sechszylindermotoren brachten BMW Ruhm und Ehre. Leistungsstark, kultiviert und dabei nahezu unzerstörbar boten sie jede Menge Fahrspaß bei akzeptablen Verbrauchswerten.

BMW touring (1600 touring, 1800 touring, 2000 touring, 2000 tii touring)

Als formal nicht ganz gelungener Versuch, die kleine BMW-Baureihe vielseitiger nutzbar zu machen, konnten sich die touring-Modelle nie so recht durchsetzen. Technisch völlig mit den Stufenheck-Limousinen identisch, war besonders der 130 PS starke 2000 tii touring ein interessantes Angebot in der Zeit massenweise heraufziehender Frontantriebskonkurrenz.

Baujahr	1971-1974
Motor-Bauart	Vierzylinder (Reihe)
Hubraum (cm³)	1573 bis 1990
Leistung (PS/U/min)	85 bei 5700 bis 130 bei 5800
Vmax in (km/h)	160 bis 190
Bauart	Limousine (2-türig)
Produktionszahl	25.827

Baujahr	1971-1975
Motor-Bauart	Vierzylinder (Reihe)
Hubraum (cm³)	1990
Leistung (PS/U/min)	100 bei 5500
Vmax in (km/h)	173
Bauart	Cabriolet
Produktionszahl	2317

BMW 2002 Baur Cabriolet

Die Konsequenz aus dem Misserfolg des Vorgängers war klar – und eigentlich eine Mogelpackung: Ein Überrollbügel musste her. Er verhalf der Blechhülle zu größerer Stabilität, aber auch zu weniger Cabrio-Feeling. Als Entschädigung war der neue Offen-BMW mit dem Zweiliter-Vierzylinder in Vergaserversion ausgerüstet, der für deutlich verbesserte Fahrleistungen sorgte.

BMW 5er-Reihe, Werkscode E12 (518, 520, 520i, 525, 528, 528i, 530i, M 535i)

Im Nachklang der Olympischen Spiele stellten die Münchner im September 1972 ihre neue 5er Reihe der Öffentlichkeit vor. Und wie so häufig, setzte BMW auch gleich neue Maßstäbe, denn gut 10 Jahre nach der Einführung der „Neuen Klasse" präsentierte man ein gelungenes Konzept für die automobile obere Mittelklasse, das moderne Technik erfolgreich mit gelungenem Design und ansprechendem Komfort kombinierte. Leider sind von den über 700.000 Exemplaren, die mit 4- und 6-Zylinderreihenmotoren ausgestattet waren, nur noch sehr wenige im heutigen Straßenbild zu sehen.

Baujahr	1972-1981
Motor-Bauart	Vierzylinder (Reihe), Sechszylinder (Reihe)
Hubraum (cm³)	1766 bis 3453
Leistung (PS/U/min)	90 bei 5500 bis 218 bei 6000
Vmax in (km/h)	160 bis 222
Bauart	Limousine (4-türig)
Produktionszahl	699.094

Baujahr	1973-1974
Motor-Bauart	Vierzylinder-Turbo (Reihe)
Hubraum (cm³)	1990
Leistung (PS/U/min)	170 bei 5800
Vmax in (km/h)	212
Bauart	Limousine (2-türig)
Produktionszahl	1672

BMW 2002 turbo

Da hatten sich die Münchner Marketingstrategen verkalkuliert: Der 2002 turbo passte so gar nicht in die Zeit der ersten Ölkrise mit ihren Sonntagsfahrverboten. Aggressive Optik, hohe Leistung bei hohem Verbrauch und die noch unausgegorene Turbo-Technik der frühen Jahre ließen den 2002 turbo so schnell wieder aus den Verkaufskatalogen verschwinden, wie er gekommen war – ein klassischer Fehlschlag, wenn auch ohne schwerwiegende Folgen für BMW.

BMW 3er-Reihe, Werkscode E21 (315, 316, 318, 318i, 320, 320i, 323i)

Die 1975 neu installierte 3er-Reihe markierte einen fühlbaren Einschnitt in der Modellphilosophie von BMW. Das neue Auto war erwachsener und deutlich komfortabler als die bisherigen 02-Modelle. Am Start standen 316 und 318 mit runden Einzel-Scheinwerfern und 320 und 320i mit Doppelscheinwerfern. Auf Letzteren folgte 1977 der 320 mit neuem Sechszylindermotor und 122 PS. Topmodell wurde der 1978 präsentierte 323i mit 143 PS – er definierte mit seinen ausgewogenen Qualitäten die BMW-Interpretation der sportlichen Kompaktlimousine neu.

Baujahr	1975-1983
Motor-Bauart	Vierzylinder (Reihe), Sechszylinder (Reihe)
Hubraum (cm³)	1573, 1766, 1977, 1990, 2315
Leistung (PS/U/min)	75 bei 5800 bis 143 bei 5800
Vmax in (km/h)	154 bis 201
Bauart	Limousine (2-türig)
Produktionszahl	ca. 1,36 Mio

BMW 6er-Reihe, Werkscode E24 (628 CSi, 630 CS, 633 CSi, 635 CSi, M 635 CSi)

Baujahr	1975-1989
Motor-Bauart	Sechszylinder (Reihe)
Hubraum (cm³)	2788 bis 3453
Leistung (PS/U/min)	184 bei 5800 bis 286 bei 6500
Vmax in (km/h)	200 bis 255
Bauart	Coupé
Produktionszahl	86.219

Das Nachfolgemodell des klassischen BMW-Coupés ist längst zum Liebhaberfahrzeug geworden. Weniger kompakt in der Formgebung bot es mehr Komfort und ein weitaus besseres Raumangebot. Die Motorenpalette blieb im Prinzip erhalten, bekam jedoch ein Spitzenaggregat mit knapp 3,3 Litern Hubraum und Benzineinspritzung, später folgten noch 3,5-Liter- und Vierventilversionen.

BMW Baur Topcabriolet (Werkscode E21)

Baujahr	1975-1983
Motor-Bauart	Vierzylinder (Reihe), Sechszylinder (Reihe)
Hubraum (cm³)	1573, 1766, 1977, 1990, 2315
Leistung (PS/U/min)	75 bei 5800 bis 143 bei 5800
Vmax in (km/h)	154 bis 201
Bauart	Limousine (2-türig)
Produktionszahl	4595

Die Stuttgarter Karosserieschmiede Baur öffnete auch das erste 3er-Modell – und zwar mit von den 02-Modellen bekannten Mitteln: Ein solide wirkender breiter Überrollbügel unterteilte die seitliche Fensterlinie und sorgte für unerschütterliche Stabilität. Das Dachmittelteil aus Kunststoff konnte heraus genommen und im Kofferraum untergebracht werden. Zusätzlich konnte man das hintere, als Faltverdeck ausgebildete Dachteil cabrioartig einklappen. Trotz des happigen Aufpreises von etwa 6000 Mark entschieden sich über 4500 Kunden für das Baur-Cabriolet, das über das BMW-Händlernetz vertrieben wurde.

BMW 7er-Reihe, Werkscode E23 (728, 728i, 730, 732i, 733i, 735i, 745i)

Zum echten Flop wurde Anfang 1980 der Versuch von BMW, eine besonders großzügig motorisierte Spitzenlimousine erfolgreich auf dem Markt zu platzieren. Man griff wieder auf den altbekannten Reihensechszylinder zurück, versah ihn aber mit einem der damals in Mode gekommenen Abgasturbolader. Unversehens fand man sich in Leistungsregionen der größten S-Klasse-V8 von Mercedes wieder. Dennoch musste BMW erfahren, dass auch mehr als 250 PS den grundsätzlichen Image-Nachteil der 7er-Reihe nicht kompensieren konnten, auch wenn ABS und Getriebeautomatik serienmäßig an Bord waren.

Baujahr	1977-1986
Motor-Bauart	Sechszylinder (Reihe), Sechszylinder-Turbo (Reihe)
Hubraum (cm³)	2788 bis 3430
Leistung (PS/U/min)	192 bis 227
Vmax in (km/h)	195 bis 230
Bauart	Limousine (4-türig)
Produktionszahl	285.000

BMW M1 (Werkscode E26)

Baujahr	1978-1981
Motor-Bauart	Sechszylinder (Reihe)
Hubraum (cm³)	3453
Leistung (PS/U/min)	277 bei 6600
Vmax in (km/h)	262
Bauart	Coupé
Produktionszahl	450

Ein neuer Supersportwagen betrat 1978 die Bühne. Der M1 war BMWs erster tastender Versuch in diesem bislang ungewohnten Marktsegment. Geburtswehen hatte es dabei zur Genüge gegeben: Eigentlich sollte die geplante Auflage von 450 Stück bei Lamborghini gefertigt werden. Die seinerzeit finanziell stets schwache italienische Edelschmiede zog sich allerdings kurz vor Serienanlauf aus dem Projekt zurück. Die Kleinserie wurde schließlich beim bekannten BMW-Partner Baur in Stuttgart aufgelegt. Motorisiert war der M1 mit dem 277 PS starken 24-Ventil-Triebwerk aus dem M 635CSi. Die letzten M1 standen wie Blei bei den BMW-Händlern und wurden am Ende mit massiven Preisnachlässen verkauft. Heute sind die überlebenden Fahrzeuge gesuchte und teure Sammlerstücke.

BMW 5er-Reihe, Werkscode E28 (518, 520, 520i, 525, 528, 528i, 530i, M 535i)

Baujahr	1981-1987
Motor-Bauart	Vierzylinder (Reihe)
Hubraum (cm³)	1766, 1990, 2494, 2693, 2788, 3430
Leistung (PS/U/min)	89 bei 5500 bis 218 bei 5500
Vmax in (km/h)	164 bis 230
Bauart	Limousine (4-türig)
Produktionszahl	641.246

Die zweite Generation des 5er BMW war der ersten wie aus dem Gesicht geschnitten. Die Grundlinie war erhalten geblieben, einige Straffungen sorgten aber für ein etwas modernisiertes Äußeres – Evolution statt Revolution hieß die Parole. Die lieferbare Motorenpalette unterschied sich nur im technischen Detail von jener der Vorgänger-Generation, zeigte aber zwei bemerkenswerte Neuzugänge: den ersten Turbodiesel im 524td und den ersten M5 mit dem fantastischen 24-Ventil-Sechszylindertriebwerk und 286 PS – mit Letzterem wurde der 5er zum Understatement-Renner der Sonderklasse.

BMW M3, Werkscode E30S

Baujahr	1986-1991
Motor-Bauart	Vierzylinder (Reihe)
Hubraum (cm³)	2302
Leistung (PS/U/min)	195 bei 6750 bis 215 bei 6750
Vmax in (km/h)	228 bis 241
Bauart	Limousine (2-türig), Cabriolet
Produktionszahl	17.970 (Limousine), 786 (Cabrio)

Schon von Weitem war der M3 zu erkennen: Dicke Kotflügelbacken und ein auffälliger Heckspoiler deuteten nicht nur an, wofür der neue Kraft-3er unter anderem auch gedacht war – er sollte als Basisfahrzeug für den internationalen Tourenwagensport dienen. Sein 2,3 Liter großer Vierzylinder war mit einem Vierventil-Zylinderkopf ausgerüstet, der dem kleinsten Spross der M-Modelle zu knapp 200 PS verhalf. Auch sonst zeigte sich der M3 von seiner besten Seite: sportlich-komfortable Ausstattung, exzellente Fahreigenschaften und robuste Technik trotz ungewöhnlich hoher Leistungswerte.

BMW 750i, 750iL, Werkscode E32

Im Bestreben, den 7er als sportlich angehauchte Alternative zur S-Klasse von Mercedes-Benz endlich gleichrangig zu etablieren, vollzog BMW 1987 mit der Einführung eines 5-Liter-Zwölfzylinders in der 7er Reihe einen kühnen Schritt. Die prestigeträchtigste aller Motorkonfigurationen tat dem Ansehen des 7ers, aber vor allem der Marke BMW gut. Das säuselnde, 300 PS leistende V12-Kraftwerk verhalf dem großen Viertürer zu exzellenten Fahrleistungen und hohem Komfort. In der auf Wunsch lieferbaren „L"-Version mit verlängertem Radstand profilierte der 7er sich überdies als kompetente Chauffeur-Limousine.

Baujahr	1987-1994
Motor-Bauart	V12
Hubraum (cm³)	4988
Leistung (PS/U/min)	300 bei 5200
Vmax in (km/h)	250
Bauart	Limousine (4-türig)
Produktionszahl	k.A.

BMW 320i Touring, Werkscode E30

Mit der E30-Serie der 3er Reihe tat BMW Mitte der 80er Jahre zweifellos einen Quantensprung – nicht zuletzt in Sachen lieferbarer Karosserievarianten. Hatte es den ersten 3er von 1975 bis 1983 nur als Zweitürer und allenfalls noch als Baur Topcabriolet gegeben, so wurde die Angebotspalette des E30 mit Viertürer, Cabriolet und einem hübschen Kombi namens touring massiv erweitert. Zwar war Letzterer im kompakten Format des 3ers nicht gerade ein Raumwunder, aber darauf kam es den Marketingstrategen bei BMW auch nicht in erster Linie an. Der touring-Laderaum war eher für Golfbags als für Farbeimer gedacht.

Baujahr	1987-1994
Motor-Bauart	Sechszylinder (Reihe)
Hubraum (cm³)	1990
Leistung (PS/U/min)	125
Vmax in (km/h)	200
Bauart	Kombi
Produktionszahl	18.035

BMW Z1, Werkscode E30Z

Das erste Z-Modell von BMW verursachte bei seiner Markteinführung 1989 eine wahre Kaufhysterie. Kein Wunder, war doch die technische Konzeption des bildhübschen Roadsters außergewöhnlich aufwendig. Unter der Kunststoffhaut nahm eine selbsttragende Stahlblechstruktur alle technischen Komponenten auf, darunter den 2,5 Liter großen Sechszylinder mit 170 PS. Witzig, aber recht unpraktisch waren die elektrisch versenkbaren Türen. Die anfängliche Begeisterung für den Z1 wich bald nüchterner Bewertung seiner Alltagstauglichkeit. Das Ergebnis war eine Produktionsdauer von nur knapp vier Jahren und 8000 hergestellte Exemplare.

Baujahr	1989-1991
Motor-Bauart	Sechszylinder (Reihe)
Hubraum (cm³)	2494
Leistung (PS/U/min)	170 bei 5800
Vmax in (km/h)	225
Bauart	Roadster
Produktionszahl	8000

BMW 8er Reihe, Werkscode E31 (830i, 840i, 840Ci, 850i, 850Ci, 850CSi)

Baujahr	1989-1999
Motor-Bauart	V8, V12
Hubraum (cm³)	2997 bis 5576
Leistung (PS/U/min)	218 bei 5800 bis 380 bei 5300
Vmax in (km/h)	250
Bauart	Coupé
Produktionszahl	30.621

Das 1989 vorgestellte 2+2-sitzige Coupé war mit seinem Fünfliter-Zwölfzylinder und 300 PS in einem deutlich höheren Marktsegment angesiedelt als die alte 6er Coupé-Baureihe, die im gleichen Jahr ausgelaufen war. Der 8er schuf sich mit seiner eleganten Erscheinung und höchst kultivierten Sportlichkeit sofort zahlreiche Freunde. Im Laufe der Jahre gab es zwei bedeutende Ausweitungen des Motorenangebots: zum einen nach unten mit dem Vierliter-Achtzylinder als 840 und nach oben mit einer sportlich geschärften 850 CSi-Version und stolzen 380 PS. Letztere blieb sehr selten und stellt bis heute eine Art Quintessenz der Coupé-Kultur von BMW dar.

BMW 5er M5, Werkscode E34

Baujahr	1988-1995
Motor-Bauart	Sechszylinder (Reihe)
Hubraum (cm³)	3535, 3795
Leistung (PS/U/min)	315 bei 6900 bis 340 bei 6900
Vmax in (km/h)	250
Bauart	Limousine (4-türig), Kombi
Produktionszahl	13.058

Wem die Leistungsfähigkeit der normalen Triebwerkspalette der 5er Reihe nicht ausreichte, dem bot BMW ab 1988 die Hochleistungsversion M5 an. Sie war äußerlich nur mit Kennerblick von den Standardmodellen zu unterscheiden, verfügte aber über den zunächst 3,6, später 3,8 Liter großen 24-Ventil-Reihensechszylinder. Mit 315 bzw. 340 PS stellte diese M5-Generation bis Mitte der 90er Jahre das Topangebot in dieser Marktnische dar. Ähnlich konzipierte Sport-Modelle von Mercedes-Benz (AMG) und Audi (S/RS) zeigten sich deutlich weniger ausgewogen in ihren Talenten und konnten dem M5 nicht wirklich nahe kommen.

BMW 3er, Werkscode E36 (316i, 316g, 318i, 318is/ti, 320i, 323i/ti, 325i, 328i)

Baujahr	1990-2000
Motor-Bauart	Vierzylinder (Reihe), Sechszylinder (Reihe)
Hubraum (cm³)	1596 bis 2793
Leistung (PS/U/min)	82 bei 5500 bis 193 bei 5300
Vmax in (km/h)	180 bis 236
Bauart	Limousine (4-türig), Coupé, Kombi, Cabrio
Produktionszahl	2.603.879

Mit über 2,6 Millionen verkauften Exemplaren war der 1990 auf den Markt gekommene neue 3er – von Fans und Kennern nur mit dem Werkscode E36 bezeichnet – ein immenser Erfolg. Er verfeinerte das vom Vorgänger übernommene typische BMW-Konzept des fahraktiven, leistungsfähigen, kompakten Hecktrieblers in beeindruckender Weise. Als Zwei- und Viertürer, als Touring, Compact (den Compact gab es sogar ab Werk in einer Erdgas-Variante) und als Cabrio überzeugte der 3er mit seiner Robustheit in jeder Lebenslage. In der Zwischenzeit sind die E36-Modelle zumeist in dritter und vierter Hand und halten auch tapfer den unterschiedlichsten Misshandlungen ihrer aktuellen Besitzer stand.

Baujahr	1992-1999
Motor-Bauart	Sechszylinder (Reihe)
Hubraum (cm³)	2990 bis 3246
Leistung (PS/U/min)	286 bei 7000 bis 321 bei 7400
Vmax in (km/h)	250
Bauart	Limousine (4-türig), Coupé, Cabrio
Produktionszahl	71.242

BMW 3er M3, Werkscode E36

Einen Quantensprung markierte die Hochleistungsvariante M3 der E36-Serie, die 1992 auf den Markt kam. Anstelle des bisherigen Vierventil-Vierzylinders des E30-M3 fand sich nun ein satte 286 PS leistender Sechszylinder mit 24 Ventilen unter der Motorhaube. Das faszinierende Triebwerk verlieh dem mit einem optimierten Fahrwerk versehenen 3er die sprichwörtlichen Flügel. 1993 und 1994 gesellten sich erstmals eine viertürige Version bzw. wieder ein Cabrio hinzu. 1996 folgte dann schließlich noch eine Hubraumaufstockung auf 3,2 Liter samt entsprechender PS-Spritze auf nunmehr 321 Pferdestärken. Hier stand BMW nahezu allein auf weiter Flur.

BMW Z3, Werkscode E36/7 (Z3, Z3 Coupé, Z3 M Coupé)

Baujahr	1995-2002
Motor-Bauart	Vierzylinder (Reihe), Sechszylinder (Reihe)
Hubraum (cm³)	1796 bis 3246
Leistung (PS/U/min)	115 bei 5500 bis 325 bei 7400
Vmax in (km/h)	196 bis 250
Bauart	Roadster, Coupé
Produktionszahl	k.A.

Mitte der 90er Jahre war die Wiederauferstehung des kompakten Cabrios bereits im vollen Gange. Inspiriert vom Mazda MX-5 hatten Firmen wie Fiat, MG, aber auch Mercedes-Benz attraktive offene Sportwagen in der Klasse um 2 Liter Hubraum im Angebot. 1996 stieß BMW mit dem in den USA produzierten Z3 dazu. Dessen Motorenpalette war wesentlich weiter gespreizt als bei den Konkurrenzprodukten: Vom 115 PS starken 1,8-Liter-Vierzylinder reichte sie über den 1996 eingeführten 2,8-Liter-Sechszylinder bis zum brachialen 3,2-Liter des Z3 M mit 321 PS. Nur mit den beiden stärksten Sechszylinder-Triebwerken lieferbar war übrigens die geschlossene Version Z3 Coupé bzw. Z3 M Coupé – im Volksmund wegen seiner typischen Form gerne auch als „Elefantenrollschuh" bezeichnet.

Baujahr	1995-2004
Motor-Bauart	Sechszylinder (Reihe), V8
Hubraum (cm³)	1991 bis 4398
Leistung (PS/U/min)	150 bei 5900 bis 286 bei 5700
Vmax in (km/h)	209 bis 250
Bauart	Limousine (4-türig), Kombi
Produktionszahl	ca. 1.480.000

BMW 5er, Werkscode E39 (520i, 523i, 525i, 528i, 530i, 535i, 540i)

Mit der ersten Markteinführung im Jahr 1972 konnte sich die 5er Reihe von BMW einen ständig wachsenden Freundeskreis schaffen. Das Platzangebot der oberen Mittelklasse in Verbindung mit BMW-typischer Fahrdynamik war ein unwiderstehliches Konzept, das sich auch in der E39 genannten vierten Generation der 5er Reihe von seiner besten Seite zeigte. Breit aufgefächert präsentierte sich das hoch moderne Motorenangebot: vom Zwei- bis zum Vierkommavierliter-Benziner und vom Zwei- bis zum Dreiliter-Diesel. Hinzu kam – wie bei der Vorgänger-Generation – die Auswahl zwischen viertüriger Limousine und fünftürigem Touring-Modell.

BMW 3er, Werkscode E46 (316i, 318i, 320i, 323i, 325i, 328i, 330i)

Baujahr	1998-2007
Motor-Bauart	Vierzylinder (Reihe), Sechszylinder Reihe), Vierzylinder-Turbodiesel (Reihe), Sechszylinder-Turbodiesel (Reihe)
Hubraum (cm³)	1596 bis 2993
Leistung (PS/U/min)	105 bei 5300 bis 231 bei 5900
Vmax in (km/h)	195 bis 230
Bauart	Limousine (4-türig), Coupé, Cabrio
Produktionszahl	3.067.455

1998 brachten die Münchner die neue – E46 genannte – 3er Generation auf den Markt. Natürlich konnten diese Modelle alles ein ganzes Stück besser als die E36er. Aus heutiger Sicht waren sie auch die vorerst Letzten, die in ihrem äußeren Erscheinungsbild sowie im Interieur klassischen BMW-Gestaltungsprinzipien folgten. Mit stärkeren und größeren Benzinmotoren sowie einem breiteren Angebot an leistungsfähigen Dieseltriebwerken blieben kaum Kundenwünsche offen. Als Karosserievarianten waren nach wie vor Zwei- und Viertürer, Touring, Compact und Cabrio im Programm.

BMW Z8, Werkscode E52

Mit dem nur vier Jahre lang produzierten Supersportwagen Z8 gelang BMW ein echtes Meisterwerk, das heute ein ebenso teures wie gesuchtes Sammlerobjekt darstellt. Der im Jahr 2000 vorgestellte Z8 sollte an den legendären BMW 507 aus den 50er Jahren erinnern und begeisterte durch seine attraktive Optik außen wie innen. Motorisiert war er mit dem auf 400 PS gebrachten, knapp 5 Liter großen V8, der dem vergleichsweise leichtgewichtigen Z8 fabelhafte Fahrleistungswerte ermöglichte. Die handwerkliche Fertigung und die exklusive Spezifikation des Cabrios machten es zu einem Spielzeug für echte Besserverdiener: Bei Markteinführung waren für einen Z8 235.000 D-Mark zu berappen.

Baujahr	2000-20003
Motor-Bauart	V8
Hubraum (cm³)	4941
Leistung (PS/U/min)	400 bei 6600
Vmax in (km/h)	250
Bauart	Roadster
Produktionszahl	5703

BMW X5, Werkscode E53 (3.0i, 4.4i, 4.6is, 4.6is, 4.8is, 3.0d)

Der Trend zum sogenannten SUV blieb auch BMW nicht verborgen. Nachdem Mercedes-Benz bereits 1997 mit der M-Klasse auf den Markt gekommen war und hervorragende Verkaufserfolge vorzuweisen hatte, zogen die Münchner 1999 mit dem X5 nach. Bei ihm lag der gedachte Einsatzschwerpunkt klar auf der Straße, obwohl auch seine Geländegängigkeit nicht zu verachten war. Zunächst nur mit Sechs- und Achtzylinder-Benzinmotoren lieferbar, gesellte sich ab 2001 ein Dreiliter-Diesel dazu. Der X5 wurde vom Beginn an ein Bestseller, bot er doch als SUV BMW-typische Charaktereigenschaften kombiniert mit hohem Nutzwert.

Baujahr	2000-2006
Motor-Bauart	Sechszylinder (Reihe), V8, Sechszylinder-Turbodiesel (Reihe)
Hubraum (cm³)	2926 bis 4799
Leistung (PS/U/min)	184 bei 4000 bis 360 bei 6200
Vmax in (km/h)	200 bis 246
Bauart	SUV
Produktionszahl	616.862

Baujahr	2004-2013
Motor-Bauart	Vierzylinder (Reihe), Sechszylinder (Reihe), Sechszylinder-Turbo (Reihe), Vierzylinder-Turbodiesel (Reihe)
Hubraum (cm³)	1596 bis 2996
Leistung (PS/U/min)	116 bei 4000 bis 306 bei 5800
Vmax in (km/h)	200 bis 250
Bauart	Limousine, Cabrio, Coupé
Produktionszahl	k.A.

BMW 1er, Werkscode E81
(116i, 118i, 120i, 125i, 130i, 135i, 116d, 118d, 120d, 123d)

Zwar wird mit kleinen Einstiegsmodellen nicht so viel verdient wie mit den gut ausgestatteten Hochpreisautos, aber kein deutscher Hersteller kann es sich leisten, nicht in einem der unteren Segmente vertreten zu sein. BMW verwirklichte das ab 2004 mit der 1er Reihe. Die sich sofort dadurch auszeichnete, dass sie das einzige zwei- und viertürige Kompaktmodell war, das serienmäßig mit Hinterradantrieb fuhr. Was ermöglichte, dass vorne auf Wunsch ein Reihensechszylinder eingebaut werden konnte. Angeboten wurden Limousine, Coupé und Cabriolet. 2007 gab's ein Facelift, das unter anderem neue Ottomotoren mit Direkteinspritzung und Schichtladung oder eine Start-Stopp-Automatik beinhaltete. 2009 zog eine neue Generation des BMW iDrive ein. Als Topmodell gab es den 135i, der mit einem Dreiliter-Sechszylinder-Biturbomotor, der 306 PS leistete. Das 1er Coupé bekam übrigens den „red dot award" im Produktdesign 2008 verliehen. Nicht zum offiziellen Verkauf kam der 170 PS starke BMW ActiveE. Das pure E-Auto auf Basis des Coupés (Bild unten) fuhr 2011 nur im Portfolio des Carsharers „Drive Now". So gut wie alle 1200 gebauten Einheiten wurden anschließend entsorgt.

Baujahr	2002-2008
Motor-Bauart	Vierzylinder (Reihe), Sechszylinder (Reihe)
Hubraum (cm³)	1995 bis 3246
Leistung (PS/U/min)	150 bei 6200 bis 343 bei 7900
Vmax in (km/h)	220 bis 250
Bauart	Roadster, Coupé
Produktionszahl	197.950

BMW Z4, Werkscode E85 (2.0i, 2.2i, 2.5i, 2.5si, 3.0i, 3.0si, M 3.2i)

Die Nachfolgebaureihe des Z3 zeigte sich deutlich erwachsener – aber auch kontroverser in der Formgebung, die sich an der umstrittenen BMW-Designlinie mit ihren Sicken und Kanten orientierte. Eine Offenbarung waren die Fahreigenschaften und natürlich die legendären Reihensechszylindermotoren, die im Falle des Topmodells Z4 M satte 343 PS mobilisierten. Als Einstiegsmodell fungierte ein Zweiliter-Vierzylinder mit 150 PS. Ab 2006 war auch vom Z4 eine Coupé-Version verfügbar, wie beim Vorgängermodell jedoch nur mit den beiden leistungsstärksten Sechszylindern, einem 265 PS starken Dreiliter und dem legendären 3,2 Liter großen M-Triebwerk.

Baujahr	2003-2010
Motor-Bauart	Vierzylinder (Reihe), Sechszylinder (Reihe), Vierzylinder-Turbodiesel (Reihe), Sechszylinder-Turbodiesel (Reihe)
Hubraum (cm³)	1995 bis 2996
Leistung (PS/U/min)	143 bei 4000 bis 286 bei 4400
Vmax in (km/h)	195 bis 240
Bauart	SUV
Produktionszahl	614.824

BMW X3, Werkscode E83 (2.0i, xDrive20i, 2.5i, xDrive25i, 3.0i, xDrive30i, xDrive18d, 2.0d, xDrive20d, 3.0d, xDrive30d, 3.0sd, xDrive35d)

Bitte nicht wundern über die vielen Modelle, die hier aufgeführt sind: BMW änderte die Modellbezeichnungen des intern E83 genannten Autos im März 2008, um ja nicht missverstanden zu werden. Denn mit „xDrive" sollte ab nun sofort und klar sichtbar sein, dass es sich um ein Auto mit Allradantrieb handelte. Beim X3, dem Kompakt-SUV, wurden also bei allen Modellen vier Räder angetrieben. Mit einem kleinen Facelift 2006 brachte BMW die stärkste Variante des X3 auf den Markt, den xDrive35d mit satten 286 Diesel-PS und überzeugenden 580 Newtonmetern maximalem Drehmoment. Die Amerikaner mussten allerdings auf alle Dieselvarianten verzichten. Bis 2020 wurden fast 615.000 Fahrzeuge produziert, die meisten mit dem Zweiliter-Diesel.

BMW 6er, Werkscode E63, E64 (630ci, 645ci, 650i, M6, 635d)

Noch mehr trifft das eben Gesagte auf das 6er Cabrio (Werkscode E64) zu, das – heute eher ungewöhnlich – mit einem traditionellen Stoffdach statt einem klappbaren Hardtop ausgestattet ist. Immerhin ist es die erste vom Werk realisierte Cabrio-Version eines großen BMW-Coupés seit dem 503 von 1955. Die Spitzenmotorisierung bildet wie beim Coupé ein knapp 5 Liter großer V8 mit 367 PS – das Zwölfzylinder-Triebwerk des 850i mit seinen stattlichen Verbrauchswerten (aber auch unerreichter Laufkultur) war einfach nicht mehr zeitgemäß. Mit Einstandspreisen von bis zu 90.000 Euro lebt das 6er Cabrio in einer sehr kleinen Marktnische mit überschaubarem Kundenkreis. Natürlich gibt es neben dem 6er Cabrio auch das 6er Coupé (Werkscode E63). Er dient als Ablösung des 8er, der nie so richtig akzeptiert wurde, und wird von BMW in diversen Leistungsstufen (bis 507 PS beim M6) angeboten. Der Einstiegspreis für das Coupé liegt bei 62.000 Euro.

Baujahr	2003-2010
Motor-Bauart	Sechszylinder (Reihe), V8, V10, Sechszylinder-Turbodiesel (Reihe)
Hubraum (cm³)	2996 bis 4999
Leistung (PS/U/min)	258 bis 507
Vmax in (km/h)	250
Bauart	Coupé, Cabrio
Produktionszahl	130.890

BMW 3er, Werkscode E90 (316i, 318i, 320i, 320si, 323i, 325i, 328i, 330i, 335i)

Baujahr	2005-2012
Motor-Bauart	Vierzylinder (Reihe), Sechszylinder (Reihe)
Hubraum (cm³)	1599 bis 2979
Leistung (PS/U/min)	122 bei 6000 bis 306 bei 5800
Vmax in (km/h)	208 bis 250
Bauart	Limousine (4-türig), Coupé, Kombi, Cabrio
Produktionszahl	ca. 3.100.000

BMW-Freunde hatten es schon geahnt, oder besser: befürchtet – die nächste 3er Generation mit dem Typencode E90 würde auf der stilistischen Linie von 7er-, 6er- und 5er-Reihe liegen. Scharfe, mitunter unmotiviert wirkende Kanten und Konturen zeigten bei den neuen Modellen das Bemühen um eine klare optische Profilierung – die aber eigentlich unnötig war, hatte es doch den bisherigen in keiner Weise an optischen Reizen gemangelt. Auch in Sachen Innenraum- und Cockpitgestaltung setzte BMW beim neuen 3er ohne Not seinen Jahrzehnte langen Vorsprung aufs Spiel. Unter dem kontrovers aufgenommenen Blechkleid jedoch zeigte der E90 seine wahren Qualitäten mit exzellentem Fahrwerk und den grandiosen Reihensechszylindern.

BMW 7er Hydrogen 7, Werkscode E68

Baujahr	2005-2007
Motor-Bauart	V12
Hubraum (cm³)	5972
Leistung (PS/U/min)	445 bei 6000 (Wasserstoff: 260)
Vmax in (km/h)	230
Bauart	100
Produktionszahl	k.A.

BMW experimentierte nicht nur mit Wasserstoff, sondern brachte auch serienfertige Autos auf die Straße – wie den Hydrogen 7 im Jahr 2005. Als Vorgänger können die Kleinstserie BMW 750hL auf Basis des E38-Siebeners sowie der Wasserstoffprototyp H2R aus dem Jahr 2004 gelten. Der Hydrogen 7 schaffte es allerdings nicht über eine Kleinserie hinaus – immerhin 100 Stück wurden hergestellt und verleast. Kaufen konnte man so ein Auto nicht. Der Wagen basierte auf dem BMW 760iL und besaß einen Wasserstoffverbrennungsmotor, der mittels Knopfdruck auf Benzinbetrieb umgestellt werden konnte. Als Triebwerk diente ein besonders im Ansaugtrakt weiterentwickelter 760i-Zwölfzylinder. Die Tankfüllung von etwa acht Kilo Wasserstoff reichte für rund 200 Kilometer, gemeinsam mit dem Benzintank wurden daraus etwa 700 Kilometer. Allein mit Wasserstoff kam das Auto aber nicht wirklich um die Welt – sogar in Deutschland existierten selbst im Jahr 2012 erst 14 Wasserstofftankstellen. Die Leistung sackte im Wasserstoffbetrieb merklich ab, mehr als 260 PS waren nicht drin – der normale V12 schaffte 445 PS. Auch das maximale Drehmoment sank von 600 auf 390 Nm ab. Trotzdem brauchte der schwere Wagen keine zehn Sekunden für den Sprint auf 100 km/h.

BMW 3er M3, Werkscode E90, E92, E93

Baujahr	2007-2013
Motor-Bauart	V8
Hubraum (cm³)	3999
Leistung (PS/U/min)	420 bei 8300
Vmax in (km/h)	250 bis 280
Bauart	Coupé, Cabrio, Limousine
Produktionszahl	ca. 66.000

Zeit für den nächsten PS-Sprung: Der M3 der Baureihe E90 bekam statt des kultigen Reihensechszylinders einen Vierliter-V8 unter die Haube transplantiert, der in seinen Konstruktionsmerkmalen dem Fünfliter-V10 entspricht und konsequent auf Hochleistung getrimmt ist. 420 PS (309 kW) bei 8300/min machten den M3 zu einem echten Fahrleistungsmonster. BMW bot das kleinste seiner M-Modelle als Zwei- und Viertürer sowie als Cabrio (Codename E93) mit versenkbarem Aluminium-Hardtop an. Im Mittelpunkt der technischen Entwicklung stand übrigens das Ziel der Gewichtsreduzierung, was durch den Einsatz von Kohlefaser, anderen leichten Kunststoffen und Aluminium erreicht wurde.

BMW X5, Werkscode E70 (3.0si, xDrive35i, 4.8i, xDrive50i, 3.0d, xDrive30d, 3.0sd, xDrive40d)

Baujahr	2006-2013
Motor-Bauart	Sechszylinder (Reihe), V8, Sechszylinder-Turbodiesel (Reihe)
Hubraum (cm³)	2979 bis 4799
Leistung (PS/U/min)	235 bei 4000 bis 408 bei 6400
Vmax in (km/h)	210 bis 250
Bauart	SUV
Produktionszahl	k.A.

War der X5 überhaupt ein deutsches Auto? Wenn man auf den Hersteller schaute, ja. Betrachtete man seine Bestimmung und Herkunft, nein: Der X5 wurde von Anfang an in den USA gebaut und war hauptsächlich für die USA gedacht. Das galt natürlich auch für die zweite Generation, intern E70 genannt. Entsprechend stark waren die Motoren – bis zu 408 PS bot BMW an, und da war noch nicht einmal die M-Version dabei. Alle Versionen besaßen Allradantrieb, und damit das auch schon in der Modellbezeichnung klar wurde, änderte BMW die Bezeichnung im März 2008 auf „xDrive". Neu in der zweiten Generation war die optionale dritte Sitzreihe, die aber eher Kinder als Erwachsene nutzen konnten aufgrund der eingeschränkten Kopffreiheit. Im Frühjahr 2010 erhielt der E70 ein Facelift mit neuen Motoren und diverse Fahrassistenzsysteme, die bei der Konkurrenz schon länger zu haben waren.

Baujahr	2008-2015
Motor-Bauart	Reihensechszylinder-Turbo, Reihensechszylinder-Biturbo, V8-Biturbo, V12-Biturbo, Reihensechszylinder-Turbo + E-Motor, V8-Biturbo + E-Motor
Hubraum (cm³)	2979 bis 5972
Leistung (PS/U/min)	245 bei 4000 bis 544 bei 6000
Vmax in (km/h)	245 bis 250
Bauart	Limousine
Produktionszahl	k.A.

BMW 7er, Werkscode F01 (740i, 750i, 760i, ActiveHybrid 7, 730d, 740d, 750d)

Es war mal wieder Zeit für eine neue Generation des Siebeners, intern F01 genannt. Tenor: Luxus, Luxus, Luxus. Die Moderne forderte Fahrassistenzsysteme, und BMW lieferte – wenn auch teilweise gegen Aufpreis: Tempolimit-Anzeige, Abstandsregeltempomat, Auffahrwarnung, Spurwechsel- und Spurhalteassistent, Nachtsicht-Assistent, Head-up-Display, Surround-View, Rückfahrkamera, Einparkassistent, Bremsassistent, Fernlichtassistent, Fußgängermarkierung – blieb nur zu hoffen, dass die Fahrer das Fahren nicht verlernten. BMW setzte außerdem wieder auf sein fahrerorientiertes Cockpit mit einem Display in Black-Panel-Technologie. Der elektronische Gangwahlhebel für das Achtgang-Automatik-Schaltwerk wanderte zurück auf die Mittelkonsole, das iDrive besaß ein hochauflösendes Siebenzoll-Display. Das Auto kam mit sechs Fahrdynamik-Programmen, die jeweils die Parameter von Fahrwerk, Lenkung, Motor und Getriebe änderten. Topmodell: der 760i mit Biturbo-V12. Ab 2010 war auch eine ActiveHybrid-Version zu bekommen mit 4.4-Liter-V8 plus E-Motor (Systemleistung 465 PS), ab Mitte 2012 gekoppelt mit dem Dreiliter-Reihensechszylinder, was eine Systemleistung von 354 PS ergab.

BMW X6, Werkscode E71 (xDrive35i, xDrive50i, ActiveHybrid X6, xDrive30d, xDrive35d, xDrive40d)

Offiziell war ein X6 ein Crossover zwischen SAV (Sport Activity Vehicle) und Coupé. Coupe? Mit vier Türen? Grenzwertig. SUV allerdings ganz eindeutig ja, aber eines, dem aus optischen Gründen die Kopffreiheit der Fondpassagiere genommen wurde. Gut 2,1 bis mehr als 2,5 Tonnen wollten fortbewegt werden, deshalb gab es den X6 nur recht kräftig motorisiert, und zwar bis zu stattlichen 485 PS (ohne M-Modell). Alle Modelle besaßen Allradantrieb, einige auch noch das nagelneue DPC, das den Antrieb stufenlos zwischen linkem und rechtem Hinterrad verteilte. Ab 2010 spendierte BMW jedem Modell eine Achtgangautomatik, eine Weltneuheit war der V8 mit zwei zwischen den Zylinderbänken platzierten Turboladern (Twin-Turbo). Das klang alles nach kräftigem Sprit-Verbrauch – klar, dass BMW auch ab 2009 eine Hybridversion anbot. Die kostete satte 103.000 Euro, besaß 485 System-PS dank V8 plus Elektromotor und 780 Newtonmeter maximales Drehmoment. Der Sprint sollte in 5,9 Sekunden vollendet sein.

Baujahr	2008-2014
Motor-Bauart	Sechszylinder-Biturbo (Reihe), Sechszylinder-Turbo (Reihe), V8-Biturbo, V8-Biturbo + E-Motor, Sechszylinder-Turbodiesel (Reihe), Sechszylinder-Biturbodiesel (Reihe)
Hubraum (cm^3)	2979 bis 4395
Leistung (PS/U/min)	235 bei 4000 bis 485 bei 6400
Vmax in (km/h)	210 bis 250
Bauart	SUV
Produktionszahl	k.A.

BMW 5er GT, Werkscode F07 (535i GT, 550i GT, 520d GT, 530d GT, 535d GT)

Baujahr	2009-2017
Motor-Bauart	Sechszylinder-Turbo (Reihe), V8-Biturbo, Vierzylinder-Turbodiesel (Reihe), Sechszylinder-Turbodiesel (Reihe), Sechszylinder-Biturbodiesel (Reihe)
Hubraum (cm³)	1995 bis 4395
Leistung (PS/U/min)	184 bei 4000 bis 450 bei 6000
Vmax in (km/h)	213 bis 250
Bauart	Limousine
Produktionszahl	ca. 150.000

Schönheit liegt bekanntlich im Auge des Betrachters. Deshalb fand auch der Mix aus 5er Limousine, X5, X6 und – dank Radstand von rund drei Metern – des Siebeners tatsächlich Fans. Der 5er GT – im Jahr 2007 diskutiert als „Progressive Activity Sedan" (PAS) – bot eine erhöhte Sitzposition und als erster viertüriger BMW rahmenlose Seitenfenster, zudem verabschiedete sich BMW mit dem Zweitonner von der bislang sprichwörtlichen Sportlichkeit. Was nicht heißen soll, dass die Motoren kraftlos geworden wären: Unter der großen Haube steckten 306 bis (ebenfalls ab 2012) 450 PS, was letztlich den Sprint in fünf Sekunden ermöglichte. Aber mindestens zwei Tonnen Fahrzeuggewicht lassen sich eben nicht sportlich in Kurven werfen. Dieselfans wurden ab 2012 beglückt mit 184 bis zu 313 Selbstzünder-PS. Logisch, dass neben Hinterradantrieb auch Allradvarianten zur Verfügung standen. Das günstigste Modell kostete 2009 fast 56.000 Euro. Etwa 150.000 Stück wurden verkauft, der Nachfolger war der 6er GT.

BMW X1, Werkscode E84, (sDrive18i, sDrive 20i, xDrive20i, xDrive25i, xDrive28i, xDrive35i, sDrive16d, sDrive18d, xDrive18d, sDrive20d, xDrive20d, sDrive20d Efficient Dynamics, xDrive23d, xDrive25d)

Baujahr	2009-2015
Motor-Bauart	Vierzylinder (Reihe), Vierzylinder-Turbo (Reihe), Sechszylinder (Reihe), Sechszylinder-Turbo (Reihe), Vierzylinder-Turbodiesel (Reihe), Vierzylinder-Biturbodiesel (Reihe)
Hubraum (cm³)	1995 bis 2996
Leistung (PS/U/min)	116 bei 4000 bis 306 bei 5800
Vmax in (km/h)	190 bis 250
Bauart	SUV
Produktionszahl	k.A.

Kleiner geht immer. Vor allem, wenn es sich um ein SUV handelt: Nach dieser Maxime konstruierte BMW auf der Basis des Einser und Dreier das kleine SUV X1 – wie man schon an der Modellbezeichnung merkt unterhalb des X3 positioniert, mit dem er sich viele Komponenten teilte. Sein Design kam allerdings an, auch bei den Profis der Branche: Der X1 erhielt den Red Dot Design Award. Und das im Werk Leipzig gebaute Auto (ab 2012 auch in China, gemeinsam mit Joint-Venture-Partner Brilliance) konnte auch etwas: Mit 20 Zentimetern Bodenfreiheit und Bergabfahrhilfe war der Allradler immerhin bedingt offroadtauglich, was man von anderen SUVs dieser Kategorie nicht immer behaupten konnte. Wer so viel Technik nicht brauchte, konnte den X1 auch mit reinem Hinterradantrieb bekommen. Ein Facelift 2012 sorgte für zeitgemäßes Auffrischen, allerdings fielen die hochgelobten Reihensechszylinder weg. Mit dem Facelift versuchte sich der X1 auch erstmals in den USA.

Baujahr	2010-2017
Motor-Bauart	Vierzylinder-Turbo (Reihe), Sechszylinder (Reihe), Sechszylinder-Turbo (Reihe), Vierzylinder-Turbodiesel (Reihe), Sechszylinder-Turbodiesel (Reihe), Sechszylinder-Biturbodiesel (Reihe)
Hubraum (cm³)	1995 bis 2996
Leistung (PS/U/min)	143 bei 4000 bis 313 bei 4400
Vmax in (km/h)	190 bis 245
Bauart	SUV
Produktionszahl	k.A.

BMW X3, Werkscode F25 (sDrive 20i, xDrive20i, xDribe28i, xDrive35i, sDrive18d, xDrive20d, xDrive30d, xDrive35d)

„Erwachsener" – diese Vokabel liest man immer wieder, wenn man sich über die zweite Generation des BMW X3 schlau macht. Das beliebte kleine SUV stand in neuem Kleid erstmals auf der Automesse in Paris im Jahr 2010, noch im gleichen Jahr war es in Deutschland zu haben. Dazu musste er weit reisen: Es wurde in Greer, South Carolina, gebaut. Alle Modelle bis auf die Benzin- und Diesel-Einstiegsversionen kamen mit Allradantrieb. 2014 war ein Facelift fällig. Interessant die optionale Achtgang-Automatik von ZF: Sie konnte Gangstufen überspringen, es wurde also bei entsprechender Fahrsituation zum Beispiel vom achten in den zweiten Gang geschaltet. Dabei öffnete sich nur eine Kupplung. Elektronisch geregelte Dämpfer passten sich sowohl der Fahrbahnbeschaffenheit als auch dem Fahrstil an. Eine erstmals für einen X-BMW verfügbare Funktion ermöglichte es, per Tastendruck zwischen den Modi „Normal", „Sport" und „Sport+" zu wählen. Sie beeinflusste die Dämpfung, die Gaspedalprogression, das Ansprechverhalten des Motors, Servolenkung, ESP und die Schaltdynamik des Automatikgetriebes.

BMW 1er, Werkscode F20 (116i, 118i, 120i, 125i, 114d, 116d EfficientDynamics, 116d, 118d, 120d, 125d)

Baujahr	2011-2019
Motor-Bauart	Dreizylinder-Turbo (Reihe), Vierzylinder-Turbo (Reihe), Dreizylinder-Turbodiesel (Reihe), Vierzylinder-Turbodiesel (Reihe)
Hubraum (cm³)	1496 bis 1998
Leistung (PS/U/min)	95 bei 4000 bis 224 bei 6500
Vmax in (km/h)	185 bis 245
Bauart	Limousine
Produktionszahl	1.248.737

2011 brachte BMW die zweite Generation der Einsteigerbaureihe auf die Straße. Alle Einser waren ab sofort Schrägheckmodelle und damit Limousinen, denn die Coupés und Cabrios wurden in der Zweier-Reihe zusammengefasst. Wie zu dieser Zeit üblich, wurde motorisch kräftig downgesized – Turbolader statt Hubraum oder sogar statt Zylinder. So hatte BMW erstmals ab dem Facelift von 2015 einen Dreizylinder-Motor im Programm. Der turbogeladene Ottomotor des 118i leistete 136 PS, sein maximales Drehmoment lag bei 220 Newtonmetern. Mit den Modellen 116d und 116d Efficient Dynamics standen weiterhin Dreizylinder-Diesel mit 116 PS im Angebot. Zum Spritsparen gab es jetzt auch mehr Gänge – im 1er bei den optionalen Automatikgetrieben nun acht statt nur sechs Gänge. Aber trotzdem blieb die Alleinstellung des Wagens im unteren Fahrzeugsegment: Hinterradantrieb. Unter dem Begriff „EfficientDynamics" fasste BMW übrigens technische Neuerungen wie einen Eco-Pro-Modus für verbrauchsgünstigen Fahrstil zusammen.

BMW 3er GT, Werkscode F34 (320i GT, 320i xDrive GT, 328i GT, 328i xDrive GT, 330i GT, 330i xDrive GT, 335i GT, 335i xDrive GT, 340i GT, 340i xDrive GT, 318d GT, 320d GT, 320d xDrive GT, 325d GT, 330d GT, 330d xDrive GT, 335d xDrive GT)

Baujahr	2013-2020
Motor-Bauart	Vierzylinder-Turbo (Reihe), Sechszylinder-Turbo (Reihe), Vierzylinder-Turbodiesel (Reihe), Sechszylinder-Turbodiesel (Reihe)
Hubraum (cm³)	1995 bis 2998
Leistung (PS/U/min)	143 bei 4000 bis 326 bei 5500
Vmax in (km/h)	210 bis 250
Bauart	Limousine
Produktionszahl	258.444

Das Traditionswerk Dingolfing baute etwas ganz Neues: den Dreier-BMW mit schrägem Heck. BMW nannte ihn „Gran Turismo", kurz „GT". Aufgrund seiner Abmessungen sollte der Dreier-GT die perfekte Mixtur aus Limousine und Kombi sein. Immerhin war er knapp 20 Zentimeter länger und acht Zentimeter höher als die Dreier-Limousine. Erstmals verpasste BMW einem ihrer Modelle einen ausfahrbaren Spoiler am Heck, der automatisch bei 110 km/h ausfuhr und bei 70 km/h wieder verschwand. Er sollte den Auftrieb an der Hinterachse um 35 Prozent reduzieren. Der Kunde hatte die Wahl zwischen Heckantrieb und Allrad. Im Sommer 2016 erhielt der BMW 3er Gran Tourismo ein Facelift, das allerdings optisch kaum auffiel. Unter der Haube wurde das Motorenangebot hingegen deutlich modernisiert. Der Absatz stagnierte trotzdem, so dass der Dreier-GT auslief und heute bei uns eine seltene Erscheinung ist.

BMW i3, Werkscode I01 (i3, i3s)

2013 ist das erste reine Serienelektroauto von BMW zu haben – das kleine, aber aufgrund der Unterbringung der Batterien hohe Auto besitzt serienmäßig einzig einen Elektromotor. Ein Verbrenner als Reichweitenverlängerer (Range Extender) muss optional bestellt werden, wenn man das wünscht. Der etwa 50 kg schwere E-Motor ist ein Hybrid-Synchronmotor und leistet 170 PS sowie ein maximales Drehmoment von 250 Newtonmetern. In der i3s-Variante sind es 184 PS und ein Drehmoment von 270 Newtonmetern. Die Kraft wird auf die Hinterräder geleitet. Mit dem Range Extender – einem wassergekühlten Zweizylinder-Reihenmotor mit 647 ccm und 38 PS Leistung – wird der i3 zum Plug-In-Hybrid. Der Zusatzmotor labt sich aus einem Neun-Liter-Tank und verlängert die Reichweite um 150 Kilometer. Die Gesamtreichweite wächst auf maximal 400 Kilometer. Wirklich sportlich ist der BMW nicht, aber dafür ist er auch nicht gebaut: Der Sprint soll in 7,2 Sekunden gelingen, das Top-Tempo ist auf 150 km/h (bzw. 160 km/h) elektronisch begrenzt. Das Fahrgestell besteht aus Aluminium, die Fahrgastzelle aus Kohlefaser verstärktem Kunststoff. Diese Kombination soll Gewicht sparen, denn die Acht-Modul-Batterie und die Antriebstechnik sind recht schwer – so wiegt das gesamte 34.950 Euro teure Auto trotz Leichtbau in seiner leichtesten Version 1270 kg. BMW garantiert für die Akkus acht Jahre oder 100.000 Kilometer.

Baujahr	seit 2013
Motor-Bauart	Elektro-Motor
Hubraum (cm³)	entfällt
Leistung (PS/U/min)	170 bis 184
Vmax in (km/h)	150 bis 160
Bauart	Kombilimousine
Produktionszahl	k.A.

BMW 2er, Werkscode F22, F23 (218i, 220i, 228i, 230i, 218d, 220d, 225d)

Ganz schön gewieft, die Bayern: Sie nahmen die 1er Reihe, bauten davon ein heckgetriebenes Cabrio und ein ebenso hinten angetriebenes Coupé und nannten das dann später einfach „2er Reihe" – also ähnlich, wie sie es schon mit der Dreier- und Vierer-Reihe gemacht hatten. Tatsächlich basierten die Zweier auf dem Einer – anders als der 2er Tourer, der mit Frontantrieb kam und technisch Anleihen beim Mini nahm. Das Coupé kam 2014 zuerst, ein Jahr später folgte das Cabriolet. Beide Modelle boten den Insassen mehr Platz als ihre Pendants als Einer. Ebenfalls 2015 zog ein Dreizylinder-Turbo wahlweise unter die Haube. 2017 gab es ein Facelift.

Baujahr	2014-2020
Motor-Bauart	Dreizylinder-Turbo (Reihe), Vierzylinder-Turbo (Reihe), Vierzylinder-Turbodiesel (Reihe), Vierzylinder-Biturbodiesel (Reihe)
Hubraum (cm³)	1499 bis 1998
Leistung (PS/U/min)	136 bei 6000 bis 252 bei 5200
Vmax in (km/h)	210 bis 250
Bauart	Coupé, Cabriolet
Produktionszahl	k.A.

BMW 2er Active Tourer, Werkscode F45 (216i, 218i, 220i, 225i xDrive, 225xe, 214d, 216d, 218d, 218d xDrive, 220d, 220d xDrive)

Baujahr	seit 2014
Motor-Bauart	Dreizylinder-Turbo (Reihe), Vierzylinder-Turbo (Reihe), Dreizylinder-Turbo (Reihe) + Elektromotor, Dreizylinder-Turbodiesel (Reihe), Vierzylinder-Turbodiesel (Reihe)
Hubraum (cm³)	1496 bis 1998
Leistung (PS/U/min)	95 bei 4000 bis 231 bei 6000
Vmax in (km/h)	185 bis 240
Bauart	Van
Produktionszahl	k.A.

Wenn BMW an seinem Nimbus als Hersteller sportlicher Autos jemals gekratzt hat, dann mit dem BMW 2er Active Tourer. Erstmals Vorderradantrieb bei BMW, dazu noch ein Van, nur mit Drei- und Vierzylindermotoren zu haben – wirtschaftlich wohl sinnvoll, optisch diskutabel, für´s bisherige Image aber nicht vorteilhaft. Für viele ist der 2er Active Tourer nur ein Brot-und-Butter-Auto, das man von den Bayern nicht erwartet hatte. Die Basis bildet der Mini. 109 bis 231 PS werden angeboten, der Diesel kommt mit 150 PS. Ende 2014 bekam das Modell auf Wunsch Allradantrieb, gekoppelt mit 116 oder 190 PS. 2016 folgte die Plug-In-Hybrid-Variante 225xe. 2018 wurde der 2er Active Tourer einem Facelift unterzogen, wobei die Siebengang-Doppelkupplung die bisherigen Getriebevarianten (Sechsgang-Handschalter oder Sechsgang-Automatik) ersetzte. 2021 wird eine neue Generation des Modells erwartet.

BMW 4er, Gran Coupé, Werkscode F32, F33, F36 (420i, 428i, 430i, 435i, 440i, 418d, 420d, 425d, 430d, 435d)

Baujahr	2013-2020
Motor-Bauart	Vierzylinder-Turbo (Reihe), Sechszylinder-Turbo (Reihe), Vierzylinder-Turbodiesel (Reihe), Sechszylinder-Turbodiesel (Reihe)
Hubraum (cm³)	1995 bis 2998
Leistung (PS/U/min)	143 bei 4000 bis 326 bei 5500
Vmax in (km/h)	213 bis 250
Bauart	Cabriolet, Coupé, Limousine (Gran Coupé)
Produktionszahl	k.A.

Vorbei die Zeit, da ein Dreier ein Dreier war: Mit dem Vierer-BMW gliederten die Bayern im Jahr 2012 die Coupé- und Cabrio-Versionen aus dem Dreier-Portfolio aus. Das Coupé kam 2013 auf den Markt, das Metallklappdach-Cabrio konnte erst 2014 gekauft werden. Das einfachste Coupé war ab 36.750 Euro zu haben, das Cabriolet (F33) kostete schon 43.900 Euro. Es kam mit einer Glasscheibe hinten, das Dach ließ sich in 20 Sekunden bei bis zu Tempo 18 km/h öffnen. 2014 gesellte sich eine dritte Variante hinzu, das so genannte 4er Gran Coupé (F36). Diese Ausführung (Bild unten) besaß im Gegensatz zu den anderen Vierern vier Türen, das Dach war höher und weiter nach hinten gezogen. Das Gepäckraumvolumen war um 35 Liter höher als beim Coupé. Allen wurden starke Motoren, ein adaptives Fahrwerk und agiles Handling mitgegeben, mittlerweile war für fast alle Motoren auch Allradantrieb zu haben.

BMW X4, Werkscode F26 (xDrive20i, xDrive28i, xDrive35i, xDrive20d, xDrive30d, xDrive35d)

Der Erfolg des X6 als SUV-Coupé brachte die Bayern auf die Idee, das gleiche Experiment auch in der Mittelklasse zu probieren. So zeigten sie 2013 auf der Shanghai Auto Show (die Chinesen sind große SUV-Freunde) eine noch nicht ganz fertige Version des kleinen SAC (Sports Activity Coupé). In der Serie bekam der Crossover 2014 den Namen X4. Das Auto basierte auf dem X3, aber besonders das Coupé-Heck und die insgesamt niedrigere Karosserie unterschieden den X4 vom X3. Aus den bekannten Motorenregalen stammten die Antriebe: Der X4 war in drei Benzin- und drei Dieselvarianten zu haben. Alle Modelle besaßen Allradantrieb und bis auf die kleinste Dieselvariante eine Achtgang-Automatik. Startpreis war 45.600 Euro.

Baujahr	2014-2018
Motor-Bauart	Vierzylinder-Turbo (Reihe), Sechszylinder-Turbo (Reihe), Vierzylinder-Turbodiesel (Reihe), Sechszylinder-Turbodiesel (Reihe)
Hubraum (cm³)	1995 bis 2993
Leistung (PS/U/min)	184 bei 6250 bis 313 bei 4400
Vmax in (km/h)	212 bis 247
Bauart	SUV
Produktionszahl	ca. 200.000

BMW X5, Werkscode F15 (xDrive35i, xDrive40e, xDrive50i, sDrive25d, xDrive25d, sDrive30d, xDrive40d)

Viel Komfort, viel Platz, eine große Reichweite, eine quer zweigeteilte Heckklappe: Das waren die Vorteile, die so ein recht großer BMW X5 mitbrachte. Der neue X5 mit der internen Bezeichnung F15, also die dritte Generation, kam im Jahr 2013. Kein Modell besaß weniger als 200 PS, was aber auch nötig war, denn der fette Bayer wog bereits mit der Basisaustattung mindestens zwei Tonnen. Das technisch interessanteste Auto war der xDrive40e als Hybridfahrzeug. Zum 245 PS starken Vierzylinder gehörte hier ein 113 PS starker Elektromotor. Allerdings waren nur bis zu höchstens 21 Kilometer „lokal emissionsfreier" Fahrt möglich. Der Einstiegsdiesel kam ohne Allrad, was Verbrauchskritiker verstummen lassen sollte. Mit dem „Fahrerlebnisschalter" ließen sich unterschiedliche Fahrtmodi einstellen, welche insbesondere die Gaszufuhr, die Schaltung und die Lenkung beeinflussten.

Baujahr	2013-2018
Motor-Bauart	Vierzylinder-Turbo (Reihe) + E-Motor, Sechszylinder-Turbo (Reihe), V8-Biturbo, Vierzylinder-Turbodiesel (Reihe), Sechszylinder-Turbodiesel (Reihe)
Hubraum (cm³)	1995 bis 4395
Leistung (PS/U/min)	218 bei 4400 bis 450 bei 6000
Vmax in (km/h)	210 bis 250
Bauart	SUV
Produktionszahl	k.A.

BMW 7er, Werkscode G11 (730i, 740i, 750i, 740e, 745e, 730d, 740d xDrive, 750d xDrive)

Konkurrenz belebt die Straßen: BMW nahm 2015 mal wieder den Ende der 1970er Jahre begonnenen Kampf auf um die Krone in der Oberklasse gegen Mercedes. G11 und G12 stellen die sechste Generation der Bayern dar, wobei der G11 die „kurze" Variante ist mit einer Länge von 5,1 Metern, G12 ist die „L"-Variante mit einer Länge von beeindruckenden 5,24 Metern. Wieder schafften es die Bayern, in Sachen Sportlichkeit weit vor Mercedes zu liegen. Schon der Einstiegsdiesel sorgt für einen Sprint in 6,1 Sekunden auf 100 km/h. Noch besser machen es der Plug-In-Hybrid 740e und später der 745e, die bereits in 5,4 bzw. 5,2 Sekunden davonstürmen. Top-Modell – ohne die M-Ausstattung – ist der 750i mit 530 PS, ein Luxussportler par excellence. Optisch ist die neue 7er Reihe leicht an dem bis zu 40 Prozent gewachsenen Kühlergrill in Nierenform zu erkennen. Mit der Sonderausstattung „Ferngesteuertes Parken" kann er als erstes Serienfahrzeug weltweit ohne Fahrer am Steuer in Kopfparklücken oder Garagen hinein- und wieder herausmanövrieren.

Baujahr	seit 2015
Motor-Bauart	Vierzylinder-Turbo (Reihe), Sechszylinder-Turbo (Reihe), V8-Biturbo, Vierzylinder-Turbo (Reihe) + E-Motor, Sechszylinder + E-Motor (Reihe), Sechszylinder-Turbodiesel (Reihe), Sechszylinder-Biturbodiesel (Reihe)
Hubraum (cm³)	1998 bis 4395
Leistung (PS/U/min)	249 bei 6500 bis 530 bei 6000
Vmax in (km/h)	250
Bauart	Limousine
Produktionszahl	k.A.

BMW X3, Werkscode G01 (sDrive20i, xDrive20i, xDrive28i, xDrive30i, xDrive30e, sDrive18d, xDrive20d, xDrive25d, xDrive30d)

Dass der neue X3 ein Volltreffer war, konnte BMW im Mai 2020 feiern: Das Modell war zu jenem Zeitpunkt der meistverkaufte BMW aus dem gesamten Portfolio. Das lag allerdings nicht an großem Absatzplus, sondern an der Tatsache, dass die anderen Modelle im Corona-Jahr stark verloren. Vorgestellt wurde die dritte Generation des X3 am 26. Juni 2017 im BMW-Werk Spartanburg, ab November war er zu haben für mindesten 44.000 Euro. Er ist inzwischen 15 Zentimeter länger als noch die erste Generation, die 2003 vorgestellt wurde. Der Kofferraum fasst jetzt 550 bis 1600 Liter, nur bei der Hybridversion schrumpft das Volumen um 100 Liter. Dafür ist man hier mit 292 System-PS unterwegs und kann bis zu 55 Kilometer rein elektrisch vorankommen.

Baujahr	seit 2017
Motor-Bauart	Vierzylinder-Turbo (Reihe), Vierzylinder-Turbo (Reihe) + E-Motor, Vierzylinder-Turbodiesel (Reihe), Sechszylinder-Turbodiesel (Reihe)
Hubraum (cm³)	1995 bis 2993
Leistung (PS/U/min)	150 bei 4000 bis 292 bei 6500
Vmax in (km/h)	198 bis 245
Bauart	SUV
Produktionszahl	k.A.

BMW 5er, Werkscode G30, G31 (520i, 520e, 530i, 530i xDrive, 540i, 540i xDrive, 530e performance, 530e, 530e xDrive, 545e xDrive, 518d, 520d Efficient Dynamics, 520d, 520d xDrive, 525d, 530d, 530d xDrive, 540d xDrive)

2017 kommt die bereits siebente Generation der mittelgroßen BMW-Baureihe, die inzwischen auch schon auf fast fünf Meter Länge angewachsen ist. Intern heißt das Modell G30, es wird als Limousine und als Kombi (G31) gebaut. Das Motorenangebot ist riesig – für jeden ist etwas dabei, natürlich gibt es auch die hier nicht berücksichtigten M-Modelle und Langversionen. Die Karosserien bestehen jetzt aus einem Mix aus Stahl und Aluminium, was eine Gewichtsersparnis von 100 bis 130 Kilo (bei den Langversionen) bringen soll. Der 520d Efficient Dynamics gilt als eine der strömungsgünstigsten Limousinen auf dem Markt. Seit März 2021 ist zusätzlich zum bisherigen Programm auch ein 520e-Plug-In-Hybrid mit 204 PS zu haben.

Baujahr	seit 2017
Motor-Bauart	Vierzylinder-Turbo (Reihe), Sechszylinder-Turbo (Reihe), Vierzylinder-Turbo (Reihe) + E-Motor, Sechszylinder-Turbo (Reihe) + E-Motor, Vierzylinder-Turbodiesel (Reihe), Vierzylinder-Biturbodiesel (Reihe), Sechszylinder-Turbodiesel (Reihe), Sechszylinder-Biturbodiesel (Reihe)
Hubraum (cm³)	1995 bis 2998
Leistung (PS/U/min)	184 bei 6500 bis 394 bei 6000
Vmax in (km/h)	220 bis 250
Bauart	Limousine, Kombi
Produktionszahl	k.A.

BMW Z4, Werkscode G29 (sDrive20i, sDrive30i)

Baujahr	seit 2018
Motor-Bauart	Vierzylinder-Turbo
Hubraum (cm³)	1998
Leistung (PS/U/min)	197, 258
Vmax in (km/h)	240, 250
Bauart	Roadster
Produktionszahl	k.A.

Endlich mal wieder ein scharfer Roadster von BMW – der neue Z4 von 2018 gerät überaus sportlich. Tatsächlich hätte es die dritte Generation wohl nicht gegeben ohne die Kooperation mit Toyota, die bereits 2012 eingegangen wurde. Denn der neue Toyota GR Supra nutzt die gleiche technische Basis wie der Z4 – trotzdem sind zwei grundverschiedene Autos dabei herausgekommen. Während der Toyota ein Coupé ist, freut sich der BMW-Kunde über ein Stoffverdeck, dass in zehn Sekunden geschlossen werden kann. Die Karosserie besteht aus Stahl, Alu und Kunststoff. Das Motorenangebot ist mit 197 und 258 PS übersichtlich, nur der M-Knaller ist noch stärker. Eine Version mit Handschalter ist erst seit 2019 zu haben und dann nur mit dem schwächsten Motor.

Baujahr	seit 2019
Motor-Bauart	Vierzylinder-Turbo (Reihe), Vierzylinder-Turbo (Reihe) + E-Motor, Vierzylinder-Biturbodiesel (Reihe), Sechszylinder-Turbodiesel (Reihe), Reihensechszylinder-Biturbodiesel (Reihe)
Hubraum (cm^3)	1995 bis 2993
Leistung (PS/U/min)	150 bei 4000 bis 292 bei 6500
Vmax in (km/h)	215 bis 250
Bauart	Limousine, Kombi
Produktionszahl	k.A.

BMW 3er, Werkscode G20 (318i, 320i, 320i xDrive, 320e, 330i, 330i xDrive, 330e, 330e xDrive, 318d, 320d, 320d xDrive, 330d, 330d xDrive)

Ein ewiger Dauerbrenner in Deutschland ist die 3er Reihe von BMW. 2019 kommt bereits die siebte Generation auf die Straße. Wurden dem Vorgänger eine leichte Verwaschung ureigener BMW-Charakteristiken vorgeworfen, haben die Ingenieure beim neuen Dreier versucht, verlorenes Terrain zurückzugewinnen. Und zwar durch mehr Steife (plus 20 Prozent), weniger Gewicht (minus 55 Kilo), abgesenkten Schwerpunkt (zehn Millimeter) und eine neue Stoßdämpfertechnik mit hubabhängiger Reibung und zusätzlichem Kolben für größeren Energieabbau. Platz gibt's auch mehr – der neue Dreier ist acht Zentimeter länger als der Vorgänger. DerTouring (G12) bietet als Kombi nun 500 bis 1510 Liter Kofferraumvolumen an. Zur Erinnerung: Coupé und Cabriolet werden nicht mehr als Dreier vermarket, sondern als Vierer. Im Sommer 2019 folgte mit dem 330e eine Version mit einem Plug-in-Hybridantrieb, deren rein elektrische Reichweite 60 Kilometer beträgt. Seit Sommer 2020 ist der 330e auch als Touring und mit Allradantrieb erhältlich. Ab März 2021 stehen dank neuem 320e vier Plug-In-Varianten zur Auswahl.

BMW 2er Gran Coupé, Werkscode F44 (218i, 220i, 220ixDrive, 216d, 218d, 220d, 220dxDrive)

Baujahr	seit 2020
Motor-Bauart	Dreizylinder-Turbo (Reihe), Vierzylinder-Turbo (Reihe), Dreizylinder-Turbodiesel (Reihe), Vierzylinder-Turbodiesel (Reihe)
Hubraum (cm³)	1496 bis 1998
Leistung (PS/U/min)	116 bei 4000 bis 190 bei 4000
Vmax in (km/h)	200 bis 238
Bauart	Limousine
Produktionszahl	k.A.

Kaum zu glauben, aber Hersteller wie BMW haben noch immer nicht alle Nischen besetzt. 2020 deckten die Bayern mit dem 2er Gran Coupé eine weitere ab, und zwar die des viertürigen Coupés in der Kompaktklasse. Gleichzeitig ist es die erste Stufenhecklimousine von BMW mit Frontantrieb, auch wenn Allradversionen optional zu haben sind. Technisch ist das Auto ziemlich identisch mit der 1er Reihe, allerdings soll kein Blechteil vom kleineren Bruder stammen. Selbst die Türen werden extra gebaut. Das billigste Modell ist der 218i, das gibt es für mehr als 31.000 Euro. Aber egal, was ein Modell kostet: Hinten sitzt man nicht sehr komfortabel. Lifestyle kostet Platz, das war schon immer so …

BMW iX3, Werkscode G08

Der erste rein elektrische SUV von BMW soll ein Knaller werden: 460 Kilometer Reichweite, Preise ab 66.300 Euro, gebaut in China – alles ist anders. Unter dem Blech arbeitet eine neue Generation des bayerischen eDrive, nämlich die fünfte. Die soll gut sein für eine um 20 Prozent erhöhte Energiedichte der Batterie und eine um 30 Prozent gesteigerte Leistung des E-Antriebes mit einem Wirkungsgrad von 93 Prozent. Erstmals sind keine Seltenen Erden verbaut. Zusätzlich soll der Kobalt-Anteil im Akku um zwei Drittel gesunken sein. Angetrieben wird das Auto von den Hinterrädern, die 2,2 Tonnen Wagengewicht werden in 6,8 Sekunden auf 100 km/h beschleunigt.

Baujahr	seit 2020
Motor-Bauart	E-Motor
Hubraum (cm³)	entfällt
Leistung (PS/U/min)	286 bei 6000
Vmax in (km/h)	180
Bauart	SUV
Produktionszahl	k.A.

BMW 4er, Werkscode G22 (420i, 430i, 420d, 420d xDrive, 430d xDrive)

Baujahr	seit 2020
Motor-Bauart	Vierzylinder-Turbo (Reihe), Vierzylinder-Biturbodiesel (Reihe), Sechszylinder-Biturbodiesel (Reihe)
Hubraum (cm³)	1995 bis 2993
Leistung (PS/U/min)	184 bei 6500 bis 286 bei 4000
Vmax in (km/h)	236 bis 250
Bauart	Coupé, Cabriolet
Produktionszahl	k.A.

Think big – oder was hat BMW bewogen, der neuen 4er Reihe grotesk große Nieren als Grill zu verpassen? Ok, man erkennt das Auto – sei es Coupé oder Cabriolet (G23) – auf den ersten Blick. Aber zu was für einem Preis? Laut BMW soll die monströse Doppelniere „dem Fahrzeug einen eigenen Charakter und eine hohe Exklusivität geben". Außerdem will man sich so stark von der 3er Reihe, also dem Pendant als Limousine und Touring, abgrenzen. Die Verkaufszahlen werden es zeigen, ob die Kunden das genau so sehen. Technisch jedenfalls gibt es keine großen Überraschungen, denn der Vierer nimmt als Basis logischerweise die 3er Reihe. Der Schwerpunkt liegt 21 Millimeter niedriger, der Wagen ist insgesamt um 57 Millimeter niedriger und die Spur ist 23 Millimeter breiter. Dank ausgefeilter Aerodynamik gibt es 20 Prozent weniger Auftrieb an der Vorderachse und hinten je nach Modell 30 bis 50 Prozent weniger. Das Cabriolet besitzt im Gegensatz zum Vorgänger ein Stoffdach, um das Mehrgewicht durch die 48V-Mild-Hybridtechnik abzufangen. Die Dieselvarianten sind auch als Allradler zu haben, bei den Benzinern bekommt dieses Privileg nur die M-Variante.

Borgward Hansa (Hansa 1500, Hansa 1800, Hansa 1800 Diesel)

Bis Mitte der 50er Jahre, als Mercedes seinen 170er immer noch mit freistehenden Scheinwerfern baute, hatte Borgward mit seinen modernen, glattflächigen Ponton-Karosserien bereits Zeichen gesetzt. Auch die Motorisierung konnte sich sehen lassen: 48 bzw. 60 PS aus 1500 respektive 1800 Kubikzentimetern sorgten dafür, dass man überdurchschnittlich zügig vorankam, das Dieselaggregat überzeugte dagegen freilich vor allem durch Robustheit.

Baujahr	1949-1954
Motor-Bauart	Vierzylinder (Reihe)
Hubraum (cm³)	1498 bis 1758
Leistung (PS/U/min)	42 bei 3700 bis 66 bei 4400
Vmax in (km/h)	105 bis 150
Bauart	Limousine (2-/4-türig), Kombi (2-türig), Cabriolet
Produktionszahl	23.140, 8531, Diesel: 3490

Borgward Hansa 2400, Hansa 2400 Pullman

Trotz seines extravaganten Fließhecks vermochte der sechszylindrige große Borgward bei der noblen Konkurrenz mit dem guten Stern keinen nennenswerten Eindruck zu hinterlassen. Nachlässigkeiten in der Verarbeitungsqualität und ein deutlich geringeres Markenprestige brachten bei aller ansehnlichen Technik und moderner Linienführung nur geringe Verkaufserfolge für den Edel-Borgward.

Baujahr	1952-1958
Motor-Bauart	Sechszylinder (Reihe)
Hubraum (cm³)	2337 bis 2238
Leistung (PS/U/min)	82 bei 4500 bis 100 bei 5000
Vmax in (km/h)	145 bis 155
Bauart	Limousine (4-türig)
Produktionszahl	1032, 356

Borgward Isabella (Isabella, Isabella TS, Isabella de luxe, Isabella Combi)

Die gutaussehende Isabella aus Bremen füllte in den fünfziger Jahren genau die Lücke, die BMW seinerzeit noch offen ließ. Mit ihrer eleganten Karosserie und sportlich angehauchten Motorleistungen setzte sie einen Kontrapunkt zu den eher langweiligen Mittelklasse-Angeboten von Mercedes-Benz, Opel und Ford. Eine begeisterte Gefolgschaft verzieh ihr auch manche qualitativen Schwächen und sorgte für gefüllte Auftragsbücher.

Baujahr	1954-1961
Motor-Bauart	Vierzylinder (Reihe)
Hubraum (cm³)	1493
Leistung (PS/U/min)	60 bei 4700 bis 75 bei 5200
Vmax in (km/h)	135 bis 150
Bauart	Limousine (2-türig), Kombi (2-türig)
Produktionszahl	202.872

Borgward Isabella Coupé, Cabriolet

Baujahr	1956-1961
Motor-Bauart	Vierzylinder (Reihe)
Hubraum (cm^3)	1493
Leistung (PS/U/min)	60 bei 4700 bis 75 bei 5200
Vmax in (km/h)	135 bis 150
Bauart	Coupé, Cabriolet
Produktionszahl	ca. 11.000, k.A.

So selten wie ein weißer Elefant: die von der Kölner Karosseriebaufirma Deutsch nachträglich zum Cabrio umgebaute Isabella-Limousine. Wer sich derart individuell fortbewegen wollte, hatte knapp 5000 Mark zusätzlich zu entrichten. In Kauf nehmen musste man dafür allerdings eine geringere Verwindungssteifigkeit der Karosserie und ein Verdeck, das riesige tote Winkel beim Blick nach schräg hinten bescherte.

Noch eleganter als die Isabella-Limousinen präsentierte sich 1957 das Isabella Coupé. Mit etwas feminin wirkenden Schnörkeln und leichten Heckflossenansätzen versehen, begeisterte die Karosserie Liebhaber sportlich-komfortabler 2+2-Coupés. Technisch mit den Limousinen identisch, verlangte Borgward für seine Isabella im Trainingsanzug einen stattlichen Aufpreis von ca. 3000 Mark.

Lloyd (Borgward) Arabella (Arabella, Arabella 34, Arabella de luxe)

Baujahr	1959-1963
Motor-Bauart	Vierzylinder (Boxer)
Hubraum (cm³)	897
Leistung (PS/U/min)	34 bei 4700, 38 bei 4800, 45 bei 5300
Vmax in (km/h)	120 bis 133
Bauart	Limousine (2-türig)
Produktionszahl	47.042

Einer der vielen Sargnägel des Borgwardschen Firmenkonglomerats war die Arabella von Lloyd. Aufwändig konstruiert, aber nicht völlig ausgereift auf den Markt gebracht, sollte sie aufstiegswillige Alexander-Fahrer an die Marke binden – ein Kalkül, dass nicht im erhofften Maße aufging. Die Beseitigung der konstruktiven Schwächen kosteten den Konzern eine Menge Geld, und das Kleinwagenimage der Marke Lloyd war einem echten Verkaufserfolg außerordentlich hinderlich. Auch die Umbenennung des Lloyd zum Borgward half da nicht viel.

Borgward P 100 („Der große Borgward")

Baujahr	1959-1962
Motor-Bauart	Sechszylinder (Reihe)
Hubraum (cm³)	2238
Leistung (PS/U/min)	100 bei 5000
Vmax in (km/h)	160
Bauart	Limousine (4-türig)
Produktionszahl	2591

Der große Borgward zeichnete sich durch hohen Komfort und eine leicht amerikanisch angehauchte Formgebung aus. Gegen Aufpreis konnte er sogar mit Luftfederung geordert werden. Er blieb vier Jahre im Programm und konnte keinen besonderen Verkaufserfolg gegenüber der etablierten Konkurrenz in der Oberklasse verbuchen – vielleicht auch, weil die Innenraumgestaltung ein wenig nüchtern ausgefallen war.

Colani GT

Baujahr	1964
Motor-Bauart	Vierzylinder (Boxer)
Hubraum (cm³)	div.
Leistung (PS/U/min)	div.
Vmax in (km/h)	n.a.
Bauart	Roadster
Produktionszahl	261

Der Berliner Designer Luigi Colani bot in der Vor-Buggy-Zeit dem Besitzer eines Käfer-Fahrgestells die Möglichkeit, für wenig Geld seinem brav motorisierten Untersatz eine ultraschnell aussehende Kunststoff-Karosserie überzustülpen. Schon damals liebte das Enfant terrible der deutschen Designerszene rundliche Formen, und so mancher Fan tat das auch – noch heute existieren verschiedentlich Exemplare dieser Spezies.

Champion 250, 400, 400 H, 500 G und Maico MC 400 H, 500 G

Baujahr	1948-1956
Motor-Bauart	Einzylinder-Zweitaktmotor u. Zweizylinder-Zweitaktmotor
Hubraum (cm³)	250, 398, 452
Leistung (PS/U/min)	6 bei 4700 bis 18 bei 4000
Vmax in (km/h)	60 bis 92
Bauart	Roadster, Cabrio-Limousine, Limousine (2-türig), Kombi (3-türig)
Produktionszahl	ca. 5500 (250, 400)

Eines der zahllosen gescheiterten deutschen Kleinwagenprojekte der Nachkriegszeit war der mit einem Zweitaktmotor bestückte Champion. Von mehreren Herstellern gebaut, weiterentwickelt und wieder eingestellt, kam es erst unter der Regie des Pfäffinger Motorradproduzenten Maico zu einer gewissen Reife. Die vielfältigen lieferbaren Karosserievarianten trösteten dennoch nicht über seine schwachbrüstige und anfällige Motorisierung hinweg. Isetta und Goggomobil erwiesen sich als übermächtige Konkurrenz.

DKW Meisterklasse, Werkscode F 89

Baujahr	1950-1954
Motor-Bauart	Zweizylinder-Zweitaktmotor
Hubraum (cm³)	684
Leistung (PS/U/min)	23 bei 4200
Vmax in (km/h)	100
Bauart	Limousine (2-türig), Coupé, Cabriolet, Kombi (3-türig)
Produktionszahl	59.475

Wer aus alter Verbundenheit einen der 1950 neu auf den Markt gekommenen Meisterklasse-DKW erwarb, wusste was ihn erwartete: ein jaulender und qualmender Zweitakt-Zweizylinder, Frontantrieb, aber auch eine radikal modernisierte Karosserie mit weich fließenden Formen. Immerhin knapp 60.000 Autofahrer fanden dieses Angebot attraktiv genug, um darauf einzugehen. Heute interessiert sich nur ein kleiner Kreis von Spezialisten für dieses merkwürdig unausgeglichene Konzept.

DKW Sonderklasse, Werkscode F 91

Baujahr	1953-1955
Motor-Bauart	Dreizylinder-Zweitaktmotor
Hubraum (cm³)	896
Leistung (PS/U/min)	34 bei 4000
Vmax in (km/h)	120
Bauart	Limousine (2-türig), Coupé, Kombi (3-türig)
Produktionszahl	57.407

Eine Karosserie im Hardtop-Stil mit voll versenkbaren Seitenfenstern und endlich ein Dreizylinder-Zweitakter waren die wichtigsten Neuerungen der F-91-Baureihe. 900 cm³ sorgten für eine um 11 PS erhöhte Leistung – gut für knappe 120 km/h Spitze, was indes kaum ein Fahrer den thermisch stets empfindlichen Zweitaktern zumutete. Die Mitte der fünfziger Jahre noch recht hohe Zweitaktakzeptanz brachte den F-91-Modellen mit über 55.000 verkauften Autos einen durchaus beachtenswerten Markterfolg.

DKW 3=6 „Großer DKW", Werkscode F 93/94

Die kühne Behauptung, dass ein Dreizylinder-Zweitakter ähnlich kultiviert laufe wie ein Sechszylindermotor, wurde beim neuen, vergrößerten DKW schon in der Typenbezeichnung aufgestellt. Aus heutiger Sicht glich die Formel 3=6 eher einem Pfeifen im Dunklen, denn mit der fortschreitenden Automobilentwicklung hatte sich der Viertakter immer weiter abgesetzt und DKW in eine konstruktive Sackgasse gedrängt. Da half auch nicht das erwachsenere Erscheinungsbild der gründlich renovierten Baureihe: Die Ingolstädter waren immer stärker auf die Treue ihrer Stammkundschaft angewiesen, um ihre Marktposition zu halten.

Baujahr	1955-1959
Motor-Bauart	Dreizylinder-Zweitaktmotor
Hubraum (cm³)	896
Leistung (PS/U/min)	38 bei 4200, 40 bei 4250
Vmax in (km/h)	115 bis 123
Bauart	Limousine (2-/4-türig), Coupé, Kombi (3-türig), Cabriolet
Produktionszahl	157.331

DKW Munga

Der Munga oder in Langform das „Mehrzweck-Universal-Geländefahrzeug mit Allradantrieb" wurde von DKW ab 1953 im Rahmen einer Ausschreibung für die neu gegründete Bundeswehr entwickelt. Es konnte sich bei langwierigen Erprobungstests am Ende gegen seine Konkurrenten durchsetzen und wurde bis Ende 1968 für die Truppe gefertigt. Seine technische Basis entsprach mit dem Dreizylinder-Zweitaktmotor den DKW-Fahrzeugen jener Epoche. Vereinzelte Exemplare fanden auch den Weg in Privathände. Eine verschworene Gemeinschaft von Munga-Liebhabern pflegt die bis heute verbliebenen Exemplare hingebungsvoll.

Baujahr	1955-1968
Motor-Bauart	Dreizylinder-Zweitaktmotor
Hubraum (cm³)	896 bis 980
Leistung (PS/U/min)	38 bei 4200 bis 44 bei 4500
Vmax in (km/h)	98
Bauart	Cabriolet
Produktionszahl	46.750

DKW 3=6 Monza

Nach nur 155 gebauten Exemplaren war der Traum von einem Sportwagen auf DKW-Basis ausgeträumt. Auf private Initiative hatte die Kunststoff-Karosserie mit dem 900- bzw. 1000-cm³-Dreizylinder unter der Haube das Licht der Welt erblickt, der DKW-Kastenrahmen bot hierzu ideale Voraussetzungen. Leider gelang es nicht, besonders viele Enthusiasten zum Kauf eines der recht teuren Zweitakt-Sportler zu gewinnen. Nachdem sich drei verschiedene Karosserieherstellerfirmen mit wenig Erfolg um dessen Vermarktung gekümmert hatten, schlief das Projekt ein – kein Wunder, denn die Ingolstädter selbst boten Sportliches an.

Baujahr	1956-1958
Motor-Bauart	Dreizylinder-Zweitaktmotor
Hubraum (cm³)	896, 981
Leistung (PS/U/min)	40 bei 4200 bis 50 bei 4500
Vmax in (km/h)	135 bis 150
Bauart	Coupé
Produktionszahl	155

Auto Union 1000 und 1000 S

Baujahr	1958-1963
Motor-Bauart	Dreizylinder-Zweitaktmotor
Hubraum (cm³)	981
Leistung (PS/U/min)	44 bei 4500 bis 50 bei 4500
Vmax in (km/h)	120 bis 135
Bauart	Limousine (2-/4-türig), Coupé, Kombie (3-türig), Coupé, Kombi (3-türig)
Produktionszahl	187.429

Der letzte große DKW mit traditioneller Linie – wenn auch dem Zeitgeschmack angepasst. Herumgezogene Panoramascheiben an Front und Heck beim Zweitürer sowie die auf Wunsch lieferbare Zweifarbenlackierung sorgten für den modischen Ami-Touch. Unter der Motorhaube blieb es indes beim Dreizylinder-Zweitakter, aufgebohrt auf knappe 1000 cm³. Mit 44 und später 50 PS konnte man immerhin im Verkehr gut mitschwimmen. Die seit Ende 1961 lieferbare Frischöl-Schmierung ersparte dem DKW-Fahrer zumindest den immer peinlicher werdenden Gang zur Gemisch-Tanksäule.

Auto Union 1000 Sp

Baujahr	1958-1965
Motor-Bauart	Dreizylinder-Zweitaktmotor
Hubraum (cm³)	980
Leistung (PS/U/min)	55 bei 4500
Vmax in (km/h)	140
Bauart	Coupé, Cabriolet
Produktionszahl	ca. 6500

Der „T-Bird aus Ingolstadt" war ein gewagtes Experiment, das dann auch nicht besonders gut gelang. Aufregend modische Formen innen und außen wollten nicht so recht mit der kleinvolumigen Zweitaktmotorisierung harmonieren – 5 Mehr-PS rissen da auch nichts aus dem Feuer. Zu allem Überfluss mussten kaufwillige Freunde des schnittigen Coupés bzw. Cabriolets auch recht tief in die Tasche greifen. Die Folge: Nur gut 6500 produzierte Exemplare verließen die Werkshallen.

DKW Junior und Junior de Luxe

Baujahr	1959-1963
Motor-Bauart	Dreizylinder-Zweitaktmotor
Hubraum (cm³)	741, 796
Leistung (PS/U/min)	34 bei 4300
Vmax in (km/h)	115
Bauart	Limousine (2-türig)
Produktionszahl	237.587

Das DKW-Modellprogramm nach unten ergänzte die 1959 präsentierte Junior-Baureihe. Man behielt die Dreizylindermotorisierung bei, mit 750 und später 800 Kubikzentimetern. Das Leistungspotenzial entsprach etwa dem des VW Käfer. Die Ingolstädter waren immer noch nicht zur selbsttragenden Karosseriebauweise übergegangen, was den ordentlichen Verkaufserfolg der Junior-Modelle aber keineswegs schmälerte.

DKW F 11, F 12, F 12 Roadster

Baujahr	1963-1965
Motor-Bauart	Dreizylinder-Zweitaktmotor
Hubraum (cm³)	796, 889
Leistung (PS/U/min)	34 bei 4300 bis 45 bei 4500
Vmax in (km/h)	116 bis 128
Bauart	Limousine (2-türig), Cabriolet
Produktionszahl	113.244, Cabrio 6640

Der modernisierte Junior-Nachfolger hieß DKW F 12. Mit dem zunächst 800, später 900 cm³ großen Dreizylinder-Zweitakter war der Fronttriebler akzeptabel motorisiert, wobei die schwächere Version dem nachgeschobenen, billigeren F 11 vorbehalten war. Heute besonders selten ist natürlich das Cabriomodell, das die DKW-Marketingstrategen kurzerhand zum „Roadster" erklärten. Das nach guter deutscher Tradition sehr üppig ausgefallene Verdeck hatte dabei aber so gar nichts von einem Roadster-üblichen „Fetzendach".

DKW F 102

Baujahr	1964-1966
Motor-Bauart	Dreizylinder-Zweitaktmotor
Hubraum (cm³)	1175
Leistung (PS/U/min)	60 bei 4500
Vmax in (km/h)	135
Bauart	Limousine (2-türig), Limousine (4-türig)
Produktionszahl	52.753

Der Schwanengesang des Zweitakters als Antriebsaggregat für ein deutsches Automobil. 1200 cm³, 60 PS, Frischöl-Schmierung und selbsttragende Konstruktion der komplett neu gezeichneten Karosserie konnten nicht darüber hinwegtäuschen, dass sich die Ingolstädter mit ihrem halsstarrig vertretenen Zweitaktkonzept verrannt hatten. Trotz ansehnlicher Fahrleistungen krankten die jaulenden Dreizylinder an mangelnder Zuverlässigkeit. Als Audi erhob sich das optisch leicht retuschierte Fahrzeug mit einem modernen Viertaktmotor unter der Haube wie Phönix aus der Asche.

Ford Taunus, Werkscode G73A („Buckel-Taunus")

Baujahr	1948-1952
Motor-Bauart	Vierzylinder (Reihe)
Hubraum (cm³)	1172
Leistung (PS/U/min)	34 bei 4250
Vmax in (km/h)	95 bis 105
Bauart	Limousine (2-türig), Kombi (3-türig), Cabriolet, Sonderkarosserie
Produktionszahl	76.590

Fords erstes Nachkriegsangebot der Mittelklasse zeigt einen trefflich gerundeten Rücken und wurde entsprechend als „Buckel-Taunus" bekannt. Die amerikanisch angehauchte Linie zeigt kleine Fenster und eine hohe Gürtellinie. Der relativ schwere, mit einem Plattformrahmen ausgerüstete Wagen wurde von einem antiquierten 1172-cm^3-Vierzylinder britischer Provenienz angetrieben. Ein Kombi sowie zahlreiche zumeist offene Sonderaufbauten sorgten für eine beträchtliche Variationsbreite im Angebot.

Ford Taunus 12, Werkscode G13 (12 M „Weltkugel-Taunus")

Baujahr	1952-1959
Motor-Bauart	Vierzylinder (Reihe)
Hubraum (cm³)	1172
Leistung (PS/U/min)	38 bei 4250 bis 55 bei 4250
Vmax in (km/h)	105 bis 130
Bauart	Limousine (2-türig), Kombi (3-türig), Cabriolet, Sonderkarosserie
Produktionszahl	430.736

Fords 12 M, 1952 auf den Markt gebracht, entpuppte sich als solides Gebrauchsauto der unteren Mittelklasse. Mit neuer, selbsttragend ausgelegter Karosserie und modernerem Fahrwerk mit vorderer Einzelradaufhängung hatte man in Köln die Zeichen der Zeit erkannt. Anfangs noch mit Mühe vom antiken 1,2-Liter-Vierzylinder aus Buckel-Taunus-Zeiten beflügelt, war ab 1959 auf Wunsch auch ein kräftigeres 1,5-Liter-Aggregat (im 15M) lieferbar, das für recht ansehnliche Fahrleistungen sorgte.

Ford Taunus, Werkscodes G4, G4b (15 M, Ford 15 M de luxe)

Baujahr	1955-1959
Motor-Bauart	Vierzylinder (Reihe)
Hubraum (cm^3)	1498
Leistung (PS/U/min)	55 bei 4250
Vmax in (km/h)	120 bis 130
Bauart	Limousine (2-türig), Kombi (3-türig), Cabriolet
Produktionszahl	134.127

Der 15 M, wenngleich optisch aufs Engste mit dem 12 M verwandt, war diesem in der Modellhierarchie übergeordnet. Besser ausgestattet und von Beginn an mit der 1,5-Liter-Maschine versehen, die stramme 55 PS hervorbrachte, stellte er Mitte der fünfziger Jahre Fords Nobel-Limousine dar. Wie beim 12 M waren neben einer Kombiversion auch zwei- und viersitzige Cabriovarianten erhältlich, die bei Deutsch in Köln entstanden.

Ford Taunus 17 M „Barock-Taunus", Werkscode P2

Baujahr	1957-1960
Motor-Bauart	Vierzylinder (Reihe)
Hubraum (cm³)	1698
Leistung (PS/U/min)	60 bei 4250
Vmax in (km/h)	120 bis 130
Bauart	Limousine (2-türig), Limousine (4-türig), Kombi (3-türig), Cabriolet
Produktionszahl	239.978

Der sogenannte „Barock-Taunus" zeigt erstmals deutlich Fords zukünftiges Marketing-Credo: viel Auto fürs Geld. Da gab es amerikanische Designelemente, Chromzierrat in den verwegensten Formen und ein großes Raumangebot. Bei gleicher Motorisierung wie der 15 M ergänzte der 17 M das Ford-Modellprogramm nach oben und trat in Konkurrenz zum Opel Olympia Rekord. In den Verkaufszahlen konnte er diesem freilich nicht annähernd das Wasser reichen – dafür überzeugte der 17 M mit seiner hübschen Karosserie.

Ford Taunus, Werkscode G13 ALS (12 M „Seitenstreifen-Taunus")

Baujahr	1959-1962
Motor-Bauart	Vierzylinder (Reihe)
Hubraum (cm³)	1172, 1498
Leistung (PS/U/min)	38 bei 4250 bis 55 bei 4250
Vmax in (km/h)	112 bis 128
Bauart	Limousine (2-türig), Kombi (3-türig), Cabriolet
Produktionszahl	302.457

Der ab Mitte 1959 lieferbare 12 M zeigte einen charakteristischen weißen Seitenstreifen an seiner Karosserieflanke, daher der Spitzname. Seine Basismotorisierung, der seitengesteuerte 1,2-Liter-Motor, hatte schon dreißig Jahre auf dem Buckel. Er war mit 38 PS zwar etwas brustschwach, aber unverwüstlich. Besonders attraktiv war sein überzeugendes Preis-Leistungs-Verhältnis, denn mit 5555 Mark kostete er kaum mehr als ein Käfer, bot aber weit mehr Innen- und Kofferraum. Das Modellprogramm bestand aus Limousine, Kombi und Cabriolet. Auf Wunsch gab es den Seitenstreifen-Taunus auch mit 1,5-Liter-Maschine.

Ford Taunus, Werkscode P3 (17 M „Badewanne")

Die für die Ford-Mittelklasse typische Motorisierungsvielfalt hielt mit den P3-Modellen der 17-M-Baureihe Einzug. Völlig neu, aber nicht weniger charakteristisch als die seines Vorläufers war die Karosserielinie mit vollflächigen, rundlichen Flanken. Spötter nannten den P3 deshalb „Badewanne". Zwischen 55 und – bei den TS-Versionen – 75 PS sorgten für mäßiges bis spritziges Temperament.

Baujahr	1960-1964
Motor-Bauart	Vierzylinder (Reihe)
Hubraum (cm³)	1498 bis 1758
Leistung (PS/U/min)	55 bei 4250 bis 75 bei 4500
Vmax in (km/h)	136 bis 154
Bauart	Limousine (2-/4-türig), Kombi (3-türig), Cabriolet
Produktionszahl	669.731

Baujahr	1962-1966
Motor-Bauart	V4
Hubraum (cm³)	1183 bis 1498
Leistung (PS/U/min)	40 bei 4500 bis 65 bei 4500
Vmax in (km/h)	123 bis 147
Bauart	Limousine (2-/4-türig), Kombi (3-türig), Coupé, Cabriolet
Produktionszahl	430.736

Ford Taunus, Werkscode P4 (12 M)

Eigentlich eine Konstruktion von Ford USA, bereicherte der 12 M seit 1962 das Kölner Ford-Modellprogramm. Mit seinen 1200 bzw. 1500 Kubikzentimeter großen V4-Motoren und Frontantrieb ergänzte das erstaunlich modern konzipierte Auto das untere Segment der Mittelklasse – und zwar erfolgreich: Fast 675.000 produzierte Fahrzeuge gaben den Kölner Marketingexperten Recht.

Ford Taunus, Werkscode P5 (17 M, 20 M und 20 M TS)

Diesmal kein formaler Bruch mit den Vorgängermodellen: Die sogenannte P5-Baureihe konnte als geradlinigere Weiterentwicklung des P4-17 M gelten. Erstmals wurde auch ein Zweiliter-V6-Motor angeboten, der den 17 M zum 20 M machte, während Ford bei den Vierzylindern ebenfalls zu etwas ruppig laufenden V-Motoren überging. Aus heutiger Sicht besonders attraktiv ist das zweitürige 20 M Hardtop Coupé mit voll versenkbaren Seitenfenstern.

Baujahr	1964-1967
Motor-Bauart	V4, V6
Hubraum (cm³)	1498 bis 1998
Leistung (PS/U/min)	60 bei 4500 bis 90 bei 5000
Vmax in (km/h)	140 bis 161
Bauart	Limousine (2-/4-türig), Kombi (3-/5-türig), Coupé, Cabriolet
Produktionszahl	710.059

Baujahr	1966-1970
Motor-Bauart	V4
Hubraum (cm³)	1183 bis 1699
Leistung (PS/U/min)	45 bei 4500 bis 75 bei 5000
Vmax in (km/h)	125 bis 158
Bauart	Limousine (2-/4-türig), Kombi (3-türig), Kombi, Coupé
Produktionszahl	668.187

Ford Taunus, Werkscode P6 (12 M, 15 M, 15 M TS, 15 M XL, 15 M RS)

Mit der P6-Baureihe des 12 M und des neu hinzu gekommenen 15 M verwässerte das gestalterische Konzept der P4-Modelle. Verlegenheitsschnörkel verschafften der etwas einfallslos geratenen Karosserielinie auch keine größere Attraktivität. Anders im Falle des für den 15 M lieferbaren RS-Ausstattungspakets: mit reichhaltiger Instrumentierung, Chromfelgen, allerlei Streifenzierde und einem der damals so beliebten Vinyldächer setzte es sportliche Akzente. Mit 1,7 Litern unter der Haube und 75 PS ließ es sich zudem flott vorankommen.

Ford P7, Werkscode P7a (17 M, 20 M, 20 M TS, 20 M RS)

Baujahr	1967-1968
Motor-Bauart	V4, V6
Hubraum (cm³)	1498 bis 2293
Leistung (PS/U/min)	60 bei 4800 bis 108 bei 5100
Vmax in (km/h)	135 bis 170
Bauart	Limousine (2-/4-türig), Kombi (3-/5-türig), Coupé, Cabriolet
Produktionszahl	155.780

Dem Nachfolger des P5-17 M war nur ein kurzes Leben beschieden. Das dem Modetrend folgende, allerdings recht bemüht wirkende Hüftknick-Styling fand bei der potenziellen Käuferschaft kaum Gefallen. Heute sind nur noch einzelne überlebende Fahrzeuge in gutem Originalzustand zu finden, was speziell den Hardtop-Varianten in der attraktiven RS-Ausstattung echten Sammlerstatus verleiht. Mit 108 PS aus seinem neu ins Programm genommenen 2,3-Liter-V6 hinterließ ein 20 M RS 2300 S – so die komplette Typenbezeichnung – auf der linken Autobahnspur durchaus Eindruck.

Ford OSI 20 M Coupé, 20 M TS Coupé

Baujahr	1967-1968
Motor-Bauart	V6
Hubraum (cm³)	1998, 2293
Leistung (PS/U/min)	90 bei 5000 bis 108 bei 5100
Vmax in (km/h)	165 bis 178
Bauart	Coupé
Produktionszahl	2500

Mitte der sechziger Jahre hatten auch Großserienhersteller wie Ford noch ein Herz fürs Besondere: Der als Designstudie im Jahre 1966 gezeigte OSI wurde wegen seiner gefälligen Optik kurzerhand in Produktion genommen und in Italien auf einem 20 M-Fahrgestell zusammengebaut. Ausgerüstet mit einem 2- oder 2,3-Liter-V6 aus Kölner Produktion machte das sportliche Coupé gewaltigen Eindruck – nicht zuletzt wegen seiner Innenraumgestaltung, wo italienischer Stil und üppige Verwendung von Edelholz für noble Atmosphäre sorgten.

Baujahr	1968-1971
Motor-Bauart	V4, V6
Hubraum (cm³)	1498 bis 2550
Leistung (PS/U/min)	90 bei 5000 bis 125 bei 5300
Vmax in (km/h)	160 bis 180
Bauart	Limousine (2-/4-türig), Kombi (3-/5-türig), Coupé, Cabriolet
Produktionszahl	567.482

Ford P7b, Werkscode P7b (17 M, 20M, 26 M)

Die geglättete Karosserielinie des P7-Nachfolgers kam beim Publikum deutlich besser an, wobei das neue Modell merkwürdigerweise die gleiche Codenummer erhielt wie sein glückloser Vorgänger, nämlich P7 – der Fehltritt sollte wohl aus den Ford-Annalen getilgt werden. Keinerlei Unterschiede gab es bei den lieferbaren Modellvarianten, jedoch wurde deren Vielfalt durch ein neues Spitzenmodell, den 26 M, noch erhöht. Vollgestopft mit Extras und Chromschmuck sowie mit einer 125 PS starken 2,6-Liter-V6-Maschine, ist es heute neben den RS-Versionen das beliebteste Modell der Serie.

Ford Escort I

Baujahr	1967-1974
Motor-Bauart	Vierzylinder (Reihe)
Hubraum (cm³)	1098, 1298
Leistung (PS/U/min)	40 bei 5300 bis 72 bei 5700
Vmax in (km/h)	127 bis 160
Bauart	Limousine (2-/4-türig), Kombi
Produktionszahl	ca. 2.140.000

Im Jahre 1967 präsentierte Ford seinen neuen Vertreter für die Kompaktklasse: den Escort. Als Begründer einer zukünftig noch sehr erfolgreich werdenden Modellfamilie, musste der Mk I jedoch zunächst die deutsche Kundschaft überzeugen. Nach einigen Anlaufschwierigkeiten konnte das Design mit dem so genannten Hundeknochengrill aber bis zum Produktionsende 1974 immerhin über zwei Millionen Käufer begeistern. Technisch orientierte sich der als 2- bzw. 4-türige Limousine sowie mit der Bezeichnung „Turnier" als Kombi erhältliche Bestseller an der konservativen Technik des englischen Vorgängermodells Ford Anglia.

Baujahr	1969-1973
Motor-Bauart	V4, Vierzylinder (Reihe), V6
Hubraum (cm³)	1288 bis 2993
Leistung (PS/U/min)	50 bei 5000 bis 150 bei 5600
Vmax in (km/h)	133 bis 205
Bauart	Coupé
Produktionszahl	deutsche Produktion: 784.000

Ford Capri, Werkscode Capri '69

Ford besetzte mit einem weitsichtigen Konzept eine bisher in Europa für nicht existent gehaltene Marktlücke: die der sportlich aufgemachten Familiencoupés auf Limousinenbasis. Attraktive Designelemente gepaart mit einer maximale Individualität garantierenden Ausstattungs- und Motorisierungsvielfalt führten den Capri zum Erfolg. Ob mit 1300 cm³ Hubraum und 50 PS oder als brutaler RS mit 2,6-Liter-150-PS-Motor – der Capri überzeugte im Alltag wie auf der Rennpiste gleichermaßen.

Ford Taunus, Werkscode TC („Knudsen-Taunus")

Baujahr	1970-1975
Motor-Bauart	Vierzylinder (Reihe), V6
Hubraum (cm³)	1294 bis 2294
Leistung (PS/U/min)	55 bei 5500 bis 108 bei 5000
Vmax in (km/h)	135 bis 173
Bauart	Limousine (2-/4-türig), Kombi (3-/5-türig), Coupé
Produktionszahl	ca. 1,1 Mio

Der sogenannte „Knudsen-Taunus" – Fords unfreiwillige Parodie seiner eigenen Produktphilosophie während der 70er Jahre – besitzt mittlerweile Kultstatus. Das traditionelle „Viel-Auto-für's-Geld"-Denken hatte sich mit der 1970 auf den Markt gekommenen Taunus-Baureihe auf Kosten technischer und qualitativer Werte geradezu verselbständigt: Ornamentik war wichtiger geworden als Fahrsicherheit, gute Ausstattung wichtiger als kompetente Konstruktion. Der trotz allem große Markterfolg der Baureihe über viele Jahre hinweg spricht indes Bände über die Einstellung der Kundschaft.

Ford Consul, Werkscode Consul, (Consul, Consul L und Consul GT)

Baujahr	1972-1975
Motor-Bauart	V4, Vierzylinder (Reihe), V6
Hubraum (cm³)	1699 bis 2993
Leistung (PS/U/min)	65 bei 4800 bis 138 bei 5000
Vmax in (km/h)	136 bis 182
Bauart	Limousine (2-/4-türig), Kombi (5-türig), Coupé
Produktionszahl	k.A.

Im Frühsommer 1972 präsentierte Ford eine völlig neue Modellreihe, die die ausgereiften 17M/20M/26M-Limousinen ablöste. Die neue Consul/Granada-Serie verkörperte altes Ford-Credo: das von Uwe Bahnsen geschaffene Blechkleid schwelgte in üppigen Rundungen und stattlichen Dimensionen. Wie gewohnt konnte man aus einer Vielzahl von Ausstattungsvarianten auswählen, und auch an Motorisierungsoptionen mangelte es nicht, vom 1,7-Liter-V4 bis zum 3-Liter-Essex-V6 war alles auch für den „kleineren" Consul lieferbar.

Baujahr	1972-1977
Motor-Bauart	Vierzylinder (Reihe), V4, V6
Hubraum (cm³)	1699 bis 2993
Leistung (PS/U/min)	65 bei 4800 bis 150 bei 5700
Vmax in (km/h)	136 bis 190
Bauart	Limousine (2-/4-türig), Kombi (5-türig), Coupé
Produktionszahl	Consul und Granada 1.619.265

Ford Granada (Serie I), Werkscode Granada '72/'75

Die als Nachfolger der größeren 20M- und 26M-Modelle gedachten Granadas unterschieden sich technisch nicht von den Consul-Typen, verfügten also ebenso über das neu konstruierte Fahrwerk mit hinterer Einzelradaufhängung. Als Antriebsaggregate kamen nur die Sechszylindermotoren mit 2,3, 2,6 und 3,0 Litern Hubraum zum Einsatz. Hauptunterscheidungskriterien waren die verschiedenen Ausstattungslinien. So waberten in allen Granadas spießbürgerliche Luxusgarnierungen aus jedem Winkel der Karosserie und des Interieurs: hier ein Goldkrönchen, dort ein Chromleistchen...

Baujahr	1973-1974
Motor-Bauart	Vierzylinder (Reihe)
Hubraum (cm^3)	1993
Leistung (PS/U/min)	100 bei 5700
Vmax in (km/h)	180
Bauart	Limousine (2-türig)
Produktionszahl	4000

Ford Escort RS 2000 (Serie I), Werkscode Escort '68

Der Escort im RS-Trimm war eine ernst zu nehmende Kompaktlimousine mit sportlichen Talenten. Ein Zweiliter-Vierzylinder-Reihenmotor aus amerikanischen Ford-Regalen sorgte im Zusammenspiel mit breiten Felgen, Sportsitzen und einer auffälligen Kriegsbemalung für jede Menge Fahrspaß. Die wenigen im Originalzustand erhaltenen RS werden von ihren stolzen Besitzern heute sorgsam gehütet.

Ford Capri (Serie II), Werkscode Capri II '74/'76

Baujahr	1974-1978
Motor-Bauart	Vierzylinder (Reihe), V6
Hubraum (cm^3)	1297 bis 2993
Leistung (PS/U/min)	54 bei 5500 bis 138 bei 5000
Vmax in (km/h)	140 bis 200
Bauart	Coupé
Produktionszahl	K.A.

Für kurze Zeit bot Ford seinen Capri II, der eine Heckklappe nebst einer Reihe von Karosserieretuschen spendiert bekommen hatte, in einer luxuriösen Top-Version an. Ausgestattet mit beliebten Zutaten der frühen siebziger Jahre, wie Chrom, Velour und Holzimitationsfolie am Armaturenbrett überzeugte der GXL durch hervorragende Fahrleistungen. Der britische Essex-Dreiliter-V6 mit Heron-Brennräumen war zwar nicht immer verlässlich, glänzte aber mit Drehmomentstärke und sattem Sound.

Baujahr	1975-1980
Motor-Bauart	Vierzylinder (Reihe)
Hubraum (cm³)	1993
Leistung (PS/U/min)	110 bei 5500
Vmax in (km/h)	178
Bauart	Limousine (2-türig)
Produktionszahl	K.A.

Ford Escort RS 2000 (Serie II), Werkscode Escort '75

Im März 1975 wurde der letzte Kraft-Escort der Heckantriebsära der Öffentlichkeit vorgestellt. Das Konzept entsprach seinem Vorgänger: Fahrwerksmodifikationen, sportiv aufgemachtes Interieur, Zweiliter-Vierzylinder mit 110 PS. Neu war jedoch, dass es mit der aerodynamisch optimierten Front erstmals für das sportliche Spitzenmodell Karosserieretuschen gab und die auffällige Kriegsbemalung des alten Escort unter den Tisch fiel. So präsentierte sich ein erwachseneres und durchaus geschmackvolles Fahrzeug, das allerdings gelegentlich immer noch unter Zuverlässigkeitsmängeln des aus amerikanischen Beständen übernommenen Zweiliter-Vierzylinders litt.

Baujahr	1976-1982
Motor-Bauart	Vierzylinder (Reihe), V6
Hubraum (cm³)	1294 bis 2294
Leistung (PS/U/min)	55 bei 5500 bis 114 bei 5000
Vmax in (km/h)	137 bis 176
Bauart	Limousine (2-/4-türig), Kombi (3-/5-türig)
Produktionszahl	ca. 1,6 Mio

Ford Taunus (Serie II), Werkscode TC '76/'80

Die zweite Auflage des Taunus zeigte sich stilistisch entrümpelt. Statt Schnörkeln und einer Überdosis Schmuckzierrat wie beim Vorgängermodell, dem sogenannten „Barock-Taunus", gab es nun wohltuend klare Linien. Unter dem Blech hatte sich dagegen kaum etwas getan. Es gab weiterhin eine breite Palette an Ausstattungs- und Motorisierungsvarianten bis hin zum 2,3-Liter-V6 mit 114 PS. Die Nobelversion mit stattlichem Holz- und Velourbesatz im Interieur hörte nun auf die Bezeichnung Ghia. Von außen war sie am seinerzeit modischen Vinyldach und Leichtmetallfelgen zu erkennen.

Ford Fiesta (Serie I), Werkscode Fiesta '76

Fords Millionenseller namens „Fiesta" teilte sich ab 1976 quasi den deutschen Markt in der Kleinwagenklasse mit dem VW Polo. Simpel in der Konstruktion, preiswert im Unterhalt und robust im Alltagseinsatz machte er sich viele Freunde und vor allem Freundinnen. Das lag unter anderem am Wechsel der Firmenphilosophie bei ihrem ersten Kompakten vom Heckantrieb zum Frontantrieb. Die Kunden hatten die Wahl zwischen 1,0, 1,1, 1,3 und 1,6 Litern Hubraum, alle in einem Vierzylindermotor mit 40 bis 66 PS untergebracht. In Sachen Karosserie bot Ford nur die zweitürige Limousine und einen Kleinlieferwagen ohne Rückbank an. 1981 gab es eine „sportliche" Variante mit dem XR2, der mit 84 PS immerhin 172 km/h rennen konnte.

Baujahr	1976-1983
Motor-Bauart	Vierzylinder (Reihe)
Hubraum (cm³)	957 bis 1598
Leistung (PS/U/min)	40 bei 5500 bis 84 bei 5500
Vmax in (km/h)	132 bis 170
Bauart	Limousine (2-türig)
Produktionszahl	k.A.

Baujahr	1977-1985
Motor-Bauart	Vierzylinder (Reihe), V4, V6
Hubraum (cm³)	1593 bis 2792
Leistung (PS/U/min)	54 bei 4500 bis 160 bei 5700
Vmax in (km/h)	127 bis 193
Bauart	Limousine (2-/4-türig), Kombi (5-türig)
Produktionszahl	ca. 1.619.000

Ford Granada (Serie II), Werkscode Granada '78/'82

Wie beim Taunus so verpasste Ford auch dem bis dato umstrittenen Granada eine neue moderne Linienführung. Der als Zweitürer, Viertürer und Kombi lieferbare Mittelklasse-Wagen kann mit einer riesigen Motorenpalette von neun verschiedenen Triebwerken ausgestattet werden, vom frugalen 54-PS-Diesel bis hin zum komfortablen 3-Liter-V6 aus britischer Produktion, der 1981 von einem 2,8-Liter-V6 aus Köln mit Benzineinspritzung von Bosch und 160 PS abgelöst wird. Auch diese zweite Granada-Generation kommt dem Ford-Wahlspruch „Viel Auto für's Geld" in perfekter Weise nach.

Ford Capri (Serie II Facelift), Werkscode Capri II '78

Baujahr	1978-1987
Motor-Bauart	Vierzylinder (Reihe), V6
Hubraum (cm³)	1593 bis 2792
Leistung (PS/U/min)	72 bei 5500 bis 188 bei 5500
Vmax in (km/h)	155 bis 220
Bauart	Coupé
Produktionszahl	Capri II und II Facelift: 568.357

1978 spendierte Ford dem Capri II ein Facelift, das so umfangreich und sportlich ausfiel, dass einige Fans heute vom Capri III sprechen. Unter anderem fiel optisch besonders die neue Front mit Doppelscheinwerfern und darüber gezogener Haube auf. Ein Frontspoiler verbesserte die Aerodynamik und damit den Verbrauch. 1981 trieb Ford das Capri-Prinzip auf die Spitze mit einem 188 PS starken Turbo-Modell, das aber nur in 200 Stück aufgelegt wurde. Ein kleiner Dauerbrenner wurde dagegen der 2,8-Liter-V6-Einspritzer im Capri, der für 160 PS und 210 km/h Spitze sorgte. Dank diesem „zivilisierten RS 2600" blieb der Capri noch länger in Produktion als gedacht, nämlich bis Ende 1986. Knapp 1,9 Millionen Capri wurden insgesamt gebaut.

Ford Sierra XR4i

Baujahr	1983-1985
Motor-Bauart	V6
Hubraum (cm³)	2772
Leistung (PS/U/min)	150 bei 5800
Vmax in (km/h)	200
Bauart	Limousine (3-türig)
Produktionszahl	k.A.

Eigentlich war der Sierra alles andere als ein sportliches Auto. Dennoch versuchte Ford ihn in einer speziellen dreitürigen Version mit markantem Heckspoiler als Nachfolger der stärksten Capri-Modelle zu positionieren und flankierte diese Absicht mit durchaus erfolgreichen Motorsporteinsätzen. Für den ganz normalen Kunden war der mit einem 150 PS starken 2,8-Liter-V6 ausgerüstete XR4i jedoch kein besonders interessantes Angebot. Technisch antiquiert und in seinem Erscheinungsbild eher gewöhnungsbedürftig war er für die gut motorisierten Sportlimousinen von BMW und Mercedes-Benz keine Konkurrenz – ganz besonders nicht zu den verlangten Preisen. So überlebte er in seiner Urform nur rund drei Jahre.

Ford Escort (Mk IV), Werkscode Escort '86

Baujahr	1986-1990
Motor-Bauart	Vierzylinder (Reihe)
Hubraum (cm³)	1119 bis 1753
Leistung (PS/U/min)	50 bei 5200 bis 132 bei 6000
Vmax in (km/h)	145 bis 190
Bauart	Limousine (3-türig), Limousine (5-türig), Kombi, Cabriolet
Produktionszahl	k.A.

Bereits 1980 war Fords Vertreter der unteren Mittelklasse, der Escort, komplett modernisiert worden. Die dritte Generation des Modells wartete seitdem mit moderner Karosserie und zeitgemäßer Technik auf, die sie zu einem konkurrenzfähigen Angebot machte. Das erste große Facelifting stand dann 1986 auf dem Programm. Diese auch als Mk IV bekannten Modelle zeigten äußerlich eine leicht veränderte Optik der Anbauteile, optimierte Motoren und besser abgestimmte Fahrwerke. Auch für die Rostvorsorge wurde manches getan, ebenso für die passive Sicherheit. Dem wichtiger werdenden Thema Umweltschutz begegnete man mit einigen Motorversionen mit Dreiwege-Katalysator.

Ford Fiesta (Mk II), Werkscode Fiesta '84

Baujahr	1983-1989
Motor-Bauart	Vierzylinder (Reihe)
Hubraum (cm³)	957 bis 1608
Leistung (PS/U/min)	45 bei 5500 bis 97 bei 6000
Vmax in (km/h)	137 bis 180
Bauart	Limousine (3-türig)
Produktionszahl	k.A.

Der Wechsel zur zweiten Generation des Ford Fiesta im Jahr 1983 kann man eher als eine tiefer greifende Modellpflege bezeichnen. Das Auto kam mit leicht veränderter Karosserieoptik, neu gestaltetem Interieur und ab 1985 immerhin mit dem ersten Dieselmotor-Option in der kleinen Klasse. Der bot 54 PS an und galt tatsächlich als erster schadstoffarmer Kleinkompakter. An der grundsätzlich simplen Machart des Fiesta änderte sich zunächst nichts – das war auch nicht nötig, denn die Kundschaft war damals noch recht anspruchslos. Immerhin bot der breitere Motorraum Platz für ein Fünfganggetriebe statt der bisher verwendeten vier Gänge. Die Sportversion XR2 erstarke 1984 auf 97 PS, ab 1987 war sogar ein stufenloser CTX-Getriebeautomat im Programm.

Baujahr	1989-1996
Motor-Bauart	Vierzylinder (Reihe), Vierzylinder-Turbodiesel (Reihe)
Hubraum (cm³)	1119 bis 1796
Leistung (PS/U/min)	50 bei 5200 bis 130 bei 6200
Vmax in (km/h)	149 bis 200
Bauart	Limousine (3/5-türig)
Produktionszahl	k.A.

Ford Fiesta (Mk III)

1989 war auch der Fiesta endlich reif für den Sprung in die automobile Modernität. Im neuen Modell fanden sich so gut wie keine Komponenten, die noch im Vorgängermodell Dienst getan hatten. Neues Design, komplett neue Technik und erstmals auf Wunsch auch eine fünftürige Version schufen die Basis für eine weiterhin erfolgreiche Zukunft des Modells. Die breite Motorenpalette reichte von 50 bis vorübergehend 130 PS und beinhaltete auch zwei Dieselaggregate. Zeitweise wurden Triebwerke bis 1,8 Liter Hubraum in den doch recht kompakten Fiesta einbaut. In ihrer rund siebenjährigen Bauzeit profitierte auch diese Modellgeneration von verschiedenen Modellpflegemaßnahmen, vor allem in Sachen Sicherheitsausstattung.

Forde Mondeo, Werkscode Mondeo '97 (Typ BAP/BFP/BNP)

Baujahr	1996-2000
Motor-Bauart	Vierzylinder (Reihe), V6
Hubraum (cm³)	1597 bis 2544
Leistung (PS/U/min)	90 bei 4500 bis 205 bei 6500
Vmax in (km/h)	175 bis 227
Bauart	Limousine (5-türig), Kombi
Produktionszahl	k.A.

Der Mondeo kam 1993 auf den Markt und katapultierte Fords Mittelklasse-Angebot mit einem Mal mitten in ein vor allem vom VW Passat geprägtes Konkurrenzumfeld. Moderne Technik, ein gutes Raumangebot und diverse Karosserievarianten mit und ohne fünfte Tür zeichneten ihn aus – und natürlich die bei Ford üblichen günstigen Einstandspreise. Mit dem ersten weitreichenden Facelift im Jahr 1996 wurde das Profil der Baureihe weiter geschärft, vor allem in optischer Hinsicht waren diese Modelle deutlich attraktiver ausgefallen. Die Motorenpalette wurde ebenfalls erweitert und reichte vom 1,6-Liter mit 90 PS bis zum V6 mit 205 PS in der sportlich aufgemachten Version ST 220.

Baujahr	1996-2008
Motor-Bauart	Vierzylinder (Reihe)
Hubraum (cm³)	1299
Leistung (PS/U/min)	49 bei 5000 bis 69 bei 5700
Vmax in (km/h)	150 bis 160
Bauart	Limousine (3-türig)
Produktionszahl	k.A.

Ford Ka, Werkscode RBT

Die Kölner Ford-Werke waren in der Vergangenheit immer mal wieder für Überraschungen gut, was die Designsprache einzelner Modelle oder Modellreihen angeht. Man erinnere sich nur an den Sierra oder den Scorpio. 1996 war es wieder soweit: Der Ka trat auf die Bühne der Kleinstwagen und entfachte mit seiner Form spontane Begeisterung – vor allem bei der weiblichen Kundschaft. Unter dem knuddeligen Blechkleid bot der Ka jahrelang jedoch biederste Hausmannskost, was seinem dauerhaften Erfolg aber keinerlei Abbruch tat. Das beweist die fast 13-jährige Produktionsdauer, in die als Modellpflegemaßnahme freilich manche technische Modernisierung einfloss.

Baujahr	1998-2004
Motor-Bauart	Vierzylinder (Reihe), Vierzylinder-Turbo (Reihe), Vierzylinder-Turbodiesel (Reihe)
Hubraum (cm³)	1388 bis 1988
Leistung (PS/U/min)	75 bei 5000 bis 215 bei 5500
Vmax in (km/h)	171 bis 232
Bauart	Limousine, Kombi
Produktionszahl	k.A.

Ford Focus, Werkscode Focus '98 (1.4, 1.6, 1.8, 2.0, 2.0 ST 170, 2.0 RS, 1.8 TDDi, 1.8 TDCi)

Der VW Golf hatte schon früh viele Gegner – Ford versuchte es mit dem Focus als Nachfolger des Escort. Das Massenauto war von Ford of Europe für den europäischen Markt entwickelt worden, aber auch in Amerika kam der Wagen als Limousine und Kombi gut an. In den Jahren 2000 und 2001 war der Ford Focus sogar das weltweit meistverkaufte Auto. Mit viel Tamtam warb Ford für sein „New-Edge-Design", was sich besonders durch scharfe Züge und Schnitte auszeichnete. Nach ständigen Verbesserungen und natürlich auch diversen Dieselvarianten gab es 2002 eine Erdgasversion. Top-Modell war ab 2002 der Focus RS mit 215 PS. Nur 4501 Stück wurden davon gebaut, die jugendlich gebliebenen Kunden aber waren happy. 2003 war diese herrlich motorisierte Episode leider erstmal vorbei.

Baujahr	2000-2007
Motor-Bauart	Vierzylinder (Reihe), V6, Vierzylinder-Turbodiesel (Reihe)
Hubraum (cm³)	1798 bei 2967
Leistung (PS/U/min)	90 bei 4000 bis 226 bei 6150
Vmax in (km/h)	180 bis 241
Bauart	Limousine (4-türig), Limousine (5-türig), Kombi
Produktionszahl	k.A.

Ford Mondeo, Werkscode Mondeo '01 (Typ B4Y/B5Y/BWY)

Die zweite Generation des Mondeo wurde im Jahr 2000 eingeführt und brachte wieder einmal eine echte Überraschung. Ford hatte sich bei seinem Mittelklasse-Modell komplett von der rundlichen Optik des Vorgängermodells verabschiedet und präsentierte einen betont geradlinig und schlank gezeichneten Viertürer, der auch im Interieur plötzlich einen edlen Designstil erkennen ließ. Weiterhin waren die Karosserievarianten viertüriges Stufenheck- sowie fünftüriges Fließheck- und Kombimodell – Letzteres mit Namen Turnier – erhältlich. Neben einer deutlich verbesserten Sicherheitsausstattung fiel vor allem das abermals modifizierte Motorenangebot ins Auge, das sich durch zwei neu konstruierte hochmoderne Dieselmotoren mit 2 und 2,2 Litern Hubraum auszeichnete, die Einzug in zahlreiche Fahrzeuge der verschiedenen Ford-Konzernmarken hielten.

Ford Fusion, Werkscode Fusion '02 (1.25, 1.4, 1.6, 1.4 TDCI, 1.6 TDCI,)

Baujahr	2002-2012
Motor-Bauart	Vierzylinder (Reihe), Vierzylinder-Turbodiesel (Reihe)
Hubraum (cm³)	1242 bis 1596
Leistung (PS/U/min)	68 bei 4000 bis 101 bei 6000
Vmax in (km/h)	158 bis 178
Bauart	Van
Produktionszahl	k.A.

Im Autobereich gibt es keine Nische, die es nicht gibt – genau in so eine fiel der Ford Fusion. Er war ein Lückenfüller zwischen Focus und Fiesta, aber auf Basis des kleineren Modells. Tatsächlich konnten sich selbst Redakteure von Fachzeitschriften im Jahr 2002 nicht einigen, was für eine Fahrzeuggattung der Fusion eigentlich darstellen sollte – Kleinwagen, Kompakter, SUV oder Van. Ford selbst schlug „aktives Stadtfahrzeug" vor. Den Kunden war es letztlich egal – sie genossen ein gutes Fahrwerk, viel Platz und einen ordentlichen Gegenwert für überschaubares Geld. Das City-Auto verzieh sogar kleine Rempler dank groß dimensionierter Stoßfänger. Mit bis zu 101 PS war man auch noch recht ordentlich unterwegs. Größtes Manko: Der Lebensretter ESP war nie zu haben. Trotzdem blieb das Auto zehn Jahre im Portfolio, erhielt aber keinen Nachfolger.

Baujahr	2005-2010
Motor-Bauart	Fünfzylinder-Turbo (Reihe)
Hubraum (cm³)	2521
Leistung (PS/U/min)	225 bei 6000
Vmax in (km/h)	241
Bauart	Limousine (3/5-türig)
Produktionszahl	k.A.

Ford Focus ST, Werkscode Focus '04

Das sportliche Spitzenmodell der Focus-Baureihe hatte 2005 seine Marktpremiere und bekam den Beinamen ST. Es verfügte unter der Motorhaube exklusiv über den im Konzernverbund nur bei Volvo eingesetzten 2,5-Liter-Turbo-Fünfzylinder mit 225 PS. Dieser sehr ausgewogene Motor animierte jedoch eher zum Reisen als zum Rasen, was in gewissem Gegensatz zum betont sportlichen optischen Auftritt des ST stand. Trotz seiner 225 PS brachte dieses Triebwerk auch das mit hohen Reserven gesegnete Focus-Fahrwerk nicht an seine Grenzen. Fast könnte man sagen: der Focus ST war ein Schaf im Wolfspelz...

Ford Streetka, Werkscode Streetka

Baujahr	2003-2005
Motor-Bauart	Vierzylinder (Reihe)
Hubraum (cm³)	1599
Leistung (PS/U/min)	95 bei 5500
Vmax in (km/h)	173
Bauart	Roadster
Produktionszahl	37.000

Ja, auch Ford baute mal reine Spaßautos. Wie den Streetka – ein kleiner Roadster für zwei, nur so zum Frischluft genießen. Er basierte auf dem Fiesta '96. Man konnte ihn zwar nur mit einer Motorisierung bestellen, aber 95 PS reichten völlig, um die Sonne zu putzen, ohne gleich das ganze Konto räumen zu müssen. 16.990 Euro rief Ford für die Basisversion auf, da wurden ABS, ein höhenverstellbarer Fahrersitz, elektrische Fensterheber, Nebelscheinwerfer, Sportsitze, Zentralverriegelung und Leichtmetallräder bereits mitgeliefert. Das Stoffverdeck war einfach zu bedienen, gebaut wurde der Floh bei Pininfarina in Italien. 173 km/h Spitze waren für so einen offenen Floh absolut genug, der Sprint dauerte 12,1 Sekunden. Sportlich war anders, aber Spaß war genau so. Rund 37.000 Stück wurden gebaut.

Ford C-Max, Werkscode C124 (1.6, 1.8, 2.0, 1.6 TDCi, 1.8 TDCi, 2.0 TDCi)

Baujahr	2003-2010
Motor-Bauart	Vierzylinder (Reihe), Vierzylinder-Diesel (Reihe)
Hubraum (cm³)	1560 bis 1999
Leistung (PS/U/min)	90 bei 4000 bis 145 bei 6000
Vmax in (km/h)	175 bis 203
Bauart	Van
Produktionszahl	k.A.

So wie Opel und VW wollte auch Ford etwas vom großen neuen Kuchen der Großraumlimousinen, auch Vans genannt, abbekommen. Und so wuchs der Focus erstmal als Focus C-Max, bis das „Focus" im Jahr 2007 wegfiel und der Wagen nur noch unter C-Max logierte. Die Bodengruppe des Focus allerdings blieb. Mit 4,4 Metern Länge und großer Variabilität im Innenraum eroberte er die Herzen aller Familienväter, bei denen Sportlichkeit nicht unbedingt auf ihrem Einkaufszettel stand. Dafür gab es ein sehr gutes Konzept für die dritte Sitzreihe. ABS, ESP und ASR waren serienmäßig an Bord, ebenso sechs Airbags und Gurtstraffer. Beim NCAP-Crashtest 2003 bekam der C-Max als erstes Auto überhaupt vier Sterne für die Kindersicherheit. Ebenso erhielt das Auto weltweit als erstes das Prüfsiegel „Allergie", weil von allen Materialien im Innenraum nur ein minimales Allergie-Risiko ausging. Ab Februar 2008 war der C-MAX ab Werk mit einer Autogasanlage erhältlich. Zusammen mit dem 55 Liter fassenden Benzintank konnte der Wagen mehr als 1100 Kilometer ohne Nachtanken absolvieren.

Ford Focus Coupé-Cabrio, Werkscode Focus CC (1.6, 2.0, 2.0 TDCi)

Baujahr	2006-2010
Motor-Bauart	Vierzylinder (Reihe), Vierzylinder-Turbodiesel (Reihe)
Hubraum (cm³)	1596 bis 1999
Leistung (PS/U/min)	100 bei 6000 bis 145 bei 6000
Vmax in (km/h)	180 bis 206
Bauart	Cabriolet
Produktionszahl	k.A.

Es ist genauso schade wie unerklärlich, dass viersitzige Cabrios bei Ford und Opel von den Kunden nie eine wirkliche Chance bekommen haben. Bei Ford hieß das Modell etwas umständlich „Focus Coupé-Cabrio", als ob dem Käufer die Vorteile eines festen Klappdaches erst erklärt werden mussten. Für gut 23.000 Euro verschwand das Blechdach in 29 Sekunden in seinem Verdeckkasten, und ein Wolkenbruch soll das Auto mit geschlossenem Dach gut überstanden haben – wurde doch bei Pininfarina ein solcher 40 Minuten lang bei jedem Exemplar simuliert. Die ausgewählten Materialien waren gut, die Verarbeitung des Autos ebenfalls. Die Motorenauswahl war übersichtlich: zwei Benziner mit 100 und 145 PS, ein Diesel mit 136 PS, fertig. Mit 248 Litern Gepäckraumvolumen konnte man auch bei geöffnetem Dach ganz gut verreisen, zumindest zu zweit. Schade: Das Auto gab es zwar nicht nur einen Sommer lang, aber auch nicht länger als vier Jahre.

Ford Mondeo, Werkscode Mondeo '07 (Typ BA7) (1.6 Ti-VCT, 1.6 SCTi, 2.0, 2.0 FlexiFuel, 2.0 SCTi, 2.3, 2.5T, 1.6 TDCi, 1.8 TDCi, 2.0 TDCi, 2.2 CDTi)

Baujahr	2007-2014
Motor-Bauart	Vierzylinder (Reihe), Vierzylinder-Turbo (Reihe), Fünfzylinder-Turbo (Reihe), Vierzylinder-Turbodiesel (Reihe)
Hubraum (cm³)	1560 bis 2521
Leistung (PS/U/min)	100 bei 3850 bis 240 bei 6000
Vmax in (km/h)	185 bis 246
Bauart	Limousine, Kombi
Produktionszahl	k.A.

Wenn es geht, sollte jeder Hersteller ein neues Automodell in einem James-Bond-Blockbuster promoten. Aston Martin tut das seit Jahren perfekt, Jaguar und Land Rover auch. Warum nicht mal auch Ford? Tatsächlich tauchte ein Ford Mondeo des Jahrganges '07, also in der dritten Generation, im damals neuesten 007 auf, dem „Casino Royale". Es gab sogar die Idee, das Auto aus Köln in Amerika anzubieten, doch der ebenfalls neue Ford Fusion (US-Variante) machte dem Plan einen Strich durch die Rechnung. Egal – hierzulande kam das Auto bestens an. Und das in mehr als 500 Varianten. Wie schon der Vorgänger gab's den neuen Mondeo als Fließheck, Stufenheck und Kombi. Er baute auf der gleichen Plattform wie der Ford S-Max und der Ford Galaxy auf und war mit den gleichen Motoren erhältlich. 2010 wurden Motorenangebot und Optik überarbeitet. Das Spitzenmodell bot 240 PS, womit das Auto schon recht sportlich unterwegs sein konnte. Fast Bond-würdig …

Ford S-Max, Werkscode WA6 (1.6, 2.0, 2.0 SCTi, 2.3, 2.5, 1.6 TDCi, 1.8 TDCi, 2.0 TDCi)

Baujahr	2006-2014
Motor-Bauart	Vierzylinder (Reihe), Vierzylinder-Turbo (Reihe), Fünfzylinder-Turbo (Reihe), Vierzylinder-Turbodiesel (Reihe)
Hubraum (cm³)	1560 bis 2521
Leistung (PS/U/min)	115 bei 3600 bis 240 bei 6000
Vmax in (km/h)	180 bis 240
Bauart	Van
Produktionszahl	k.A.

Ob es die Ford-Marketingstrategen waren, die den Ford S-Max – eine raumgreifende Limousine zwischen dem C-MAX und dem Galaxy – als „Sportvan" bezeichneten? Optisch war das Modell eher eine Großraumlimousine, technisch waren bei den richtigen Motoren bis zu 220 km/h Spitze möglich. Allerdings begann die Motorenpalette bei 115 Diesel-PS, die ein Auto schleppen mussten, dass zwischen 1,6 und 1,8 Tonnen wog. Die Basis war die Plattform von Mondeo und Galaxy, gebaut wurde der S-Max im belgischen Genk. Gemeinsam mit dem Galaxy kam der S-Max im so genannten neuen „Kinetic Design", das besonders durch einen großen, tief unten platzierten und trapezförmigen Grill bestimmt wurde sowie durch langgezogene Scheinwerfer. 2010 gab es ein Facelift, was besonders ein überarbeitetes Motorenangebot beinhaltete. Das Auto kam nicht nur wegen guter Crashtestergebnisse gut an: Der S-Max wurde „Auto des Jahres 2007".

Ford Kuga, Werkscode Kuga '08 (2.5, 2.0 TDCi)

Ford war zwar spät dran, ein Modell im heißumkämpften Marktsegment der kompakten SUV anzubieten, aber letztlich hat das nichts ausgemacht: Der Kuga wurde ein Erfolg. 2007 sahen es die Kunden als seriennahe Studie auf der IAA in Frankfurt, auf dem darauffolgenden Genfer Salon stand das fertige Auto, basierend auf dem Focus und C-Max. Unter der Haube war zunächst nicht viel los: Zur Markteinführung gab's ihn nur mit dem aus der Kooperation mit Peugeot stammenden 136 PS starken Zweiliter-Duratorq-TDCi-Turbodiesel mit Common-Rail-Technik, der bereits seit 2003 im C-Max und weiteren Ford-Modellen sowie im Volvo S40/V50 verwendet wurde. Zur Wahl standen immerhin Front- und Allradantrieb. Ende 2008 war zusätzlich ein 2,5-Liter-Duratec-Ottomotor mit 200 PS erhältlich – eine Variante des Fünfzylinder-Turbo-Motors von Volvo, der auch in den Ford-Modellen Focus, S-Max und Mondeo arbeitete. Ab März 2010 gab's den Zweiliter-TDCi-Motor mit 140 und 163 PS Leistung. Die zweite Generation erschien im Frühjahr 2013 auf der Basis des neuen Ford Focus und geriet als Weltauto ziemlich identisch mit dem bereits seit Mitte 2012 auf dem US-amerikanischen Markt angebotenen Ford Escape.

Baujahr	2008-2012
Motor-Bauart	Fünfzylinder-Turbo (Reihe), Vierzylinder-Turbodiesel (Reihe)
Hubraum (cm³)	1997, 2521
Leistung (PS/U/min)	136 bei 4000 bis 200 bei 6000
Vmax in (km/h)	180 bis 210
Bauart	SUV
Produktionszahl	k.A.

Ford Ka, Werkscode Typ RU8 (1.2, 1.3 TDCI)

Baujahr	2008-2016
Motor-Bauart	Vierzylinder (Reihe), Vierzylinder-Turbodiesel (Reihe)
Hubraum (cm³)	1242, 1248
Leistung (PS/U/min)	69 bei 5500, 75 bei 4000
Vmax in (km/h)	159, 161
Bauart	Limousine
Produktionszahl	k.A.

Mit dem ersten Ka hatte Ford schon positive Spuren hinterlassen, die zweite Generation sollte das fortführen. Technisch klappte das nicht ganz, denn der Ka ab 2008 war identisch mit dem Fiat 500 und andersherum. Folgerichtig wurden beide auch im selben Werk gebaut, nämlich in Tychy, Polen. Optisch trennten die beiden Autos Welten: Der Fiat im Knuffi-Retro-Design, der Ford im Kinetic-Design. Was ihn leider auch ziemlich unübersichtlich machte. Natürlich hatte Ford das Fahrwerk auf die Ansprüche ihrer Kunden angepasst, die Motoren teilte sich der Ka allerdings mit dem Italiener. 2010 zog das Stopp-Start-System in den Ka. Anfangs gab es die einfachste Variante für weniger als 10.000 Euro. Erstaunliche Entwicklung: Ende 2013 wurden der Preis ausnahmsweise gesenkt. Neuer Einstiegspreis: 9140 Euro. Und damit klar billiger als der Turiner Bruder.

Ford C-Max, Ford Grand C-Max, Werkscode C-Max '10 (1.0, 1.5, 1.6 TI-VCT, 1.6 TI-VCT-LPG, 1.5 TDCI, 1.6 TDCI, 2.0 TDCI)

Baujahr	2010-2019
Motor-Bauart	Dreizylinder-Turbo (Reihe), Vierzylinder (Reihe), Vierzylinder-Turbo (Reihe), Vierzylinder-Turbodiesel (Reihe)
Hubraum (cm³)	998 bis 1997
Leistung (PS/U/min)	85 bei 6000 bis 182 bei 6000
Vmax in (km/h)	165 bis 217
Bauart	Van
Produktionszahl	k.A.

Der Ford C-Max in der zweiten Generation entwickelte sich schnell zum beliebten Van – ebenso wie die dazugehörige Version Grand C-Max mit verlängertem Radstand und hinteren Schiebetüren. Die beiden Versionen waren 4,38 Meter und 4,52 Meter lang und boten ein prima Raumangebot und eine hohe Variabilität. Der Grand C-Max besaß ein Kofferraumvolumen von 1867 Liter, was auch eine dritte Sitzreihe ermöglichte. Beide Modelle glänzten unter anderem mit ABS, ESP, ASR, zwölf Airbags, Gurtstraffer und Bremsassistent – serienmäßig. 2015 spendierte Ford ein Facelift, was nichts daran änderte, dass 2016 die allgemeine Nachfrage nach Vans spürbar nachließ. Schuld hatten, na klar, die SUVs. Die Motoren wurden für die Euro-6-Norm gerüstet. Dabei entfielen die 1,6-Liter-Ottomotoren, die gegen neue Turbo-Direkteinspritzer mit 1,5 Litern Hubraum ausgetauscht wurden, was den Verbrauch um bis zu 20 Prozent senken sollte.

Ford B-Max, Werkscode CB2 (1.0, 1.4, 1.4-I-LPG, 1.6 TI-VCT, 1.5 TDCI, 1.6 TDCI)

Baujahr	2012-2017
Motor-Bauart	Dreizylinder-Turbo (Reihe), Vierzylinder (Reihe), Vierzylinder-Turbodiesel (Reihe)
Hubraum (cm³)	998 bis 1596
Leistung (PS/U/min)	75 bei 4000 bis 140 bei 6000
Vmax in (km/h)	158 bis 196
Bauart	Van
Produktionszahl	ca. 64.000

Der Ford Fusion war Geschichte – nun nahm der B-Max den Platz eines Minivans im Kleinwagensegment bei Ford ein, auch wenn der Fusion nicht der offizielle Vorgänger war. Alleinstellungsmerkmal waren die seitlichen Schiebetüren, die sonst niemand anbot in dieser Autonische. Produziert wurde der B-Max in Russland. Neben den praktischen hinteren Türen überzeugte der Van durch fünf Sitzplätze auf nur vier Metern Länge und einem Kofferraumvolumen von maximal 1386 Litern. Im Euro-NCAP-Crashtest schnitt der Van vorbildlich ab mit fünf von fünf Sternen, besonders auch dank des guten Insassenschutzes. Der B-Max besaß sogar auf Wunsch das Assistenzsystem „Active City Stop", das den Wagen selbstständig bis 30 km/h vor plötzlich auftauchenden Hindernissen stoppen ließ. Trotz allem war dem B-Max kein längeres Leben als bis 2017 vergönnt.

Ford Tourneo Connect, Werkscode Transit Connect '13 (1.0, 1.6, 1.5 TDCI, 1.6 TDCI)

Baujahr	2014-2018
Motor-Bauart	Dreizylinder-Turbo (Reihe), Vierzylinder-Turbo (Reihe), Vierzylinder-Turbodiesel (Reihe)
Hubraum (cm³)	999 bis 1596
Leistung (PS/U/min)	75 bei 3500 bis 150 bei 5700
Vmax in (km/h)	145 bis 173
Bauart	Van
Produktionszahl	k.A.

Es ist aber auch auf nichts mehr Verlass: Einst war ein Ford Transit ein Ford Transit, fertig. Seit einiger Zeit ist das nicht mehr so: Seit Frühjahr 2002 bot Ford seinen Nutzfahrzeug-Kastenwagen unter den Namen Ford Transit Connect an, den Kleinbus als Ford Tourneo Connect. Die ab Ende 2013 produzierte zweite Generation basierte auf dem Ford C-Max. Der Einliter-EcoBoost-Ottomotor als auch der 1,6-Liter-Duratorq-Dieselmotor wurden aus dem Ford Focus übernommen, das Armaturenbrett war eine Ableitung von anderen Ford-Modellen. Besonderheit ist die Beifahrerdoppelsitzbank mit umklappbarem Mittelsitz. Der Tourneo Connect bot sieben Sitzplätze, die im Rückraum voll versenkbar waren für eine ebene Ladefläche. Wiederum gab es zwei Radstände, jedoch nur noch eine mittelhohe Dachausführung statt bisher Flach- und Hochdach. Die Hinterachse bestand aus einer schraubengefederten Verbundlenkerkonstruktion.

Ford Mondeo, Werkscode Mondeo '13 (Typ Ba7) (1.0, 1.5, 2.0, 2.0 Hybrid, 1.5 TDCI, 1.6 TDCI, 2.0, 2.0 TDCI, 2.0 Biturbo TDCI)

Mondeo, der fünfte: Ford legte 2014 die Mittelklasse neu auf. Dabei konnte sich Ford Deutschland bei den Amerikanern bedienen, denn der neue Mondeo ist fast baugleich mit dem 2012 in Amerika vorgestellten Ford Fusion (der nichts mit dem „Fusion" in Deutschland zu tun hat). Wie gehabt gibt es den Mondeo mit dem internen Kürzel Ba7 als Fließ- oder Stufenheck und selbstverständlich als Kombi. Erstmals seit langer Zeit ist auch wieder Allrad optional zu haben. In der Top-Version Vignale ist auch eine Hybrid-Version mit 187 PS verfügbar. Der 2.0 Hybrid besitzt einen Vierzylinder-Turbo gekoppelt mit einem E-Motor. Ein stufenloses Automatikgetriebe (CVT) verteilt die Kraft auf die Vorderräder. Der E-Motor unterstützt das Auto bis zu einem Tempo von 135 km/h. Einstandspreis: fast 35.000 Euro.

Baujahr	seit 2014
Motor-Bauart	Dreizylinder-Turbo (Reihe), Vierzylinder-Turbo (Reihe), Vierzylinder-Turbo (Reihe) + E-Motor, Vierzylinder-Turbodiesel (Reihe), Vierzylinder-Biturbodiesel (Reihe)
Hubraum (cm³)	1499 bis 1999
Leistung (PS/U/min)	115 bei 3600 bis 240 bei 5300
Vmax in (km/h)	192 bis 240
Bauart	Limousine, Kombi
Produktionszahl	k.A.

Ford Galaxy (Mk III) (1.5, 2.0, 2.5 Hybrid, 2.0 TDCI)

Baujahr	seit 2015
Motor-Bauart	Vierzylinder-Turbo (Reihe), Vierzylinder (Reihe) + E-Motor, Vierzylinder-Turbodiesel (Reihe)
Hubraum (cm³)	1499 bis 1999
Leistung (PS/U/min)	120 bei 3500 bis 240 bei 3750
Vmax in (km/h)	176 bis 222
Bauart	Van
Produktionszahl	k.A.

Der Galaxy bleibt auch in der dritten Generation, die 2015 vorgestellt wurde, das, was er immer war: ein praktischer Van mit viel Platz. Serienmäßig sind sieben Sitzplätze an Bord, die hinterste Sitzreihe kann im Boden versenkt werden. Das Modell steht auf derselben Plattform wie der neue Ford Mondeo und der neue Ford S-Max. Trotz aller Vorteile werden zum Beispiel 2016 in Deutschland nur 5800 Galaxy zugelassen – die alten Verbündeten und neuen Konkurrenten VW Sharan und Seat Alhambra finden je 13.000 Freunde. Ein Trost: Fords S-Max ist mit 15.000 Verkäufen der meistverkaufte Van. 2018 überarbeitete Ford die bislang bereitgestellte Motorenpalette aufgrund der Umstellung auf die Euro 6d-Temp-Abgasnorm. Im Oktober 2019 spendierte Ford bereits ein Facelift und ab 2021 ist der Galaxy sogar als Hybrid bestellbar.

Ford EcoSport, Werkscode Typ CBW (1.0, 1.5 TI-VCT, 1.5 TDCI, 1.5 EcoBlue)

Die zweite Generation des EcoSport ist so richtig international – zumindest, was die Entstehungsorte angeht: Das kleine SUV wird in Brasilien, Indien, China, Thailand und Russland gebaut und auf 100 verschiedenen Märkten angeboten. Kein Wunder, wird doch überall automobile Basisware gebraucht: Der EcoSport ist mit Dreizylindern, Vierzylindern und Vierzylinder-Turbos zu bekommen, bietet fünf Sitzplätze, hat ABS und ESP an Bord – eben alles, was ein modernes Auto im Jahr 2014 mindestens benötigt. 2015 überarbeitete Ford sein Weltauto, wobei der Wagen sein deutlichstes Erkennungsmerkmal (das Ersatzrad außen an der Hecktür) verlor, sofern der Kunde dies wünschte. Die Karosserie wurde um zehn Millimeter tiefergelegt, das Fahrwerk erhielt eine neue Abstimmung. Im Herbst 2017 folgte ein zweites Facelift, das hauptsächlich die Optik betraf. Zusätzlich kam der 1.5 EcoBlue nun mit Allradantrieb.

Baujahr	seit 2012
Motor-Bauart	Dreizylinder-Turbo (Reihe), Vierzylinder (Reihe), Vierzylinder-Turbodiesel (Reihe)
Hubraum (cm³)	998 bis 1499
Leistung (PS/U/min)	90 bei 3750 bis 140 bei 6000
Vmax in (km/h)	170 bis 183
Bauart	SUV
Produktionszahl	k.A.

Baujahr	2016-2018
Motor-Bauart	Vierzylinder-Turbo (Reihe)
Hubraum (cm³)	2261
Leistung (PS/U/min)	350 bei 6000
Vmax in (km/h)	268
Bauart	Limousine
Produktionszahl	ca. 34.000

Ford Focus RS, Werkscode Focus '11 (Typ CEW)

Bis Anfang 2016 musste man lange überlegen, ob es ein alltagstaugliches Auto gibt, das Allradantrieb besitzt, im Drift leicht zu kontrollieren ist und auch noch bezahlt werden kann, ohne die Bank zu verschrecken. Dann kam der neue Ford Focus RS. Der basierte auf der fünften Focus-Generation und bot sechs Prozent weniger Luftwiderstand als beim Vorgänger. Als Herz arbeitete der 2,3-Liter-Ecoboost-Motor aus dem aktuellen Ford Mustang inklusive Einbau eines Cosworth-Zylinderkopfes, modifizierter Kühlung, separate Ölkühler, ein Auspuffstrang völlig ohne Mittelschalldämpfer und ein zu 90 Prozent neu entwickelter Twin-Scroll-Turbolader. Das alles pushte den ursprünglich 317 PS starken Vierzylinder auf jetzt 350 PS und bis zu 470 Newtonmeter, was letztlich für 266 km/h Spitze reichte. Den Fahrspaß komplettierte das Torque-Vectoring-Allradsystem. Und dann gab's auch noch eine Launch-Control für den Sprint in 4,7 Sekunden von 0 auf 100 km/h. Preis: 39.000 Euro. April 2018 war leider Schluss.

Ford Ka+, Ford Ka+ Active, (1.2 TI-VCT, 1.2, 1.5 TDCI)

Warum aufwändig, wenn es auch einfach geht? Ford sparte sich bei der dritten Generation des kleinen Ka eine Neuentwicklung und griff stattdessen auf den seit 2014 in Südamerika angebotenen Ka+ zurück. Ein paar Änderungen, fertig war der neue Winzling für Europa. Winzling? Nicht wirklich – er war jetzt knapp vier Meter lang, der Ford Fiesta ist nur 40 Millimeter länger. Außerdem wirkte der Wagen jetzt eher wie ein Minivan als ein Kleinwagen; plötzlich war es auch ein Fünftürer. Damit der Ka+ nicht den Fiesta überholte, gönnte Ford dem Auto nur einen 1,2-Liter Benziner mit 70 oder 85 PS. Selbst mit Letzterem brauchte der Ka+ noch 13,3 Sekunden, um von 0 auf 100 km/h zu beschleunigen. Das Fahrwerk war, wie bei Ford üblich, gut. 270 Liter Gepäckraumvolumen waren durchaus akzeptabel. Die Grundausstattung des im indischen Sanand produzierten Ka+ war dagegen mager. Im Februar 2018 spendierte Ford eine Modellpflege, die unter anderem einen Dieselmotor mit 95 PS mitbrachte, allerdings nur bis April 2019. Neu im Sortiment war der Ka+ Active, eine Crossover-Variante mit 23 Millimeter Bodenfreiheit, speziellen 15-Zoll-Leichtmetallrädern und einem speziellen Bodykit. 2020 strich Ford den Ka+ in Europa ersatzlos.

Baujahr	2016-2020
Motor-Bauart	Dreizylinder-Turbo (Reihe), Vierzylinder (Reihe), Vierzylinder-Turbodiese (Reihe)
Hubraum (cm³)	1194 bis 1499
Leistung (PS/U/min)	70 bei 6500 bis 95 bei 3750
Vmax in (km/h)	159 bis 179
Bauart	Limousine
Produktionszahl	k.A.

Ford Puma, Werkscode Puma '20 (1.0, 1.5 ST, 1.5 TDCI)

Ob es eine gute Idee ist, dem zweitkleinsten SUV im Portfolio denselben Namen zu geben wie einem nur mittelmäßig erfolgreichen kleinen Coupé aus dem eigenen Hause in den 1990er Jahren? Der neue Ford Puma steht jedenfalls auf der verlängerten Fiesta-Plattform und ist mit einer Länge von 4,18 Metern durchaus übersichtlich. Er kostet in der Basisversion etwa 23.400 Euro. Aber schon dort gibt es serienmäßig einen variablen Laderaumboden mit einer 81 Liter großen Plastikwanne für alles, was feucht ist, Dreck macht oder sonst wie ungern auf Teppich gelegt wird. Danach Wanne aus dem Auto nehmen, Stöpsel ziehen und mit Wasserschlauch absprühen. Tolle Idee. Und man kann sich seinen Puma mit bis zu 200 PS bestücken dank eines 1,5-Liter-Dreizylinder-Turbos mit 320 Newtonmetern. Im Performance-Paket hilft eine Launch-Control beim Ampelstart. Man kann aber auch etwas umweltgerechter unterwegs sein, dafür gibt es die Hybrid-Versionen. Die Einliter-Ecoboost-Motoren bieten 125 oder 155 PS und gelten als Mild-Hybride mit 48-Volt-Bordnetz. Somit versorgt ein Riemenstarter-Generator den Verbrenner mit zusätzlichem Drehmoment und beschleunigt das Start-Stopp-System.

Baujahr	seit 2019
Motor-Bauart	Dreizylinder-Turbo (Reihe), Vierzylinder-Turbodiesel (Reihe)
Hubraum (cm³)	998 bis 1499
Leistung (PS/U/min)	95 bei 4000 bis 200 bei 6000
Vmax in (km/h)	175 bis 220
Bauart	SUV
Produktionszahl	k.A.

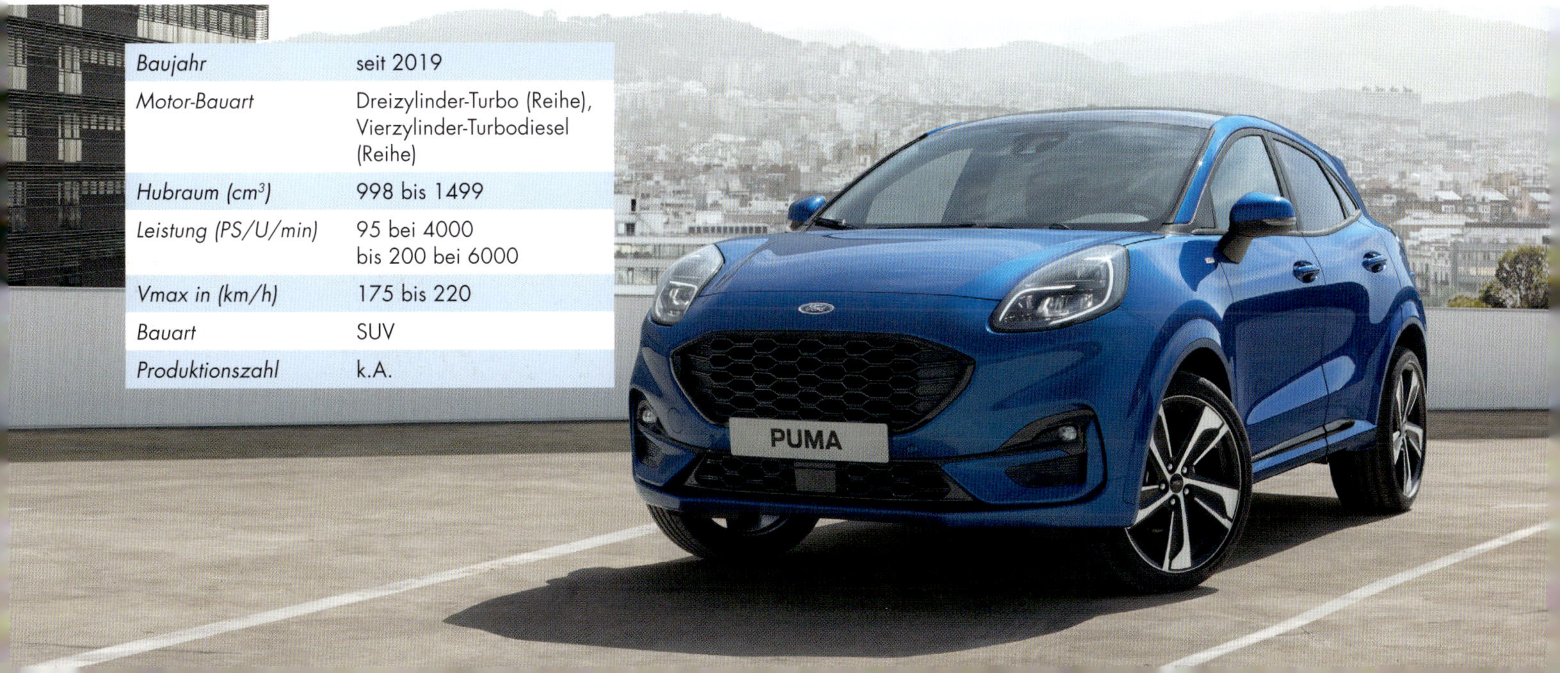

Goggomobil T 250, T 300, T 400 Limousine

Baujahr	1955-1969
Motor-Bauart	Zweizylinder-Zweitaktmotor
Hubraum (cm³)	247, 296, 395
Leistung (PS/U/min)	13,6 bei 5400 bis 18,5 bei 5000
Vmax in (km/h)	80 bis 95
Bauart	Limousine (2-türig)
Produktionszahl	214.313

Neben der Isetta von BMW erwies sich die etwas infantil „Goggomobil" genannte Autopremiere des Dingolfinger Landmaschinenherstellers Glas als erfolgreichstes Kleinstautomobil der fünfziger und sechziger Jahre. Seine schrullige Karosserie, die intelligente Konstruktion, sein vergleichsweise gutes Raumangebot und seine robuste Ausführung waren für diesen Erfolg verantwortlich. Bis 1969 versorgte man die Inhaber des alten Führerscheins IV noch mit einer geschwindigkeitsbegrenzten 250-cm³-Version.

Goggomobil 600/700, Glas Isar

Baujahr	1958-1965
Motor-Bauart	Zweizylinder (Boxer)
Hubraum (cm³)	584, 688
Leistung (PS/U/min)	19 bei 4800 bis 30 bei 4900
Vmax in (km/h)	98 bis 112
Bauart	Limousine (2-türig), Kombi (3-türig)
Produktionszahl	88.561

Die Idee vom Super-Goggomobil für die Kinder des Wirtschaftswunders scheiterte kläglich: Der BMW 700 wirkte wesentlich ausgereifter und erwachsener, während der Isar mit seinem Zweizylinder-Viertakt-Boxermotor mit zahlreichen Qualitäts- und Fertigungsmängeln zu kämpfen hatte – die Nähe zum erfolgreichen Goggo half dabei ganz und gar nicht, sie schadete eher. Auch die unausgegorene Karosserieform konnte nicht gerade Begeisterungsstürme auslösen.

Goggomobil TS 250, TS 300, TS 400 Coupé

Baujahr	1957-1969
Motor-Bauart	Zweizylinder-Zweitaktmotor
Hubraum (cm³)	247, 296, 395
Leistung (PS/U/min)	13,6 bei 5400 bis 18,5 bei 5000
Vmax in (km/h)	85 bis 100
Bauart	Coupé
Produktionszahl	66.511

Der Bonsai-Ferrari aus Bayern zeigte innen und außen, dass man auch ein Mikroauto zum individuellen Coupé umfunktionieren kann. Die unverändert von den Limousinen übernommene Technik sicherte geringe Betriebs- und Unterhaltskosten. Was die erreichbaren Fahrleistungen anging, so kämpfte der Mini-Renner ab 90 km/h einen aussichtslosen Kampf gegen den Luftwiderstand …

Glas 1204, S 1204, 1204 TS, S 1204 TS

Baujahr	1963-1965
Motor-Bauart	Vierzylinder (Reihe)
Hubraum (cm³)	1189
Leistung (PS/U/min)	53 bei 5100 bis 70 bei 5750
Vmax in (km/h)	140 bis 160
Bauart	Limousine (2-türig), Coupé, Cabriolet
Produktionszahl	16.902

Zweihundert Kubikzentimeter mehr machten den kleinen Glas-Vierzylinder etwas muskulöser, vor allem aber sorgten sie für eine weniger hektische Leistungscharakteristik - Drehzahl war nun nicht mehr alles. In den erhältlichen Modellvarianten gab es ebenso wenig Veränderungen wie in der allgemeinen technischen Spezifikation.

Baujahr	1965-1967
Motor-Bauart	Vierzylinder (Reihe)
Hubraum (cm³)	1682
Leistung (PS/U/min)	100 bei 5500
Vmax in (km/h)	185
Bauart	Coupé, Cabriolet
Produktionszahl	1802

Glas 1700 GT

Der 1700 GT unterschied sich vor allem durch seinen größeren Motor vom Schwestermodell. 100 PS und 1,7 Liter Hubraum standen ihm vorteilhaft zu Gesicht. Außen deutete nur die Kraft verheißende Hutze auf der Motorhaube an, dass sich unter ihr Einiges mehr tat. Nach wie vor auch als Cabriolet lieferbar, schaffte der 1700 GT es nicht, allzu viele potenzielle Käufer von seinen Qualitäten zu überzeugen – heute genießt er als Klassiker dagegen hohes Renommée.

Glas V8 2600, Glas V8 3000, BMW V8 3000

Baujahr	1966-1968
Motor-Bauart	V8
Hubraum (cm³)	2580, 2982
Leistung (PS/U/min)	150 bei 5600, 160 bei 5100
Vmax in (km/h)	195, 200
Bauart	Coupé
Produktionszahl	718 (300, 418)

Als wäre die riesige Modellpalette der kleinen Dingolfinger Firma nicht schon längst über den Kopf gewachsen, erachtete es die Glas-Chefetage noch für nötig, 1966 auch ein Luxuscoupé zu lancieren. Durch die Kopplung zweier 1300-cm³-Vierzylinder entstand deshalb ein V8-Triebwerk, das in einer attraktiven, ebenfalls von Frua gestalteten GT-Karosserie Platz fand. Detailschwächen verhinderten auch hier einen Markterfolg. Immerhin schien das Konzept den BMW-Oberen so zuzusagen, dass sie den Wagen, mittlerweile mit einem durchzugsstärkeren Dreilitermotor versehen, nach der Übernahme noch eine Weile anboten.

Baujahr	1950-1957
Motor-Bauart	Zweizylinder-Zweitaktmotor
Hubraum (cm³)	688 bis 886
Leistung (PS/U/min)	25,5 bei 4000 bis 40 bei 4000
Vmax in (km/h)	100 bis 120
Bauart	Limousine (2-türig), Kombi (2-türig), Cabrio-Limousine, Cabriolet, Coupé
Produktionszahl	37.396

Goliath GP 700, GP 900

Ein neben DKW zweiter Hersteller von ernst zu nehmenden Zweitakt-Autos war die zum Borgward-Imperium gehörige Marke Goliath. 1950 präsentierte sie mit dem GP 700 einen schlichten Zweitürer, der von einem knapp 700 cm^3 großen Zweizylinder angetrieben wurde. Trotz PS-Leistungen im VW-Käfer-Bereich vermochte es der bald auch als Kombi, Cabrio- Limousine oder Cabrio lieferbare GP 700 nicht, gegen die grundsolide Wolfsburger Konkurrenz zu bestehen. Unbefriedigend verliefen frühe Versuche mit einer Benzineinspritzung, die die zweitakttypischen Schwächen ausmerzen sollte.

Baujahr	1957-1958
Motor-Bauart	Vierzylinder (Boxer)
Hubraum (cm³)	1093
Leistung (PS/U/min)	40 bei 4200 bis 55 bei 5500
Vmax in (km/h)	195
Bauart	Limousine (2-türig), Cabrio-Limousine, Kombi (2-türig), Coupé
Produktionszahl	14.908

Goliath 1100 Limousine, Combi, Coupé und Cabriolet

Den Zeichen der Zeit konnte sich auch der Borgward-Konzern nicht entziehen. Ergebnis: Der Goliath-700-Nachfolger (seit 1958 als Hansa vermarktet) wirkte deutlich erwachsener, hatte einen völlig neu konstruierten Vierzylinder-Boxermotor aufzuweisen und brauchte sich in Raumangebot und Fahrleistungen nicht hinter der Konkurrenz zu verstecken. Gleichwohl litt der 1100 unter gewissen Zuverlässigkeitsproblemen, und Produktionsstückzahlen von nur rund 7000 Einheiten pro Jahr ließen das relativ aufwendig herzustellende Fahrzeug zu einem wirtschaftlichen Desaster werden.

Hansa 1100 Limousine, Combi, Coupé

Baujahr	1958-1961
Motor-Bauart	Vierzylinder (Boxer)
Hubraum (cm³)	1093
Leistung (PS/U/min)	40 bei 4200 bis 55 bei 5500
Vmax in (km/h)	125 bis 135
Bauart	Limousine (2-türig), Kombi (2-türig), Coupé
Produktionszahl	28.778

Gekonnte Karosserieretuschen verliehen der Coupé-Version des Hansa 1100 als eine Weiterentwicklung des ersten Zweitakt-Goliaths ein eigenständiges Äußeres. Der lange Hecküberhang mit leichten Flossenansätzen sowie das radikal verkleinerte Dach machten das Coupé zum idealen Flanierfahrzeug für die Dame des Hauses. Ein auf 55 PS leistungsgesteigerter Motor gab dem Modell ordentlich die Sporen. Das Coupé ist heute die gesuchteste Variante der Hansa-1100-Baureihe – und nur äußerst selten zu finden.

Gutbrod Superior

Baujahr	1950-1954
Motor-Bauart	Zweizylinder-Zweitaktmotor
Hubraum (cm³)	593, 663
Leistung (PS/U/min)	20 bei 4000 bis 30 bei 4300
Vmax in (km/h)	100 bis 115
Bauart	Cabrio-Limousine, Kombi (3-türig)
Produktionszahl	7726, davon 866 Kombi

Der Superior war eines der seriösesten Angebote der deutschen Kleinwagenkultur in den frühen fünfziger Jahren. Technisch ausgereift und von hoher baulicher Qualität bot der Superior trotz kleinvolumiger Zweitaktmotorisierung Fahrleistungen auf VW- Käfer-Niveau. In der knapp fünfjährigen Bauzeit erwies es sich jedoch, dass das anvisierte Marktsegment unterhalb des Käfers schwierig zu bedienen war, und nach gut 7700 Fahrzeugen wandte sich Gutbrod wieder anderen Produkten zu.

Kleinschnittger F 125

Baujahr	1950-1957
Motor-Bauart	Einzylinder-Zweitaktmotor
Hubraum (cm³)	123
Leistung (PS/U/min)	4,5 bei 5000 bis 6 bei 5500
Vmax in (km/h)	70
Bauart	Roadster
Produktionszahl	ca. 2000

Paul Kleinschnittgers Vorstellungen von der Minimalmotorisierung des Bundesbürgers waren radikal: Gewichtsersparnis um jeden Preis gepaart mit geringstmöglichem Antriebsaufwand sollten ökonomischstes Fortkommen garantieren. Das Ergebnis war ein Alu-Roadster, der von einem nur 4,5 PS starken Einzylinder-Zweitakter bewegt wurde. Gestartet wurde mittels Handseilzug, ein dünnes Flatterverdeck bot notdürftigen Wetterschutz und auf den Rückwärtsgang hatte man ganz verzichtet – man konnte das Gefährt schließlich aus Parklücken heben! Ein Wunder, dass immerhin knapp 2000 Exemplare verkauft wurden.

Lloyd LP 300, LC 300, LS 300, LK 300

Baujahr	1950-1952
Motor-Bauart	Zweizylinder-Zweitaktmotor
Hubraum (cm³)	293
Leistung (PS/U/min)	10 bei 4000
Vmax in (km/h)	75
Bauart	Limousine (2-türig)/ Kombi (3-türig), Coupé
Produktionszahl	ca. 18.500

Ähnlich wie Goliath bzw. Hansa gehörte auch Lloyd zum Bremer Borgward-Imperium. Das Modell 300, wegen seiner Karosseriebauweise aus Holz und Kunstleder halb spöttisch, halb augenzwinkernd „Leukoplastbomber" genannt, war ein gelungener Kleinwagenvorschlag. Die solide Konstruktion wurde von einem 10-PS-Zweizylinder-Zweitakter befeuert, der den Wagen im damaligen Stadtverkehr mitschwimmen ließ. In mehreren Karosserievarianten lieferbar, konnten zwischen 1950 und 1952 immerhin gut 10.000 Exemplare des Ur-Lloyd abgesetzt werden.

Baujahr	1953-1957
Motor-Bauart	Zweizylinder-Zweitaktmotor
Hubraum (cm³)	250, 383
Leistung (PS/U/min)	11 bei 5000, 13 bei 3750
Vmax in (km/h)	75
Bauart	Limousine (2-türig), Kombi (3-türig), Cabrio-Limousine
Produktionszahl	109.878

Lloyd LP 400, LC 400, LS 400, LK 400, LP 250

Mit den steigenden Ansprüchen der Kundschaft entwickelte sich auch der Lloyd. Als Modell 400 verfügte er über einen auf 13 PS erstarkten Motor, eine zeitgemäße Karosseriekonstruktion aus Stahlblech sowie eine ansehnliche Linienführung. Die deutschen Autofahrer dankten es ihm: Mehr als hunderttausend 400er fanden einen Käufer. Besonders attraktiv ist die zweitürige Cabrio-Limousine mit großem Rolldach.

Baujahr	1958-1961
Motor-Bauart	Zweizylinder (Reihe)
Hubraum (cm³)	596
Leistung (PS/U/min)	25 bei 5000
Vmax in (km/h)	110
Bauart	Limousine (2-türig), Kombi (3-türig),
Produktionszahl	49

Lloyd Alexander TS

Das Sahnestück der Lloyd-Baureihe verfügte über einen leistungsgesteigerten Motor mit 25 PS, der die erreichbaren Fahrleistungswerte fast auf VW-Käfer-Niveau schraubte. Mit neuer Hinterachse und nochmals optimierter Ausstattung ist er bei Oldtimerfans der wohl beliebteste Lloyd – heute allerdings zu Einstandspreisen, die nur als stattlich bezeichnet werden können.

Baujahr	1956-1958
Motor-Bauart	Zweizylinder (Reihe)
Hubraum (cm³)	452
Leistung (PS/U/min)	20 bei 4000
Vmax in (km/h)	110
Bauart	Roadster
Produktionszahl	4

Maico 500 Sport

Wer weiß heute noch, dass die Pfäffinger Firma Maico, bekannt als früherer Hersteller wettbewerbsorientierter Motorräder, sich Mitte der 50er Jahre auch bemühte, im Autogeschäft Fuß zu fassen? Neben den kleinen Zweitakt-Champion für zweiradmüde Wirtschaftswunderkinder machte im Jahr 1957 vor allem ein schicker offener Sportwagen von sich reden, der Maico 500 Sport. Versehen mit einer Karosserie der renommierten Schweizer Karosseriebaufirma Beutler sollte das Sportcabriolet den Weg in ein höheres Marktsegment weisen. Der luftgekühlte Heinkel-Twin unter der langen Motorhaube nützte aber ebensowenig wie das kühne Zweifarbenoutfit – die Zeit Maicos als Autoproduzent war ein Jahr später bereits vorüber, ohne daß der 500 Sport in Produktion gegangen wäre.

Maybach 57, 57 S, 62, 62 S

2002 wollte Mercedes mal wieder in der Superluxusklasse mitspielen und präsentierte nicht nur eine neue Limousine, sondern gleich eine neue Marke: Maybach. Der Maybach 57 (5,7 Meter lang) besaß einen 3390 Millimeter langen Radstand, beim größeren 62 (6,2 Meter lang) waren es 3827 Millimeter. Die Modelle wurden mit allem ausgestattet, was der Herr oder die Dame von Welt so benötigte – und noch viel mehr. Das reichte bis zum Sternenhimmel im Interieur, der die Sternenkonfiguration bei der Geburt des Besitzers darstellen konnte. Oder bis zur Flakon-Beduftungsanlage, die 2009 erstmals im Sondermodell „Zeppelin" zu erschnüffeln war. Im Jahr 2005 schob Daimler die S-Versionen nach, wobei der Buchstabe für „Spezial" stand und ein strafferes Fahrwerk, Designänderungen sowie mehr Hubraum und mehr Kraft beinhaltete. Es entstanden außer den Limousinen auch ein paar Landaulets und Coupés. Im Gedächtnis bleibt besonders die Präsentation des Autos (Überfahrt auf der Queen Mary II in einem Glascontainer nach New York, danach per Lastenhubschrauber in die Wall Street) und das rasche Ende des Edel-Versuchs. Ihm wurde hauptsächlich seine Ähnlichkeit zu der Basis, auf der er stand (S-Klasse W 140), übelgenommen. Außerdem sollen die Modelle angeblich nie Geld in die Kassen gespült haben.

Baujahr	2002-2012
Motor-Bauart	V12
Hubraum (cm³)	5513, 5980
Leistung (PS/U/min)	550 bei 5250 bis 612 bei 5200
Vmax in (km/h)	250 bis 275
Bauart	Limousine, Landaulet, Coupé
Produktionszahl	k.A.

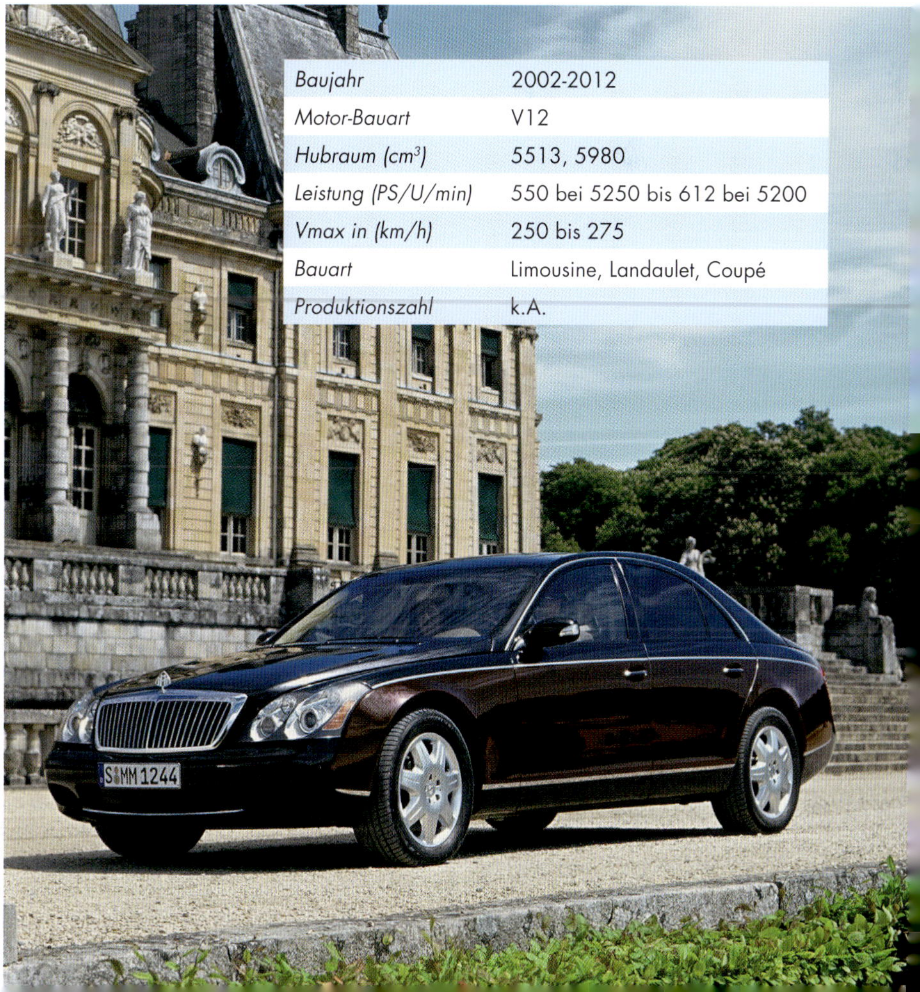

Melkus RS 1000

Baujahr	1969-1979
Motor-Bauart	Dreizylinder-Zweitaktmotor
Hubraum (cm³)	992 bis 1119
Leistung (PS/U/min)	70 bei 4750 bis 90 bei 6000
Vmax in (km/h)	158 bis 200
Bauart	Coupé
Produktionszahl	101

Auch in der DDR gab es einen echten Sportwagen. 1969 stellt der Dresdener Rennfahrer und Konstrukteur Heinz Melkus den von ihm in Eigeninitiative konstruierten und gebauten RS 1000 vor. Der hübsche Flügeltürer übernahm die technische Basis des Wartburg 353 mit seinem Kastenrahmen und dem Dreizylinder-Zweitakter. Die Leistung des vor der Hinterachse platzierten Triebwerks wurde auf 70 PS gesteigert. Natürlich hatte Melkus seinem Mittelmotor-Renner Hinterradantrieb verpasst. Wer einen der schnell zum Kultauto des Ostens avancierten RS 1000 haben wollte, brauchte freilich exzellente Beziehungen und ein prall gefülltes DDR-Mark-Konto.

Mercedes-Benz 170 V, Werkscode W 136 (Cabriolet A und Cabriolet B)

Schon Ende der vierziger Jahre gab es wieder Bedarf am schönen Unnötigen. Daimler-Benz trug diesem Zustand mit zwei herrlichen Cabriolets auf Basis der 170er-Modelle Rechnung. Das zwei- bis dreisitzige Cabriolet A wie das etwas weniger sportliche vier- bis fünfsitzige Cabriolet B zeichneten sich durch opulente Ausstattung, ein aufwändiges Verdeck und fließende Linien aus, die sich an denen der Limousinenmodelle orientierten. Technisch waren sie mit den 170-S-Versionen identisch.

Baujahr	1949-1951
Motor-Bauart	Vierzylinder (Reihe)
Hubraum (cm³)	1767
Leistung (PS/U/min)	52 bei 4000
Vmax in (km/h)	120
Bauart	Cabriolet
Produktionszahl	830 (Cabriolet A), 1603 (Cabriolet B)

Mercedes-Benz 170 S, Werkscode W 136 (170 S, 170 S-V, 170 S-D), und 170 Sb, Werkscode W 191 (170 Sb, 170 DS)

Ein mildes Facelifting und überarbeitete Motoren sorgten dafür, dass aus dem „V" der „S" und aus dem „D" der „DS" wurde. Auch sonst tat sich Einiges: Es gab einen größeren Innenraum und eine veränderte Armaturentafel. Dennoch blieben die 170er Mercedes, was sie immer waren: qualitativ hochwertige Fahrzeuge zu Preisen, die weit über dem lagen, was sich der Durchschnittsbürger der Nachkriegszeit leisten konnte.

Baujahr	1949-1955
Motor-Bauart	Vierzylinder (Reihe)
Hubraum (cm³)	1767
Leistung (PS/U/min)	40 bei 3200 bis 52 bei 4000
Vmax in (km/h)	100 bis 120
Bauart	Limousine (4-türig), Kombi (5-türig)
Produktionszahl	67.852

Baujahr	1951-1955
Motor-Bauart	Sechszylinder (Reihe)
Hubraum (cm³)	2195
Leistung (PS/U/min)	80 bei 4600 bis 85 bei 4800
Vmax in (km/h)	140 bis 150
Bauart	Cabriolet, Coupé
Produktionszahl	Cabriolet A und B: 2275, Coupé: 85

Mercedes-Benz 220, Werkscode W 187 (Cabriolet A, 220 Cabriolet B, 220 Coupé)

Natürlich boten sich auch für die Sechszylindermotorisierung offene Karosserievarianten an. Gemäß der Mercedes-üblichen Nomenklatur gab es folglich ein sportlicheres Cabriolet A mit zwei bis drei Sitzplätzen sowie ein vier- bis fünfsitziges Cabriolet B. An den Qualitäten dieser Offen-Daimler gab es nichts zu deuteln: Solidität gepaart mit seriöser Vornehmheit hieß die Losung.

Mercedes-Benz 220, Werkscode W 187

Baujahr	1951-1954
Motor-Bauart	Sechszylinder (Reihe)
Hubraum (cm³)	2195
Leistung (PS/U/min)	80 bei 4600
Vmax in (km/h)	140
Bauart	Limousine (4-türig)
Produktionszahl	16.066

Der größere Bruder des 170 hieß 220 und unterschied sich äußerlich nur auf den zweiten Blick von diesem: Unter anderem waren seine Hauptscheinwerfer in die vorderen Kotflügel eingelassen. Mit seinem 2,2-Liter-Sechszylinder unter der Haube überzeugte der 220er jedoch mit souveränerer und vor allem kultivierterer Kraftentfaltung. Eine passende Limousine für die Direktionsetage.

Mercedes-Benz 300, Werkscode W 186 (300, 300 b, 300 c)

Baujahr	1951-1957
Motor-Bauart	Sechszylinder (Reihe)
Hubraum (cm³)	2996
Leistung (PS/U/min)	115 bei 4600 bis 125 bei 4500
Vmax in (km/h)	155 bis 160
Bauart	Limousine (4-türig), Cabriolet (4-türig)
Produktionszahl	7631 (Coupé), 642 (Cabriolet)

Der erste echte Repräsentations-Mercedes kam 1951 auf den Markt. Sein Dreiliter-Sechszylinder produzierte 115, in späteren Modellen 125 PS und sorgte für beachtlichen Vortrieb. Luxus und Komfort in Hülle und Fülle umgaben die Insassen. Prominentester Nutzer war wohl der seinerzeitige Bundeskanzler Konrad Adenauer, der diesem Auto auch seinen Spitznamen gab. Besonders exquisit: das viertürige Cabriolet mit riesigem Faltverdeck.

Mercedes-Benz 300 S, Werkscode W 188

Baujahr	1952-1958
Motor-Bauart	Sechszylinder (Reihe)
Hubraum (cm³)	2996
Leistung (PS/U/min)	150 bei 5000 bis 175 bei 5400
Vmax in (km/h)	175 bis 180
Bauart	Cabriolet, Coupé, Roadster
Produktionszahl	760

Das eigentliche Spitzenmodell der Mercedes-Typenpalette war der 300 S – und nicht der Flügeltüren-SL. Noch um Einiges teurer als dieser und natürlich glamouröser, glänzte der als Coupé und Cabrio erhältliche 300 S mit hoher Motorleistung (ab 1955 Benzineinspritzung und 175 PS) und vorbildlichem Komfort. Da der S auch noch seltener verkauft wurde als die SL-Modelle, kommt ihm heute ein besonderer Rang als Klassiker zu.

Mercedes-Benz 180, Werkscode W 120 (180 a, 180 b, 180 c, 180 D, 180 Db, 180 Dc)

Baujahr	1953-1962
Motor-Bauart	Vierzylinder (Reihe)
Hubraum (cm³)	1767, 1897, 1988
Leistung (PS/U/min)	40 bei 3200 bis 68 bei 4400
Vmax in (km/h)	112 bis 136
Bauart	Limousine (4-türig),
Produktionszahl	152.983 (180 D)

Als Nachfolger der 170er-Baureihe präsentierte sich der 180er Mercedes formal ganz auf der Höhe der Zeit. Seine glattflächige, jetzt selbsttragend konzipierte Karosserie bot Raum und Übersichtlichkeit bei gewohnt solider Bauweise. Bei der Motorisierung musste die Kundschaft allerdings noch auf den Sprung in die Neuzeit warten: Die altertümlichen Benzin- und Dieselmotoren aus der Vorgängerbaureihe blieben zunächst Ausstattungsstandard.

Mercedes-Benz 300 SL Coupé, „Flügeltürer", „Gullwing", Werkscode W 198 I

Baujahr	1954-1957
Motor-Bauart	Sechszylinder (Reihe)
Hubraum (cm³)	2996
Leistung (PS/U/min)	215 bei 5800
Vmax in (km/h)	228
Bauart	Coupé
Produktionszahl	1400 (davon 29 mit Alu-Kar.)

Der Flügeltürer war und ist die Inkarnation des deutschen Nachkriegs-Supersportwagens. Hochkarätige Technik und der unwiderstehliche Rennsport-Appeal machten das Flügeltüren-Coupé zu einer echten Legende. Besonders bequem und bedienungsfreundlich war er zwar nicht, und auch seine Fahreigenschaften sorgten mitunter für beschleunigten Pulsschlag hinter dem Volant, aber seine Ausstrahlung war stets unvergleichlich.

Mercedes-Benz 220 a, Werkscode W 180 (220 a, 220 S), und 219, Werkscode W 105

Baujahr	1954-1959
Motor-Bauart	Sechszylinder (Reihe)
Hubraum (cm³)	2195
Leistung (PS/U/min)	85 bei 4800 bis 115 bei 4800
Vmax in (km/h)	150 bis 160
Bauart	Limousine (4-türig)
Produktionszahl	83.190

Die obere Mittelklasse von Daimler-Benz mit sechs Zylindern deckte in der zweiten Hälfte der fünfziger Jahre 220 a, 219 und 220 S mit ihrer charakteristischen Pontonform ab – es gab sie als Limousine, Coupé und Cabriolet (ein 220 S Cabrio ist übrigens bei Hitchcocks Film „Der unsichbare Dritte" ein wichtiges Requisit: Cary Grant überlebt darin einen Mordanschl). Eine verlängerte Motorhaube und vermehrter Chromschmuck hoben die Modelle überraschend deutlich von ihren Vierzylinder-Brüdern ab. Der Mercedes 220 a besaß den Motor vom 220, aber der Rest stammte vom 180. Allerdings hatten die Ingenieure den Radstand und die Front verlängert, deswegen sah der 220 a erkennbar erwachsener aus. Der 220 S löste schon 1956 den 220 a ab, er war ein bisschen stärker und ein bisschen verchromter. Der 219 war der 220 S mit abgemagerter Ausstattung. Auch heute noch sind die W180 und W 105 angenehme Reiselimousinen, besonders attraktiv mit einem großen Faltschiebedach, wie es seinerzeit auf Wunsch lieferbar war.

Mercedes-Benz 190 SL, Werkscode W 121 B II

Weniger als Straßensportwagen im klassischen Sinne, denn als angenehmes Reise-Cabriolet war der 190 SL zu sehen. Mit seinem leistungsgesteigerten 1,9-Liter-Motor und 105 PS schaffte er ganz ansehnliche Fahrleistungen, und auch seine Ausstattung ließ keine Wünsche offen, doch seine optische Anlehnung an den Vollblutsportwagen 300 SL schadete ihm mehr, als sie ihm nutzte. Dessen ganz spezielle Art der Ausstrahlung blieb dem 190 SL zeitlebens verwehrt.

Baujahr	1955-1963
Motor-Bauart	Vierzylinder (Reihe)
Hubraum (cm³)	1897
Leistung (PS/U/min)	105 bei 5700
Vmax in (km/h)	171
Bauart	Roadster
Produktionszahl	25.881

Mercedes-Benz 220 SE, Werkscode W 128

Baujahr	1958-1960
Motor-Bauart	Sechszylinder (Reihe)
Hubraum (cm³)	2195
Leistung (PS/U/min)	115 bei 4800 bis 120 bei 4800
Vmax in (km/h)	160 bis 165
Bauart	Limousine (4-türig), Cabriolet, Coupé
Produktionszahl	3916

Der 220 SE, ab 1958 auf dem Markt, unterschied sich vom 220 S nur durch den Einspritzer- statt Vergasermotor. Mit der mechanischen Saugrohreinspritzung hatte Mercedes bereits Erfahrung, denn sie war schon im Adenauer-Mercedes 300 Sc und natürlich im Sportwagen 300 SL verbaut. Mit 115 PS war der 220 SE stärker als seine Vergaserbrüder, die Limousine, das Coupé und das Cabriolet kamen damit auf etwa 160 km/h Spitze. Für den Sprint von 0 auf 100 km/h benötigten die um 1,4 Tonnen schweren Benze etwa 15 Sekunden. Schon im August 1959 war Schluss mit dem 220 SE-Limousine alter Bauform, im November 1960 auch mit 220 SE-Cabrio und -Coupé – die völlig neu konstruierte Baureihe W 111 sollte sie ablösen.

Mercedes-Benz 300 d, Werkscode W 189

Baujahr	1957-1962
Motor-Bauart	Sechszylinder (Reihe)
Hubraum (cm³)	2996
Leistung (PS/U/min)	160 bei 5300
Vmax in (km/h)	165 bis 170
Bauart	Limousine: 3073, Cabriolet: 65, Pullman-Limousine: 1, Pullman-Landaulets: 2
Produktionszahl	3077, Cabriolet 65

Die letzte Version des alten 300 überraschte mit moderneren, geglätteten Linien im amerikanisch angehauchten Hardtop-Stil. Voll versenkbare pfostenlose Seitenscheiben brachten hier ein luftig-sportives Aussehen. Der 160 PS starke Dreiliter-Sechszylinder verrichtete immer noch unaufdringlich aber nachdrücklich seine Arbeit. Weiterhin blieb die Cabriolet-Variante im Programm, wurde aber nur 65 Mal produziert, was sie heute zur extremen Rarität macht.

Baujahr	1957-1963
Motor-Bauart	Sechszylinder (Reihe)
Hubraum (cm³)	2996
Leistung (PS/U/min)	215 bei 5800 bis 240 bei 6000
Vmax in (km/h)	220 bis 260
Bauart	Roadster
Produktionszahl	1858

Mercedes-Benz 300 SL Roadster , Werkscode W 198 II

Der Roadster zeigte sich gegenüber dem Coupé als das etwas zivilisiertere Fahrzeug. Für besseren Einstiegskomfort sorgte ein abgeänderter Gitterrohrrahmen. Kurbelfenster und das perfekt sitzende Verdeck machten den Aufenthalt im SL auch für weniger komfortorientiertere Insassen angenehm. Unter dem Blech sorgte eine modifizierte Hinterachse für ein berechenbareres Fahrverhalten – den großartigen Dreiliter-Reihensechszylinder mit Benzineinspritzung ließ man zum Glück so, wie er war.

Mercedes-Benz 220 b, Werkscode W 111 (220 b, 220 Sb, 220 SEb, 230 S)

Baujahr	1959-1968
Motor-Bauart	Sechszylinder (Reihe)
Hubraum (cm³)	2195, 2295
Leistung (PS/U/min)	95 bei 4800, 120 bei 4800
Vmax in (km/h)	155 bis 176
Bauart	Limousine (4-türig)
Produktionszahl	338.003

Die heute im Volksmund „Heckflossen-Modelle" genannten Typen der Baureihe W 111 folgten formal stärker dem Zeitgeschmack als ihre Vorgänger. Reichlicher Chrombesatz, ein vertikal stehender Bandtachometer und die sprichwörtlichen – wenn auch vergleichsweise gemäßigt dimensionierten – Heckflossen gaben Mercedes-Fahrern das gute Gefühl, nicht gänzlich vom Lauf der Welt abgekoppelt zu sein. Unter dem Blech freilich lautete die Devise: keine Experimente. Robuste Technik sorgte schließlich schon immer für den vorzüglichen Ruf der Marke.

Mercedes-Benz 300 SE, Werkscode W 112/3 (300 SE, 300 SE lang)

Baujahr	1961-1965
Motor-Bauart	Sechszylinder (Reihe)
Hubraum (cm³)	2996
Leistung (PS/U/min)	160 bei 5000 bis 170 bei 5400
Vmax in (km/h)	175 bis 200
Bauart	Limousine (4-türig)
Produktionszahl	SE: 5202, SE lang: 1546

Das prestigeträchtigste Heckflossen-Modell bot eine gelungene Synthese aus Kraft und Komfort. Üppig ausgestattet und mit noch mehr Chromschmuck versehen, blieben die wahren Stärken des 300 SE von außen unsichtbar: der herrliche Dreiliter-Sechszylinder-Alumotor mit Benzineinspritzung, eine aufwändige Luftfederung sowie die Vierrad-Scheibenbremsanlage mit moderner Zweikreisaufteilung. Schließlich sorgte ihr hoher Preis dafür, dass nur gut 6700 Fahrzeuge der 300er-Baureihe in knapp fünf Jahren produziert wurden.

Mercedes-Benz 190 und 200, Werkscode W 110 (190 c, 190 Dc 200, 200 D)

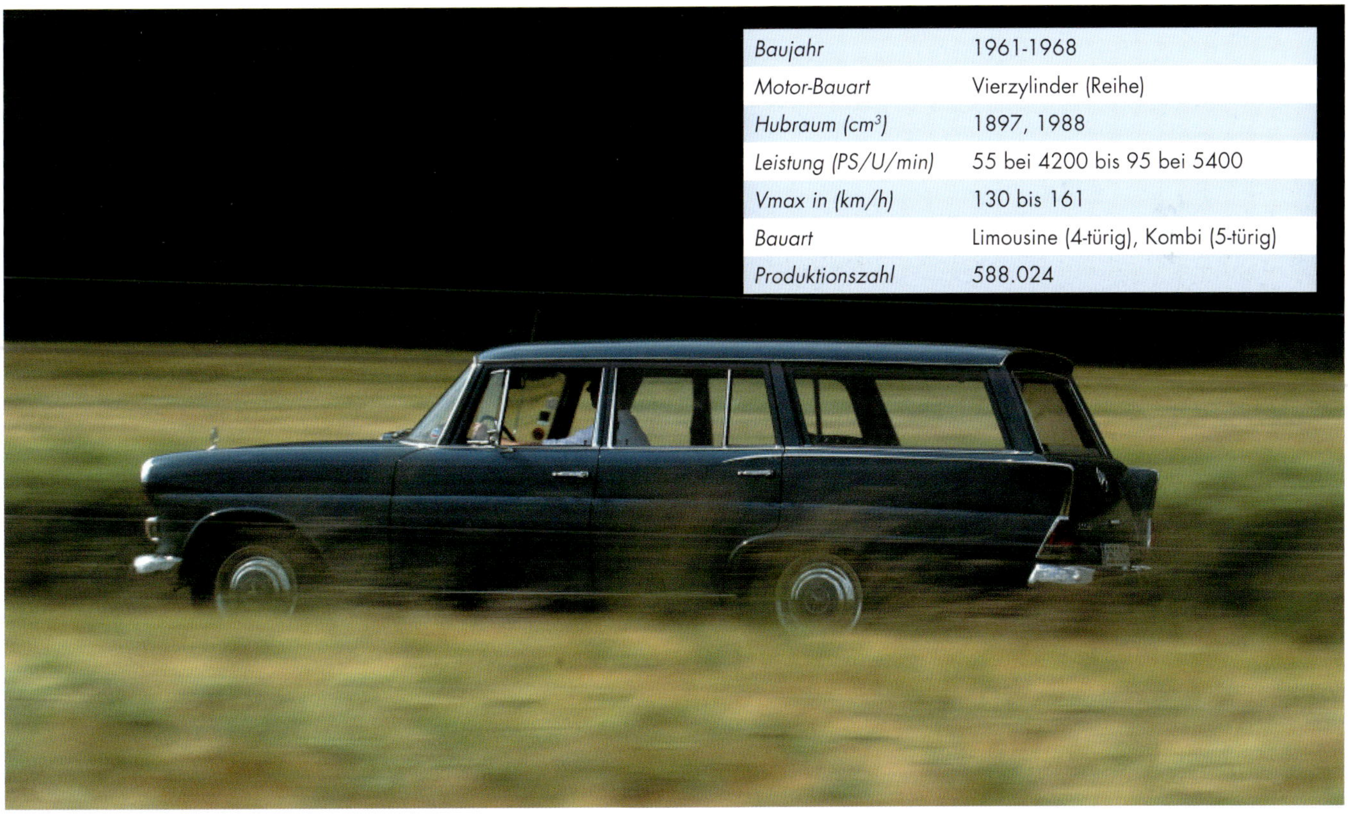

Baujahr	1961-1968
Motor-Bauart	Vierzylinder (Reihe)
Hubraum (cm³)	1897, 1988
Leistung (PS/U/min)	55 bei 4200 bis 95 bei 5400
Vmax in (km/h)	130 bis 161
Bauart	Limousine (4-türig), Kombi (5-türig)
Produktionszahl	588.024

Das Attribut „Reisewagen" konnte man den Dieselmodellen der Baureihe W 110 allerdings nicht guten Gewissens verleihen. Mit einem Leistungsgewicht von 26 kg/PS trugen der 190 D wie der 200 D zum Image des qualmenden Verkehrshindernisses auf Deutschlands immer schneller befahrenen Autobahnen bei, das sich die lahmen Selbstzünder mit dem Stern auf der Motorhaube damals einhandelten. Doch diese Zeiten sind ja mittlerweile gründlich vorbei …

Mercedes-Benz 220 b, Werkscode W 111 (220 SEb Coupé, 220 SEb Cabriolet, 250 SEb Coupé, 250 SEb Cabriolet, 280 SEb Coupé, 280 SEb Cabriolet)

Baujahr	1961-1971
Motor-Bauart	Sechszylinder (Reihe)
Hubraum (cm³)	2195, 2496, 2778
Leistung (PS/U/min)	120 bei 4800 bis 160 bei 5500
Vmax in (km/h)	165 bis 190
Bauart	Coupé, Cabriolet
Produktionszahl	220er: 16.902, 250er: 6213, 280er: 5187

Wie üblich platzierte Daimler-Benz neben seine Mercedes-Limousinen auch eine darauf basierende Coupé- und Cabriolet-Baureihe. Formal geglättet und ohne Heckflossenansätze wusste die zeitlose Linienführung des 1961 präsentierten 220 SE Coupé auf Anhieb zu begeistern. Diese Fahrzeuge waren als vollwertige Viersitzer konzipiert und erschlossen damit einen breiteren Kundenkreis als die Vorgängermodelle. Die Motorleistungen stiegen mit den Hubräumen von 120 PS aus 2,2 Litern auf bis zu 160 PS aus 2,8 Litern Hubraum.

Mercedes-Benz 300 SE, Werkscode W 112/3 (Coupé, Cabriolet)

Baujahr	1962-1967
Motor-Bauart	Sechszylinder (Reihe)
Hubraum (cm³)	2996
Leistung (PS/U/min)	160 bei 5000 bis 170 bei 5400
Vmax in (km/h)	175 bis 200
Bauart	Coupé, Cabriolet
Produktionszahl	Coupé: 2419, Cabriolet: 708

In Anlehnung an die Limousinen stellte auch bei den Coupé- bzw. Cabriolet-Modellen die 300er-Ausführung die Topversion dar. Alle technischen Besonderheiten der Viertürer fanden auch hier Verwendung. Heute sind die exquisiten 300er-Modelle, besonders in offener Form, äußerst begehrt, aber kaum noch zu finden. Das sichert ihnen ein hohes Preisniveau.

Mercedes-Benz 230 SL, 250 SL, 280 SL, Werkscode W 113

Baujahr	1963-1971
Motor-Bauart	Sechszylinder (Reihe)
Hubraum (cm³)	2306, 2496, 2778
Leistung (PS/U/min)	150 bei 5500 bis 170 bei 5750
Vmax in (km/h)	190 bis 200
Bauart	Roadster
Produktionszahl	48.902

Nach den beiden Extremen 300 SL und 190 SL bekam die Roadster-Tradition der Untertürkheimer im Jahre 1963 eine neue Akzentsetzung. Mit dem 230 SL wurde ein klares, neues Modellkonzept geschaffen. Zeitlos-sportliche Formgebung, eine ausgereifte Verdeckkonstruktion, perfekt sitzendes Hardtop und stramme Motorisierung kennzeichneten das hier vorgestellte „Pagoden"-Modell. Der Spitzname rührt übrigens von der charakteristischen Form des Hardtopdach-Mittelteils her.

Mercedes-Benz 230, Werkscode W 110 und 230 S, Werkscode W 111 IA

Baujahr	1965-1968
Motor-Bauart	Sechszylinder (Reihe)
Hubraum (cm³)	2281
Leistung (PS/U/min)	105 bei 5200 bis 120 bei 5400
Vmax in (km/h)	165 bis 175
Bauart	Limousine (4-türig), Kombi (5-türig) (230 S)
Produktionszahl	80.385

Das Spitzenmodell der kleineren Heckflossen-Baureihe namens 230 stellte das Bindeglied zur W-111-Baureihe, den großen Heckflossen-Modellen, dar und zeigte mit seinem 105-PS-starken 2,3-Liter-Sechszylinder durchaus agiles Temperament. Das gleiche Triebwerk befeuerte – auf 120 PS leistungsgesteigert – auch das größere Modell 230 S und grenzte es zur neu entstandenen Oberklassen-Limousinenbaureihe W 108 mit mindestens 2,5 Liter großem Sechszylinder ab. Beide 230er waren harmonische Reisewagen mit gutem Raumangebot und angenehmem Komfort.

Mercedes-Benz Werkscode W 108 (250 S, 250 SE, 280 S, 280 SE, 280 SEL, 300 SE, 280 SE 3.5, 280 SEL 3.5)

Baujahr	1965-1972
Motor-Bauart	Sechszylinder (Reihe), V8
Hubraum (cm³)	2496 bis 3499
Leistung (PS/U/min)	130 bei 5400 bis 200 bei 5800
Vmax in (km/h)	175 bis 210
Bauart	Limousine (4-türig)
Produktionszahl	337.903

Den Sprung in die absolute Oberklasse vollzog Daimler-Benz mit der Einführung der eigentlichen „S-Klasse". Schöner, größer und technisch runderneuert bedeuteten die W-108-Modelle einen echten Einschnitt in der Modellhistorie. Neben den erstarkten Sechszylindern verdient vor allem der neue 3,5-Liter-V8 Beachtung, der den abgemagerten 300 SEb schnell überstrahlte und mit seiner Kraft und Laufkultur im Jahre 1971 neue Maßstäbe setzte. Er machte die große Limousine deutlich über 200 Stundenkilometer schnell.

Mercedes-Benz Werkscode W 108 (280 SEL, 280 SEL 3.5, 280 SEL 4.5) und Werkscode W 109 (300 SEL, 300 SEL 3.5, 300 SEL 6.3)

Baujahr	1965-1972
Motor-Bauart	Sechszylinder (Reihe), V8
Hubraum (cm³)	2778 bis 6332
Leistung (PS/U/min)	160 bei 5500 bis 250 bei 4000
Vmax in (km/h)	185 bis 220
Bauart	Limousine (4-türig)
Produktionszahl	40.924

Die Lang-Modelle wurden 1965 mit dem 300 SEL ins Programm genommen, um den Komfortaspekt der Limousinen noch mehr zu betonen. Der um 10 Zentimeter verlängerte Radstand sowie eine bequeme Luftfederung ließen es vor allem den Fondpassagieren besonders wohl ergehen. Wer zu alledem noch atemberaubende Fahrleistungen wollte, griff zum 300 SEL 6.3, der über den V8-Motor des „600" verfügte und auf der linken Autobahnspur bei so manchen Porsche-Fahrern für alptraumhafte Erfahrungen sorgte.

Mercedes-Benz „Strich-8", Werkscode W115 (200, 220, 230.4) und Werkscode W 114 (230, 230 lang, 230.6, 230.6 lang, 250, 250 2.8, 280, 280 E)

Baujahr	1967-1976
Motor-Bauart	Vierzylinder (Reihe), Sechszylinder (Reihe)
Hubraum (cm³)	1988 bis 2746
Leistung (PS/U/min)	95 bei 4800 bis 185 bei 6000
Vmax in (km/h)	155 bis 200
Bauart	Limousine (4-türig)
Produktionszahl	ca. 1,8 Millionen

Die Strich-8-Benzinermodelle verkörperten klassische Mercedes-Werte jener Ära – unerschütterliche Qualität, Langlebigkeit und konservative Optik. Erstmals wurden aber auch leistungsbewusste Kunden angesprochen. Der 280 in Vergaserausführung und der 280 E mit Benzineinspritzung, im Jahre 1972 auf den Markt gebracht, überzeugten mit ihren 160- bzw. 185-PS-Triebwerken, die den ansonsten etwas behäbigen Mercedes-Limousinen auf die Sprünge halfen. Von außen waren die Spitzenmodelle der Baureihe kaum als solche zu erkennen, andere Stoßstangen und breitere Reifen registrierten nur die Experten auf den ersten Blick.

Mercedes-Benz „Strich-8", Werkscode W 115 (200 D, 220 D, 220 D lang, 240 D, 240 D lang, 240 D 3.0)

Baujahr	1967-1976
Motor-Bauart	Vierzylinder (Reihe), Fünfzylinder (Reihe)
Hubraum (cm³)	1988 bis 3005
Leistung (PS/U/min)	55 bei 4200 bis 80 bei 4000
Vmax in (km/h)	125 bis 148
Bauart	Limousine (4-türig)
Produktionszahl	940.276

Die 1967 auf den Markt gekommenen Diesel-Limousinen der sogenannten Strich-8-Baureihe stellten das Nonplusultra in Sachen traditioneller Haltbarkeit und Wirtschaftlichkeit dar. Während die 200er und 220er ausgesprochen träge Gesellen mit allerdings legendären Langläufer-Qualitäten waren, sorgte der 1973 präsentierte 240 D erstmals für halbwegs zeitgemäße Fahrleistungen. Übertroffen wurde er freilich von der Dreiliter-Variante mit einem angehängten fünften Zylinder und 80 PS, die 1974 nachgeschoben wurde. Sie war mit ihren Fahrleistungen auch uneingeschränkt autobahn- und langstreckentauglich.

Mercedes-Benz „Strich-8", Werkscode C 114 (250 C, 250 CE, 280 C, 280 CE)

Die Coupé-Modelle der Mercedes-Mittelklasse-Baureihe waren nur mit sechs Zylindern zu haben. Richtig attraktiv wurden sie dadurch aber auch nicht: Das formal wenig gelungene Dach wirkt unorganisch angesetzt und sorgte kaum für den angestrebten sportlichen Touch. Dafür verlangte Daimler-Benz aber einen satten Preiszuschlag für die C/CE-Modelle, ohne dass sich an der Technik gegenüber den Limousinen etwas getan hatte.

Baujahr	1968-1976
Motor-Bauart	Sechszylinder (Reihe)
Hubraum (cm³)	2496 bis 2778
Leistung (PS/U/min)	130 bei 5400 bis 185 bei 6000
Vmax in (km/h)	175 bis 200
Bauart	Coupé
Produktionszahl	67.048

Mercedes-Benz SLC, Werkscode C 107 (280 SLC, 350 SLC, 380 SLC, 450 SLC, 450 SLC 5.0, 500 SLC)

Baujahr	1971-1981
Motor-Bauart	Sechszylinder (Reihe), V8
Hubraum (cm³)	2746 bis 5025
Leistung (PS/U/min)	177 bei 6000 bis 240 bei 5000
Vmax in (km/h)	205 bis 225
Bauart	Coupé
Produktionszahl	62.888

Als es noch nicht die von den Limousinen abgeleiteten zweitürigen SEC-Modelle gab, musste sich der Freund großer Coupés mit den auf Roadster-Basis konzipierten SLC-Typen begnügen. Optisch trotz mancher Kunstgriffe nicht ganz befriedigend ausgefallen, verbanden die SLC doch Komfort und Sportlichkeit in gekonnter Manier. Besonders selten und als Klassiker gesucht: der 450 SLC 5.0 mit bärenstarkem 5-Liter-V8 und Heckspoiler, der Mercedes-Benz auch für einige Ausflüge auf Rallyepfade diente.

Mercedes-Benz SL, Werkscode R 107 (280 SL, 300 SL, 350 SL, 380 SL, 420 SL, 450 SL, 500 SL, 560 SL)

Baujahr	1971-1989
Motor-Bauart	Sechszylinder (Reihe), V8
Hubraum (cm³)	2746 bis 5547
Leistung (PS/U/min)	177 bei 6000 bis 245 bei 4750
Vmax in (km/h)	205 bis 225
Bauart	Cabriolet
Produktionszahl	249.099

Als Nachfolger der „Pagoden"-Modelle hatten die neuen Roadster großen Markterfolg, obwohl sie rein äußerlich die Leichtigkeit der Linienführung der älteren Baureihe verloren hatten. Gleichwohl waren sie technisch erheblich verfeinert und rundum modernisiert worden. Vor allem die Einführung der V8-Maschine mit zunächst 3,5, später sogar mit 5,6 Litern Hubraum (nur als Exportmodell) brachte auch neue Fahrleistungsdimensionen. Bis zum Herbst 1989 wurden die alten Roadster ständig modellgepflegt und repräsentierten noch durchaus zeitgemäßen technischen Standard – selbst nach fast 20 Jahren Bauzeit.

Mercedes-Benz S-Klasse, Werkscode W 116 (280 S, 280 SE/SEL, 350 SE, 450 SE/SEL)

Baujahr	1972-1980
Motor-Bauart	Sechszylinder (Reihe), V8
Hubraum (cm³)	2746 bis 4520
Leistung (PS/U/min)	156 bei 5500 bis 225 bei 5000
Vmax in (km/h)	185 bis 210
Bauart	Limousine (4-türig)
Produktionszahl	437.021

Die Neuauflage von Deutschlands Renommierlimousine Nr. 1 trat im Jahre 1972 ins Rampenlicht. Zahlreiche Verbesserungen vor allem im Bereich Sicherheit sowie ein völlig neues Design standen im Zentrum der Entwicklungsarbeit. Bei der Motorisierung griff man auf Bewährtes zurück, das Einstiegsmodell verfügte über den 2,8-Liter-Reihensechszylinder, Topmodell der Baureihe war (neben dem 450 SEL 6,9) der 450er mit V8-Maschine. Über ihre gesamte Produktionszeit hinweg setzte die neue S-Klasse Maßstäbe, keine andere Reiselimousine konnte sich mit diesen Fahrzeugen messen.

Mercedes-Benz Werkscode W 123 (200, 230, 230 E, 250, 280, 280 E)

Baujahr	1976-1985
Motor-Bauart	Vierzylinder (Reihe), Sechszylinder (Reihe)
Hubraum (cm³)	1988 bis 2746
Leistung (PS/U/min)	94 bei 4800 bis 185 bei 5800
Vmax in (km/h)	160 bis 200
Bauart	Limousine (4-türig)
Produktionszahl	ca. 1.100.000

Die ab Januar 1976 erhältliche Benziner-Palette der W 123-Baureihe umfasste die Typen 200, 230, 230 E, 250, 280 und 280 E. Nicht mehr taufrisch wirkten speziell die Vierzylinder-Triebwerke, die 1980/81 von einer neuen Motorengeneration, die stärker und sparsamer war, abgelöst wurden. Für viele sind die W 123-Modelle aus heutiger Sicht die letzten Mercedes-Benz Modelle, die noch deutlich fühlbar den Nimbus der Marke in sich trugen – wer in einen solchen Wagen einstieg, erkannte spätestens am unverwechselbaren Qualitätseindruck, dass es sich nur um einen Mercedes handeln konnte.

Mercedes-Benz Werkscode W 123 (200 D, 220 D, 240 D, 300 D)

Baujahr	1976-1985
Motor-Bauart	Vierzylinder-Diesel (Reihe), Fünfzylinder-Diesel (Reihe)
Hubraum (cm³)	1988 bis 3005
Leistung (PS/U/min)	55 bei 4200 bis 88 bei 4400
Vmax in (km/h)	130 bis 155
Bauart	Limousine (4-türig)
Produktionszahl	ca. 1.200.000

Verglichen mit dem heutigen Niveau im Dieselmotorenbau befand man sich vor rund 30 Jahren noch im Mittelalter. Die technischen Fortschritte waren seinerzeit noch überschaubar und so zeigten sich die Dieselversionen der W 123-Baureihe kaum weniger träge als die der Strich-8-Modelle. Bei Leistungswerten von 55 bis 88 PS stand unbedingte Langlebigkeit an oberster Stelle der Prioritätenliste. Ansonsten erfreuten die W 123-Modelle ihre Besitzer mit Mercedes-üblicher Solidität in Konstruktion und Ausführung. Bis heute haben sie sich eine große Liebhaberschar erhalten.

Mercedes-Benz Werkscode C 123, (230 C, 230 CE, 280 C, 280 CE)

Baujahr	1977-1985
Motor-Bauart	Vierzylinder (Reihe), Sechszylinder (Reihe)
Hubraum (cm³)	2299 bis 2746
Leistung (PS/U/min)	109 bei 4800 bis 185 bei 5800
Vmax in (km/h)	170 bis 200
Bauart	Coupé
Produktionszahl	84.375 (ohne Diesel)

Deutlich hübscher als die Vorgängermodelle der Strich-8-Serie gerieten die Coupés der W 123-Baureihe. Mit niedrigerer Dachlinie, feinerer Ausstattung mit Wurzelholzarmaturenbrett und voll versenkbaren Seitenscheiben sprach es erheblich mehr Käufer an und wurde zu einem echten Markterfolg. Lieferbar waren die Coupés nur mit dem modernen 2,3-Liter-Vierzylinder oder dem 2,8 Liter großen Sechszylinder. Beide Triebwerke gab es jeweils mit oder ohne Benzineinspritzung. Bis heute vermögen gut gepflegte Exemplare zahlreiche Betrachter in ihren Bann zu ziehen.

Mercedes-Benz Werkscode S 123, (200 T, 230 T, 230 TE, 250 T, 280 TE, 240 TD, 300 TD, 300 TD Turbo)

Baujahr	1978-1986
Motor-Bauart	Vierzylinder (Reihe), Sechszylinder (Reihe), Fünfzylinder-Diesel (Reihe), Fünfzylinder-Turbodiesel (Reihe)
Hubraum (cm³)	1997 bis 2998
Leistung (PS/U/min)	65 bei 4400 bis 185 bei 5800
Vmax in (km/h)	138 bis 200
Bauart	Kombi (5-türig)
Produktionszahl	199.517

Erstmals besetzte Mercedes-Benz mit den T-Modellen der W 123-Baureihe werksseitig das Marktsegment der Kombinationskraftwagen. Gerade rechtzeitig hatte man erkannt, dass der Kombi in einer Umbruchphase war – das vor allem praktische Transportmittel für Gewerbetreibende wandelte sich langsam zum schicken Lifestyle-Mobil für gut situierte Familien. Dem trugen die Stuttgarter mit einer eher komfortorientierten Ausrichtung des T-Modells Rechnung. Stars der Modellpalette waren der 280 TE mit dem bekannten 185-PS-Sechszylinder und der 300 TD Turbo. Der ließ mit seinem 125 PS starken Turbodiesel erstmals erahnen, wie die Diesel-Zukunft aussehen könnte.

Mercedes-Benz „G-Modell", Werkscode W 460 (230 G, 230 GE, 280 GE, 240 GD, 250 GD, 300 GD)

Baujahr	1979-1992
Motor-Bauart	Vierzylinder (Reihe), Sechszylinder (Reihe), Vierzylinder-Diesel (Reihe), Fünfzylinder-Diesel (Reihe)
Hubraum (cm³)	2299 bis 2998
Leistung (PS/U/min)	72 bei 4000 bis 156 bei 5250
Vmax in (km/h)	115 bis 150
Bauart	Geländewagen, Cabriolet
Produktionszahl	ca. 61.000

Dem G-Modell gelang eine bemerkenswerte Karriere. Startete er 1979 noch als echter hartgesottener Offroader mit extremer Geländegängigkeit und bescheidenem Komfort, entwickelte er sich im Lauf der Jahre zum Kultmobil der Reichen und Schönen – freilich ohne etwas von seinen Talenten einzubüßen. Für die Alltagsnutzung gab es eine bemerkenswerte Modellvielfalt: Verschiedene Radstände und Aufbauten waren mit zahlreichen Diesel- oder Benzin-Triebwerken aus dem Pkw-Programm von Mercedes-Benz kombinierbar. Bis heute macht dem G-Modell im Gelände kein Konkurrent etwas vor.

Mercedes-Benz S-KLasse, Werkscode W 126 (260 SE, 280 S/SE/SEL, 300 SE/SEL, 380 SE/SEL, 420 SE/SEL, 500 SE/SEL, 560 SE/SEL)

Baujahr	1979-1992
Motor-Bauart	Sechszylinder (Reihe), V8
Hubraum (cm³)	2746 bis 5547
Leistung (PS/U/min)	156 bei 5500 bis 299 bei 5000
Vmax in (km/h)	200 bis 250
Bauart	Limousine (4-türig)
Produktionszahl	720.517

Nachdem die Vorgängerbaureihe W 116 den Begriff S-Klasse eindrucksvoll – und bis heute gültig – definiert hatte, war es die Aufgabe der W 126-Modelle, die damit erlangte weltweite Führungsposition im Marktsegment der Oberklasse-Limousinen zu festigen und möglichst auszubauen. Eine gezielte technische Weiterentwicklung und die im Vergleich zur 116er Serie deutlich attraktivere Formgebung sorgten dafür, dass dies mühelos gelang. Auch nach heutigen Maßstäben sind die 126er S-Klasse Mercedes exzellente Automobile mit einem nach wie vor unübertroffenen Qualitätsniveau.

Mercedes-Benz SEC, Werkscode C 126 (380 SEC, 420 SEC, 500 SEC, 560 SEC)

Baujahr	1981-1991
Motor-Bauart	V8
Hubraum (cm³)	3818 bis 5547
Leistung (PS/U/min)	204 bei 5200 bis 299 bei 5000
Vmax in (km/h)	210 bis 245
Bauart	Coupé
Produktionszahl	71.204

Bereits ein Jahr nach Einführung der neuen S-Klasse reichte Mercedes-Benz als Premiere eine Coupé-Baureihe auf Basis der Top-Limousine nach. Nur mit den Achtzylinder-Triebwerken lieferbar, vereinigte sich in ihr die Solidität und Kultiviertheit der Viertürer mit der eleganten Linienführung eines viersitzigen Coupés, das zu allem Überfluss in alter Mercedes-Manier auch voll versenkbare Seitenscheiben aufwies. Gut 70.000 Exemplare dieses bis heute in jeder Beziehung begeisternden Fahrzeugs ließen sich absetzen – kein Nachfolgemodell erreichte diese Zahl auch nur annähernd.

Mercedes-Benz 190 E, Werkscode W 201

Baujahr	1982-1993
Motor-Bauart	Vierzylinder (Reihe)
Hubraum (cm³)	1997
Leistung (PS/U/min)	118 bei 5100 bis 122 bei 5100
Vmax in (km/h)	190 bis 195
Bauart	Limousine (4-türig)
Produktionszahl	638.180

In den frühen achtziger Jahren hatten die Stuttgarter ein gutes Händchen für die richtige Modellpolitik. Die Entscheidung, 1982 eine komplett neu konzipierte Einsteiger-Baureihe zu präsentieren erwies sich als goldrichtig – nicht zuletzt weil der 190er genau das richtige Fahrzeug war, um Erfolg zu haben. Er transportierte mit seinen technischen Qualitäten das, was das interessierte Publikum zu Recht von einem Mercedes-Benz erwartete, in völlig neue Käuferschichten und war gegenüber den Konkurrenzmodellen der bürgerlichen Mittelklasse ideal positioniert. Der 122 PS starke 190 E mit Benzineinspritzung war in der fast 12-jährigen Bauzeit der Modellreihe das meist verkaufte Modell.

Mercedes-Benz 190 E 2.3-16, Werkscode W 201

Baujahr	1983-1988
Motor-Bauart	Vierzylinder (Reihe)
Hubraum (cm³)	2299
Leistung (PS/U/min)	170 bei 5800 bis 185 bis 6200
Vmax in (km/h)	220 bis 230
Bauart	Limousine (4-türig)
Produktionszahl	19.487

Mit der 190er Baureihe hatte Mercedes-Benz im Zeichen des in den frühen achtziger Jahren wieder erwachenden Sportsgeistes der Marke eine ideale technische Basis. Der auf 2,3 Liter vergrößerte Vierzylinder des neuen Sportmodells bekam neben anderen Verbesserungen einen leistungsfördernden Vierventil-Zylinderkopf; einige Kunststoffanbauteile inklusive auffälligem Heckspoiler sowie eine sportive Innenausstattung rundeten das ungewöhnlich attraktive Paket ab. Der 2.3-16 mit seinen 185 PS gab der Marke – nicht zuletzt durch seine späteren Auftritte im Rahmen der boomenden Deutschen Tourenwagen-Meisterschaft (DTM) – einen enormen Imageschub, von der sie bis heute profitiert.

Mercedes-Benz E-Klasse, Werkscode C 124 (220 CE, 230 CE, 300 CE, 300 CE-24, E 200 Coupé, E 220 Coupé, E 320 Coupé)

Baujahr	1987-1996
Motor-Bauart	Vierzylinder (Reihe), Sechszylinder (Reihe)
Hubraum (cm³)	2199 bis 3199
Leistung (PS/U/min)	136 bei 5500 bis 220 bei 5500
Vmax in (km/h)	200 bis 235
Bauart	Coupé
Produktionszahl	141.498

Einer Tradition folgend, die 1968 mit den Coupés der Baureihe „/8" bzw. C 114 begonnen hatte, brachte Mercedes-Benz 1987 auch eine Coupé-Variante der seinerzeit aktuellen Mittelklasse-Baureihe W 124 auf den Markt. Die ausgesprochen harmonisch gestalteten, vier Insassen Platz bietenden Zweitürer waren zunächst nur mit dem 2,3-Liter-Vierzylinder-Einspritzmotor und dem Dreiliter-Reihensechszylinder lieferbar. Mit dem Facelift im Jahr 1993 kam eine neue Motorengeneration mit Hubräumen von 2 und 2,2 Litern als Vierzylinder bzw. 3,2 Litern als Sechszylinder zum Einsatz. Die Typenbezeichnung hatte sich im gleichen Zug geändert: Man sprach nun vom E-Klasse Coupé.

Mercedes-Benz SL, Werkscode R 129 (300 SL, 300 SL-24, 500 SL, AMG 500 SL 6.0, 600 SL; SL 280, SL 320, SL 500, SL 60 AMG, SL 600, SL 73 AMG)

Baujahr	1989-2001
Motor-Bauart	Sechszylinder (Reihe), V8, V12
Hubraum (cm³)	2799 bis 7291
Leistung (PS/U/min)	193 bei 5500 bis 525 bei 5500
Vmax in (km/h)	225 bis 280
Bauart	Roadster
Produktionszahl	204.940

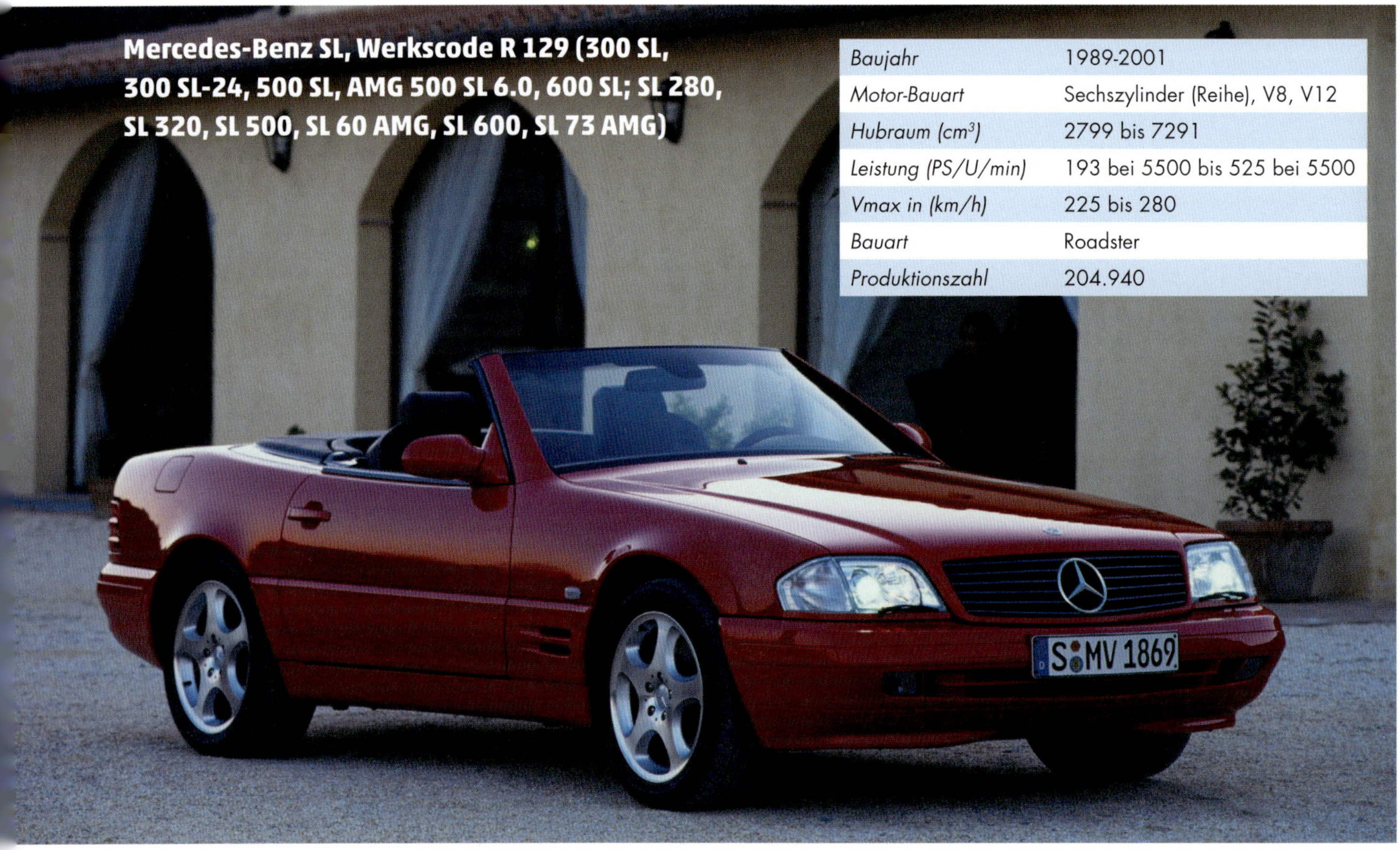

Nach dem Dauerläufer-SL R 107, der fast 20 Jahre das Bild des Mercedes-Roadsters prägte, wurde das 1989 vorgestellte Nachfolgemodell vom Typ R 129 unangefochten wieder zum Bannerträger sämtlicher offener Sportwagen. Optisch und technisch markierte er einen Quantensprung zum Vorgänger und war zu Produktionsbeginn so begehrt, dass sogar – sehr zum Missfallen von Daimler-Benz – offen mit Kaufverträgen spekuliert wurde. Natürlich legte sich diese Hysterie bald wieder, aber der SL blieb mit seiner Motorenpalette vom Sechs- bis zum Zwölfzylinder weiterhin das Referenzfahrzeug in diesem kleinen, aber zu Beginn der 90er Jahre stetig wachsenden Marktsegment.

Mercedes-Benz E-Klasse, Werkscode W 124 (500 E)

Baujahr	1991-1993
Motor-Bauart	V8
Hubraum (cm³)	4973
Leistung (PS/U/min)	320 bei 5600 und 326 bei 5700
Vmax in (km/h)	250
Bauart	Limousine (4-türig)
Produktionszahl	10.479 (inkl. E 60 AMG)

Seit ungefähr Mitte der achtziger Jahre war auch für Mercedes-Benz der Typus des sportlichen Hochleistungsautomobils nicht mehr tabu, zumal die Konkurrenz aus München und Ingolstadt ebenfalls in dieser kleinen aber feinen Marktnische unterwegs war. So beschloss man in Untertürkheim, die gutbürgerliche gehobene Mittelklasse der Baureihe W 124 mit einem extrem leistungsfähigen Spitzenmodell für eine ausgesuchte Kundschaft zu krönen. Der 500 E war mit dem zunächst 326, später 320 PS starken Fünfliter-V8 aus der S-Klasse bzw. den SL-Modellen ausgerüstet. Außer leicht ausgestellten vorderen Kotflügeln war der 500 E nicht von seinen Brüdern zu unterscheiden. Immerhin rund 10.500 Fahrzeuge des bei Porsche gefertigten Understatement-Renners ließen sich in rund drei Jahren absetzen.

Mercedes-Benz S-Klasse, Werkscode W 140 (320 SE 2.8, S 280, 300 SE, S 320, 400 SE, S 420, 500 SE, S 500, 600 SE, S 600, 300 SD Turbodiesel, S 350 Turbodiesel, S 300 Turbodiesel)

Dieses Auto sollte neue Maßstäbe setzen – und tat dies in gewisser Weise auch. 1991 als Nachfolger der vielgeliebten S-Klasse der Baureihe W 126 auf den Markt gebracht bot er einfach alles, was sich Ingenieure seinerzeit nur ausdenken konnten. Raum im Überfluss, Sicherheitstechnik der Spitzenklasse, leistungsfähige Motoren vom Sechs- bis zum Zwölfzylinder – aber auch Nichtigkeiten wie elektrisch ausfahrbare Peilstäbe an den hinteren Kotflügeln für einfacheres Einparken. Erkauft wurde dies mit hohem Fahrzeuggewicht und einer klotzigen Optik, die auch manche S-Klasse-Stammkunden mit Kopfschütteln quittierten. Nur knapp acht Jahre hielt sich der W 140 in der Modellpalette – wenig für S-Klasse-Verhältnisse.

Baujahr	1991-1998
Motor-Bauart	Sechszylinder (Reihe), V8, V12, Sechszylinder-Diesel (Reihe)
Hubraum (cm³)	2799 bis 5987
Leistung (PS/U/min)	150 bei 4000 bis 394 bei 5200
Vmax in (km/h)	185 bis 250
Bauart	Limousine (4-türig)
Produktionszahl	406.532

Mercedes-Benz SEC/ S-Klasse Coupé/CL-Klasse, Werkscode C 140 (S 420 Coupé, CL 420, 500 SEC, S 500 Coupé, CL 500, 600 SEC, S 600 Coupé, CL 600)

Baujahr	1992-1998
Motor-Bauart	V8, V12
Hubraum (cm³)	4196 bis 5987
Leistung (PS/U/min)	279 bei 5700 bis 394 bei 5200
Vmax in (km/h)	250
Bauart	Coupé
Produktionszahl	25.800

Wie schon der ein wenig aus den Fugen geratenen S-Klasse Limousine der Baureihe W 140 gelang es auch dem 1992 präsentierten, darauf basierenden Top-Coupé nicht, die Herzen der Mercedes-Freunde im Sturm zu erobern. Zwar gefiel die sportlich angehauchte Linienführung deutlich besser, aber auch das Coupé war vielen zu üppig um die Hüften und in seiner Ausstrahlung zu dominant. Natürlich standen die technischen Qualitäten des Coupés und seine Fähigkeiten völlig außer Frage, aber Mercedes-Benz erhielt von der potenziellen Kundschaft eine deutliche Quittung. Das nur mit V8- und V12-Motorisierung angebotene teuerste Fahrzeug der Modellpalette verkaufte sich insgesamt weniger als halb so oft wie sein heiß geliebter Vorgänger.

Mercedes-Benz C-Klasse, Werkscode W 202 (C 180, C 200, C 220, C 230, C 230 Kompressor, C 240, C 280, C 36 AMG, C 43 AMG, C 55 AMG, C 200 Diesel, C 200 CDI, C 220 Diesel, C 220 CDI, C 250 Diesel, C 250 Turbodiesel)

Baujahr	1993-2001
Motor-Bauart	Vierzylinder (Reihe), Vierzylinder-Kompressor (Reihe), Sechszylinder (Reihe), V6, Vierzylinder-Diesel (Reihe), Fünfzylinder-Diesel (Reihe), Fünfzylinder-Turbodiesel (Reihe)
Hubraum (cm³)	1799 bis 5439
Leistung (PS/U/min)	75 bei 4600 bis 347 bei 5500
Vmax in (km/h)	160 bis 250
Bauart	Limousine (4-türig), Kombi
Produktionszahl	1.103.766

Nachdem der Mercedes-Benz 190 im Jahr 1982 ein neues Marktsegment für den Stuttgarter Nobelhersteller höchst erfolgreich geöffnet hatte, folgte 1993 die neue kleine Mercedes-Klasse, nach veränderter Nomenklatur nun C-Klasse genannt. Ein adrettes, braves Auto, mit einer breiten Auswahl an Benzin- und Dieseltriebwerken lieferbar, das sich in seinem Konkurrenzumfeld der Mittelklasse sehr gut behauptete. Obwohl betont sportlich aufgemachte und motorisierte Versionen à la 190 E 2,3 16 nicht mehr im Programm waren, stellte die erste C-Klasse ihre motorsportliche Tauglichkeit in der Deutschen Tourenwagen-Meisterschaft (DTM) eindrucksvoll unter Beweis.

Baujahr	1998-2005
Motor-Bauart	Sechszylinder (Reihe), V6, V8, V12, Sechszylinder-Turbodiesel (Reihe), Achtzylinder-Biturboiesel (Reihe)
Hubraum (cm³)	3199 bis 6258
Leistung (PS/U/min)	197 bei 4200 bis 500 bei 5500
Vmax in (km/h)	230 bis 250
Bauart	Limousine (4-türig)
Produktionszahl	k.A.

Mercedes-Benz S-Klasse, Werkscode W 220 (S 320, S 350 (4Matic), S 430 (4Matic), S 500 (4Matic), S 55 AMG, S 600 L, S 63 AMG L, S 65 AMG L, S 320 CDI, S 400 CDI)

Nach den sehr gemischten Erfahrungen mit der W 140 Baureihe beschritt Mercedes-Benz mit der 1998 präsentierten nächsten S-Klasse-Generation vom Typ W 220 neue Wege. In einer Art Gegenreaktion auf die allzu massige Vorgängerbaureihe zeigte sich das neue Modell sportlich-schlank. Vom „Panzer" W 140 war keine Rede mehr, vielmehr positionierte sich der W 220 eher in der Nähe des 7er BMW. An den technischen Qualitäten auch dieser S-Klasse gab es ohnehin nichts zu mäkeln. So war die Publikumsreaktion äußerst positiv und katapultierte den Wagen wieder an die gewohnte Spitzenposition seines Segments.

Mercedes-Benz CLK-Cabrio, Werkscode W 208 (200, 200 K, 230 K, 320, 430)

Baujahr	1998-2002
Motor-Bauart	Vierzylinder (Reihe), Vierzylinder-Kompressor (Reihe), V6, V8
Hubraum (cm³)	1998 bis 4266
Leistung (PS/U/min)	136 bei 5500 bis 279 bei 5750
Vmax in (km/h)	205 bis 240
Bauart	Cabrio
Produktionszahl	k.A.

Schon mit den /8-Coupés der frühen 70er Jahre startete Mercedes-Benz die gute Sitte, den jeweiligen Limousinen der gehobenen Mittelklasse viersitzige Coupés zur Seite zu stellen. Sie alle schufen sich treue Freunde. Seit der Baureihe W 124 ergänzten dann komfortable viersitzige Cabriolets auf Coupé-Basis das Angebot. Mit der Einführung der auf der C-Klasse basierenden CLK-Coupé-Baureihe im Jahr 1997 wurde diese Tradition fortgesetzt. Ein Jahr später erschien das CLK Cabrio. Es war kompakter als sein Vorgänger und bot den hinten Sitzenden deutlich weniger Raum. Eine breite Auswahl an Vier-, Sechs- und einem Achtzylindermotor sowie die überzeugende Verdeckkonstruktion sorgten dennoch für gute Verkaufserfolge.

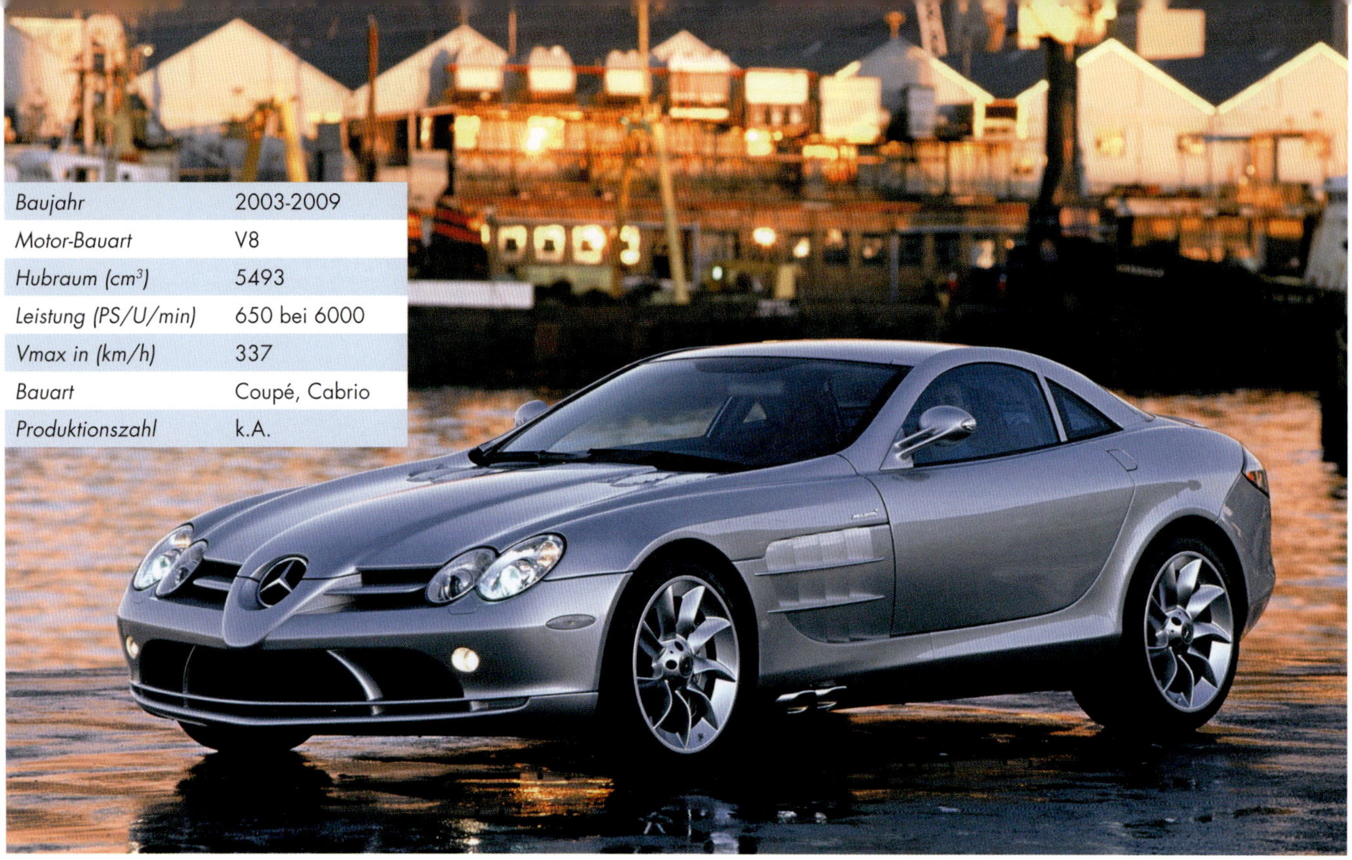

Baujahr	2003-2009
Motor-Bauart	V8
Hubraum (cm³)	5493
Leistung (PS/U/min)	650 bei 6000
Vmax in (km/h)	337
Bauart	Coupé, Cabrio
Produktionszahl	k.A.

Mercedes-Benz SLR McLaren, Werkscode C 199

Zu Beginn des neuen Jahrtausends identifizierten die Verkaufsstrategen besonders prestigebewusster Automobilhersteller offenbar eine unbedingt zu besetzende Nische am obersten Ende des Marktes – da, wo Autos jenseits profaner Ferrari und Lamborghini richtig teuer sind. Natürlich durfte hier auch Mercedes-Benz nicht fehlen und so brachte man 2004 den SLR auf den Markt, der bei McLaren in England hergestellt wurde. Für runde 450.000 Euro bekam der Kunde ein Sportwagenmonster mit 650 PS, die ein Kompressor geladener 5,5-Liter-V8 bereit stellte. Die Spezifikation des Wagens war selbstredend vom Allerfeinsten, aber dennoch – es gelang ihm nicht, die Phantasie der Automobilbegeisterten auch nur annähernd so zu beflügeln wie der 300 SL 50 Jahre zuvor.

Mercedes-Benz SLK, Werkscode R 170 (SLK 200, SLK 230 Kompressor, SLK 320, SLK 32 AMG)

Baujahr	1996-2004
Motor-Bauart	Vierzylinder (Reihe), Vierzylinder-Kompressor (Reihe), V6
Hubraum (cm³)	1998 bis 3199
Leistung (PS/U/min)	136 bei 5500 bis 354 bei 6100
Vmax in (km/h)	203 bis 250
Bauart	Roadster
Produktionszahl	311.222

1996 begeisterte Mercedes-Benz die Automobilwelt mit einem ganz neuen Sportwagenkonzept. Das seinerzeit boomende Segment der Mittelklasse-Cabriolets wurde durch eine ganz neue Spielart des offenen Autos durcheinander gewirbelt. Der neue SLK besaß als Top-Innovation ein elektrisch versenkbares Blech-Hardtop. Er kombinierte damit die Vorteile von Cabrio und Coupé – allerdings auf Kosten des auf ein Minimum reduzierten Kofferraumvolumens bei herunter geklapptem Dach. Dennoch wurde der zunächst ausschließlich mit Vierzylinder-Triebwerken lieferbare SLK ein Riesenerfolg. Mittlerweile hat eine Vielzahl von Herstellern ein Fahrzeug mit elektrischem Blech-Klappdach im Programm – dem SLK sei Dank!

Mercedes-Benz A-Klasse, Werkscode W 168 (A 140, A 160, A 190, A 210 Evolution, A 32K AMG, A 38 AMG, A160 CDI, A 170 CDI)

Baujahr	1997-2004
Motor-Bauart	Vierzylinder (Reihe), V6-Kompressor, V8, Vierzylinder-Diesel (Reihe)
Hubraum (cm³)	1397 bis 2084
Leistung (PS/U/min)	60 bei 3600 bis 354 bei 6100
Vmax in (km/h)	160 bis 230
Bauart	Limousine (5-türig)
Produktionszahl	k.A.

Einem Paukenschlag gleich kam die Präsentation des ersten Mercedes-Benz für die Kompaktklasse. Mit einem radikalen technischen Konzept und erstmals Frontantrieb trat die A-Klasse 1997 an, die Welt der Golfs, Astras und sämtlicher ähnlicher Fahrzeuge auf den Kopf zu stellen. Hoher Nutzwert bei knappen Außenmaßen hieß die Parole, die auch tatsächlich eingelöst wurde. Weniger überzeugend gerieten dagegen zunächst die Fahreigenschaften – man erinnere sich an den unseligen „Elchtest", den die A-Klasse nicht bestand und umkippte. Ein riesiger Imageschaden für Mercedes-Benz. Dennoch etablierte sich die Baureihe auf dem Markt, wenn auch in geringeren Stückzahlen als ursprünglich erwartet – was wohl auch am hohen Preis lag.

Mercedes-Benz CLS, Werkscode C 219 (CLS 280, CLS 300, CLS 350, CLS 350 CGI, CLS 500, CLS 55 AMG, CLS 63 AMG, CSL 320 CDI, CLS 350 CDI)

Baujahr	2004 bis 2010
Motor-Bauart	V6, V6-Kompressor, V8, V6-Diesel
Hubraum (cm³)	2987 bis 6208
Leistung (PS/U/min)	224 bei 3800 bis 514 bei 6800
Vmax in (km/h)	246 bis 250
Bauart	Limousine (4-türig)
Produktionszahl	ca. 170.000

Auf der Suche nach selbst der kleinsten Marktlücke wurde Mercedes-Benz bei der extrem seltenen Spezies der sogenannten „viertürigen Coupés" fündig. Mit einer geduckten und aggressiven Optik, gebogener Gürtellinie und durch den flachenDachaufbau kleinen Fensterflächen betrat 2004 der CLS die Automobilbühne. Ungewohnt modische Akzente der Linienführung sorgten für Aufsehen und polarisierten zugleich das Publikum: Entweder man liebt den CLS oder man findet dessen Optik für einen Mercedes zu aufdringlich. Praxisbezogene Aspekte wie Raumangebot und Bequemlichkeit spielten beim Konzept des CLS, der übrigens auf der Chassisplattform der E-Klasse basiert, nur eine untergeordnete Rolle. Nach rund 170.000 Stück war Mitte 2010 Schluss mit CLS der ersten Generation, den es auch als AMG-Variante mit bis zu 514 PS gab. Der Nachfolger kam 2011 als C 218 auf den Markt.

Mercedes-Benz C-KLasse Sportcoupé/CLC, Werkscode CL 203 (160 BlueEFFICIENCY, 180 Kompressor, 200 Kompressor, 230, 250, 350, 200 CDI, 220 CDI)

Baujahr	2000-2011
Motor-Bauart	Vierzylinder (Reihe), Vierzylinder-Kompressor (Reihe), V6, Vierzylinder-Diesel (Reihe)
Hubraum (cm³)	1597 bis 3498
Leistung (PS/U/min)	122 bei 4200 bis 272 bei 6000
Vmax in (km/h)	205 bis 250
Bauart	Coupé
Produktionszahl	ca. 370.000

2008 war das C-Klasse Sportcoupé Geschichte, die moderne Zeit forderte anscheinend eine neue Bezeichnung – und die lautete CLC. Wurde das Auto bis 2011 noch auf Basis des CL 203 gebaut, war es ab 2011 der C 204, also das Coupé neuen C-Klasse. Die Front der Karosserie wurde an das Erscheinungsbild der C-Klasse der Baureihe 204 angepasst, das Heck umgestaltet und der Innenraum geringfügig verändert. Die Grundform der Karosserie und das Cockpit blieben unangetastet. Im Innenraum gab es einige neue Details wie die stärker konturierten Sportsitze, großzugige Verwendung von Zierteilen aus gebürstetem Aluminium, ein neues Sportlenkrad sowie eine neue Generation von Infotainment-Systemen. Zur Ruhe kam der CLC allerdings nie: 2009 wurde aus dem CLC 230 der CLC 250, ab Anfang 2010 die Dieselvarianten nicht mehr angeboten. 2011 war schon wieder Schluss.

Mercedes-Benz SL, Werkscode R 230 (280, 300, 350, 500, 600)

Baujahr	2001-2011
Motor-Bauart	V6, V8, V12-Biturbo
Hubraum (cm³)	2996 bis 5513
Leistung (PS/U/min)	231 bei 6000 bis 517 bei 5000
Vmax in (km/h)	250
Bauart	Roadster
Produktionszahl	169.434

Dem aktuellen Trend folgend präsentierte Mercedes-Benz 2006 den Nachfolger des so beliebten SL der Serie R 129 mit einem faltbaren Hardtop. Mercedes-Benz selbst hatte diese innovative Technologie seinerzeit beim SLK weltweit mit großem Erfolg eingeführt. Auch in seiner sonstigen Gestaltung wirkte der neue SL deutlich modischer und stärker auf Effekte bedacht als das in der Mercedes-Tradition bislang üblich war. In technischer Hinsicht war er – wie gewohnt – die klare Nummer 1. Kräftige Motoren, vom Sechszylinder-Basismodell bis hin zum V12 mit 512 oder in AMG-Version gar mit 612 PS, ein ausgezeichnetes Fahrwerk und modernste Sicherheitsfeatures zeichnen ihn aus.

Mercedes-Benz B-Klasse, Werkscode T 245 (150, 160, 160 BlueEFFICIENCY, 170, 170 NGT, 180, 180 BlueEFFICIENCY, 180 NGT BlueEFFICIENCY, 200, 200 Turbo, 180 CDI, 200 CDI)

Baujahr	2005-2011
Motor-Bauart	Vierzylinder (Reihe), Vierzylinder-Turbodiesel (Reihe)
Hubraum (cm³)	1498 bis 2034
Leistung (PS/U/min)	95 bei 5200 bis 193 bei 5000
Vmax in (km/h)	168 bis 225
Bauart	Limousine (5-türig)
Produktionszahl	ca. 700.000

Mit der 2005 auf den Markt gebrachten B-Klasse bekannte sich Mercedes-Benz zum technischen Konzept der A-Klasse und duplizierte es nun eine, oder besser gesagt: eine halbe Fahrzeugklasse höher. Vor allem bot die B-Klasse mehr Platz, aber auch mehr Eleganz und Prestige. Das Motorenangebot reicht bei den Dieselaggregaten vom 1,5- bis zum 2-Liter mit strammen 193 PS, als Diesel wird ein Zweiliter-Triebwerk in zwei Versionen mit 109 bzw. 140 PS eingesetzt. Der Markterfolg der B-Klasse ist – abermals wegen der im Konkurrenzumfeld hohen Preise – begrenzt, und auch zur angestrebten Verjüngung der Mercedes-Kundenklientel kann er nicht substanziell beitragen. Immerhin wurden rund 700.000 dieses oft als „Rentnerauto" titulierten Kompaktvans verkauft. Der Nachfolger kam als W 246.

Mercedes-Benz R-Klasse, Werkscode W 251 (280, 300, 350, 350 4MATIC, 350 4MATIC BlueEFFICIENCY, 500 4MATIC, 63 AMG 4MATIC, 280 CDI 4MATIC Kurz, 280 CDI, 300 4MATIC Kurz, 300 CDI BlueEFFICIENCY, 320 CDI, 320 CDI 4MATIC, 350 CDI 4MATIC, 350 BlueTEC 4MATIC)

Manche Modellentscheidungen der Produktplaner und Marketingstrategen von Mercedes-Benz waren in den vergangenen Jahren nicht recht nachvollziehbar – so auch die zur Einführung der R-Klasse, eines gewaltigen Multifunktions-Automobils der Oberklasse. Die dürftigen Verkaufserfolge zeigten, dass diese fünftürige Großraum-Limousine die Antwort auf eine Frage darstellt, die (fast) niemand gestellt hat. Motorisierung und Ausstattungslevel liegen auf S-Klasse-Niveau, Raumangebot und Image der R-Klasse bewegen sich dagegen mehr in Richtung Familien-Van. Für den Großteil der S-Klasse-Fahrer ist die R-Klasse trotz – oder vielleicht gerade wegen – ihrer vielfältigen Talente keine wirkliche Alternative.

Baujahr	2005-2017
Motor-Bauart	V6, V8, V6-Turbodiesel
Hubraum (cm³)	2987 bis 6208
Leistung (PS/U/min)	190 bei 4000 bis 510 bis 6800
Vmax in (km/h)	210 bis 275
Bauart	Limousine (5-türig)
Produktionszahl	ca. 200.000

Mercedes-Benz CLK-Klasse, Werkscode C 209/A 209 (200 K, 200 CGI, 240, 280, 320, 350, 500, 220 CDI, 270 CDI, 320 CDI)

Baujahr	2002-2010
Motor-Bauart	Vierzylinder-Kompressor (Reihe), V6, V8, Vierzylinder-Turbodiesel (Reihe), Fünfzylinder-Turbodiesel (Reihe), V6-Turbodiesel
Hubraum (cm³)	1796 bis 5461
Leistung (PS/U/min)	150 bei 4200 bis 388 bei 6000
Vmax in (km/h)	221 bis 250
Bauart	Coupé, Cabriolet
Produktionszahl	ca. 360.000

Viel Licht, wenig Schatten – mit diesem Konzept überzeugten die Stuttgarter Limousinenbauer ihre Kundschaft, was die Baureihe C 209 (CLK Coupé, gebaut im Werk Bremen) und A 209 (CLK Cabriolet, gebaut bei Karmann) betraf. Die sportlichen Ableger der C-Klasse boten abseits von AMG von 150 bis 388 PS an. Schon der Einstiegs-CLK überzeugte, auch wenn er eine kleine Schummelpackung war. Denn der 200 K besaß keinen Zweiliter-Motor, sondern nur einen 1,8-Liter-Vierzylinder mit zunächst 150, später 184 PS. Aber dank Kompressor fühlte sich das Auto agiler an als die Sechszylinder-Brüder. Die Fahrwerke aller Modelle wurden hochgelobt, ebenso nun auch wieder die Verarbeitung und die verwendeten Materialien. Der A 209 besaß ein vollautomatisches, mehrlagiges Stoffverdeck und 390 Liter Kofferraumvolumen – zu seiner Zeit Bestwert bei den viersitzigen Cabrios. Insgesamt rund 360.000 Exemplare des CLK wurden gebaut.

Mercedes-Benz E-Klasse, Werkscode W 211 (200 NGT, 200 Kompressor, 200 Kompressor T, 230, 230 T, 240, 240 4MATIC, 280, 280 T, 280 4MATIC, 280 T 4MATIC, 320, 320 4MATIC, 350, 350 T, 350 4MATIC, 350 T 4MATIC, 350 CGI, 500, 500 T, 500 4MATIC, 500 T 4MATIC, 200 CDI, 200 CDI T, 220 CDI, 220 CDI T, 270 CDI, 280 CDI, 280 CDI T, 280 CDI 4MATIC, 280 T 4MATIC, 300 Bluetec, 320 CDI, 320 CDI T, 320 CDI 4MATIC, 320 CDI T 4MATIC, 400 CDI, 420 CDI)

Baujahr	2002-2009
Motor-Bauart	Vierzylinder-Kompressor (Reihe), V6, Vierzylinder-Turbodiesel (Reihe), V6-Turbodiesel, V8-Turbodiesel
Hubraum (cm³)	1796 bis 4966
Leistung (PS/U/min)	122 bei 4200 bis 388 bei 6000
Vmax in (km/h)	203 bis 250
Bauart	Limousine, Kombi
Produktionszahl	ca. 1.750.000

Die neue E-Klasse ist eine Herausforderung für Daimler-Benz – schließlich gilt es, einen satten Marktanteil in der oberen Mittelklasse zu verteidigen. In Westeuropa und im Fernen Osten liegt er bei 20 Prozent in diesem Segment, ähnlich in den USA, in Deutschland sogar bei 40 Prozent. Abgesehen von den AMG-Varianten sind wie bei den anderen Baureihen drei Ausstattungslinien zu haben – Classic, Elegance und Avantgarde. Noch beeindruckender aber ist die Motorenvielfalt: Der Kunde kann zwischen sieben Varianten wählen.

Mercedes-Benz S-Klasse, Werkscode W 221 (300, 350, 350 BlueEFFICIENCY, 400 Hybrid, 450, 500, 500 BlueEFFICIENCY, 600, 250 CDI BlueEFFICIENCY, 320 CDI, 320 CDI BlueEFFICIENCY, 350 CDI BlueEFFICIENCY, 350 BlueTEC, 420 CDI, 450 CDI)

Baujahr	2005-2013
Motor-Bauart	V6, V6 + E-Motor, V8, V8-Biturbo, V12-Biturbo, Vierzylinder-Biturbodiesel (Reihe), V6-Tubodiesel, V8-Biturbodiesel
Hubraum (cm³)	2143 bis 5513
Leistung (PS/U/min)	204 bei 4200 bis 517 bei 5000
Vmax in (km/h)	240 bis 250
Bauart	Limousine
Produktionszahl	537.519

Nachdem der W-140-Nachfolger W 220 wesentlich filigraner ausgefallen ist, wächst die neue S-Klasse mit dem Kürzel W 221 – es ist schon die neunte Generation – nun wieder. Die Langversionen heißen V 221, als gepanzerte „Guard" sind S 600 L und S 450 CDI zu haben. 2008 wird ein gepanzerter Pullmann vorgestellt mit einer Gesamtlänge von 6,36 Metern. In Sachen Motor bleiben keine Wünsche offen: Abgesehen von den AMG-Versionen sind acht Benzin- und sieben Dieselvarianten zu haben. Der S 400 Hybrid ist weltweit das erste kombinierte Verbrenner- und E-Motorauto mit Lithium-Ionen-Akku. Eine Modellpflege folgt 2009, sie bringt unter anderem eine neue Notbremsfunktion und einen Aufmerksamkeits-Assistenten.

Mercedes-Benz CL-Klasse, Werkscode C 216 (500, 500 (4MATIC), 600)

Baujahr	2006-2013
Motor-Bauart	V8, V8-Biturbo, V12-Biturbo
Hubraum (cm³)	4663 bis 5513
Leistung (PS/U/min)	388 bei 6000 bis 517 bei 5000
Vmax in (km/h)	250
Bauart	Coupé
Produktionszahl	32.258

Auch in der neuen S-Klasse bietet Mercedes traditionell ein Coupé an – den CL. Die Motorenauswahl ist allerdings wesentlich kleiner als bei der Limousine: Außer den AMG-Versionen gibt es den CL nur mit 388 PS starkem V8 (2010 ersetzt durch den 4663 ccm großen direkteinspritzenden V8-Biturbo) und als CL 600 mit Biturbo-V12. Fast 40 Prozent aller Wagen gehen nach Nordamerika, der CL 500 ist auf Wunsch auch mit Allradantrieb zu haben. 32.258 Stück werden verkauft, der Preis beginnt 2006 bei 106.000 Euro, 2010 muss man schon mindestens 120.000 Euro für das schöne große Coupé berappen.

Mercedes-Benz C-Klasse, Werkscode W 204 (180, 180 Kompressor, 180 Kompressor BlueEFFICIENCY, 180 BlueEFFICIENCY, 200, 200 Kompressor, 230, 250, 280 (4MATIC), 300 (4MATIC), 350 (4MATIC), 350 CGI BlueEFFICIENCY, 180 CDI, 200 CDI, 200 CDI BlueEFFICIENCY, 220 CDI, 220 CDI (4MATIC), 250 CDI (4MATIC), 250 CDI Sport, 300 CDI (4MATIC), 320 CDI (4MATIC), 350 CDI, 350 CDI (4MATIC), 350 CDI (4MATIC) BlueEFFICIENCY)

Baujahr	2007-2015
Motor-Bauart	Vierzylinder-Kompressor (Reihe), Vierzylinder-Turbo (Reihe), V6, Vierzylinder-Turbodiesel (Reihe), Vierzylinder-Biturbodiesel (Reihe), V6-Turbodiesel
Hubraum (cm³)	1595 bis 3498
Leistung (PS/U/min)	120 bei 4600 bis 306 bei 6500
Vmax in (km/h)	200 bis 250
Bauart	Limousine, Kombi
Produktionszahl	ca. 1.200.000

Die neue C-Klasse kommt 2007 – der kleinste Mercedes mit Hinterradantrieb, dem Ende des Jahres 2007 bereits die Kombiversion folgt. Die Möglichkeiten der Motorisierungen sind für die Kunden wieder riesengroß, auch AMG-Versionen sind zu haben. Die technischen Innovationen halten sich im Rahmen, allerdings wächst das Auto im Vergleich zu seinem Vorgänger. Das gilt auch für den Kombi, der zwischen 485 und 1500 Liter Kofferraumvolumen anbietet. Wie üblich folgt bald eine Modellpflege, bei der C-Klasse ist es 2011 soweit. Dabei wird das Cockpit nah am CLS designt, der Zusatz CGI für direkteinspritzende Motoren entfällt. Viele Assistenzsysteme aus der E-Klasse ziehen jetzt auch in die kleinere Modellreihe ein. Angeblich absolviert die neue C-Klasse mit 24 Millionen Testkilometern die längste Strecke, die ein neues Mercedes-Modell bislang bestehen musste.

Mercedes-Benz GLK, Werkscode X 204 (200, 250, 250 4MATIC, 280 4MATIC, 300 4MATIC, 350 4MATIC, 200 CDI, 220 CDI, 220 CDI 4MATIC, 220 BlueTEC 4MATIC, 250 CDI 4MATIC BlueEFFICIENCY, 250 BlueTEC 4MATIC, 320 CDI 4MATIC, 350 CDI 4MATIC)

Baujahr	2008-2015
Motor-Bauart	Vierzylinder-Turbo (Reihe), V6, Vierzylinder-Turbodiesel (Reihe), Vierzylinder-Biturbodiesel (Reihe), V6-Tubodiesel
Hubraum (cm³)	1991 bis 3498
Leistung (PS/U/min)	143 bei 4600 bis 306 bei 6500
Vmax in (km/h)	190 bis 238
Bauart	SUV
Produktionszahl	540.089

Der „Geländewagen Luxus Kompaktklasse" ist ein weiteres SUV von Mercedes – der GLK steht auf Basis der C-Klasse. Einstiegsmodell ist zunächst der GLK 280 4Matic, also die allradgetriebene Version mit Dreiliter-V6 und 231 PS. 2009 folgt mit dem GLK 220 CDI der erste GLK, der nur Hinterradantrieb besitzt – dann kommen noch die kleinen Versionen GLK 200 und GLK 250. Vom GLK ist ausnahmsweise mal keine AMG-Variante zu haben, aber 306 PS im GLK 350 4Matic, erzeugt von einem 3,5-Liter-V6 mit Direkteinspritzung, sind auch nicht zu verachten. Der Einstiegspreis beträgt zunächst gut 40.000 Euro, später werden kleinere Motorvarianten eingeführt, womit er auf rund 35.000 Euro sinkt. Etwas mehr als 540.000 Exemplare werden gefertigt – zunächst in Bremen, später auch in China.

Baujahr	2011-2020
Motor-Bauart	Vierzylinder-Turbo (Reihe), V6, Vierzylinder-Biturbodiesel (Reihe)
Hubraum (cm³)	1595 bis 3498
Leistung (PS/U/min)	156 bei 5300 bis 306 bei 6500
Vmax in (km/h)	226 bis 250
Bauart	Roadster
Produktionszahl	k.A.

Mercedes-Benz SLK/SLC, Werkscode R 172 (180, 200, 250, 300, 350, 250 CDI, 250 d)

Die dritte Generation des kleinen Roadsters heißt nur noch fünf Jahre lang SLK – dann ändert Mercedes die Bezeichnung in SLC um. Erstmals ist hier eine Innovation aus dem Maybach in einer Großserie von Mercedes zu haben: Das schaltbare Glasdach „Magic Sky Control" lässt sich auf Knopfdruck abdunkeln oder aufhellen. So kommt zum Beispiel weniger Wärme in den Innenraum bei Sonneneinstrahlung. Ebenfalls neu ist der „Airguide", eine neue Art des Windschotts. Aus dem SLK 250 CDI, dem einzigen Roadster mit Dieselmotor, wird 2015 der SLC 250 d. Im Jahr 2017 wird die Version mit Selbstzünder eingestellt.

Mercedes-Benz A-Klasse, Werkscode W 176 (160, 180, 180 BlueEFFICIENCY, 200, 220 4MATIC, 250, 250 Sport, 250 4MATIC, 250 4MATIC Sport, 160 CDI, 160 d, 180 d BlueEFFICIENCY, 180 CDI, 200 CDI, 200 d, 200 d 4MATIC, 220 CDI, 220 CDI 4MATIC, 220 d, 220 d 4MATIC)

Baujahr	2012-2018
Motor-Bauart	Vierzylinder-Turbo (Reihe), Vierzylinder-Turbodiesel (Reihe)
Hubraum (cm³)	1461 bis 2143
Leistung (PS/U/min)	90 bei 4000 bis 218 bei 5500
Vmax in (km/h)	180 bis 240
Bauart	Limousine
Produktionszahl	k.A.

Die dritte Generation der A-Klasse wird dank wesentlich dynamischeren Designs auch für jüngere Käufer wieder attraktiv. Das Styling ist möglich, weil Mercedes diesmal auf den Sandwichboden verzichtet und die Limousine auf der modularen Frontantriebsarchitektur aufbaut. Somit ist die Minivan-Auslegung passend, die neue A-Klasse kommt als fünftürige Steilhecklimousine. Sie ist um volle 18 Zentimeter flacher als der Vorgänger. 2015 steht eine Modellpflege an, in deren Zuge die Bezeichnung CDI einem einfachen d zum Opfer fällt und die Xenon-Scheinwerfer gegen LED-Technik ausgetauscht werden.

Baujahr	2013-2018
Motor-Bauart	Vierzylinder-Turbo (Reihe), Vierzylinder-Turbodiesel (Reihe)
Hubraum (cm³)	1461 bis 2143
Leistung (PS/U/min)	109 bei 4000 bis 218 bei 5500
Vmax in (km/h)	190 bis 250
Bauart	Limousine, Kombi
Produktionszahl	k.A.

Mercedes-Benz CLA, Werkscode C 117 (180 BlueEFFICIENCY, 180, 200, 220 4MATIC, 250, 250 Sport, 250 4MATIC, 250 Sport 4MATIC, 180 CDI, 200 CDI, 200 CDI 4MATIC, 220 CDI, 220 CDI 4MATIC)

Der Mercedes CLA kam als kleiner Bruder auf die Welt, und zwar als der des CLS. Er wurde 2013 europaweit eingeführt, Designchef Gordon Wagoner beschrieb ihn als „Stil-Rebell mit sehniger fließender Flächenmodellierung und skulpturalen Oberflächen." Mercedes bezeichnete die viertürige Limousine natürlich als viertüriges Coupé. Wie dem auch sei: Mit einem cW-Wert von 0,22 stellte die Variante CLA 180 Blue Efficiency Edition einen weltweit gültigen Rekord für das windschlüpfrigste Serienauto auf. Rahmenlose Seitenscheiben waren ein weiteres Alleinstellungsmerkmal. Allerdings kam der CLA mit Frontantrieb, somit waren aus Platzgründen nur Vierzylinder-Motoren im Bug möglich. 2015 folgte ein Kombi (Werkscode X 117), „Shooting Brake" genannt und wegen seines sehr steilen Hecks eher die Lifestyle- als die Transport-Variante eines Kombis. 2016 gab es eine Modellpflege, die aber fast nur von Fans erkannt wurde. Der CLA hatte schon in der Basisversion unter anderem ASR, ABS, BAS, ESP und ein Sechsgang-Schaltgetriebe mit Start-Stopp-Funktion.

Mercedes-Benz GLA, Werkscode X 156 (180, 200, 220 4MATIC, 250, 250 4MATIC, 180 d, 200 d, 200 d 4MATIC, 220 d, 220 d 4MATIC)

2013 fühlt sich auch Mercedes genötigt, sein SUV-Programm nach unten abzurunden und kreiert den GLA. Die A-Klasse bildet die technische Basis, deshalb ist der GLA das vierte Modell, das auf der modularen Frontantriebsarchitektur MFA steht. 2017 spendiert Mercedes-Benz eine Modellpflege, seitdem werden auch hier die Diesel nicht mehr CDI genannt, sondern nur noch schlicht. Ende 2019 wird der Nachfolger mit dem Werkscode „H 247" vorgestellt, der dann ab dem 2. Quartal 2020 in Produktion geht.

Baujahr	2013-2019
Motor-Bauart	Vierzylinder-Turbo (Reihe), Vierzylinder-Turbodiesel (Reihe)
Hubraum (cm³)	1461 bis 2143
Leistung (PS/U/min)	109 bei 4000 bis 211 bei 5500
Vmax in (km/h)	190 bis 235
Bauart	SUV
Produktionszahl	k.A.

Mercedes-Benz GLC Coupé, Werkscode C 253 (200 4MATIC, 250 4MATIC, 300 4MATIC, 300 e 4MATIC, 350 e 4MATIC, 200 d 4MATIC, 220 d 4MATIC, 250 d 4MATIC, 300 d 4MATIC, 300 de 4MATIC, 350 d 4MATIC, 400 d 4MATIC)

Auf der Shanghai Auto Show 2015 ist das Coupé noch eine Studie, die Serienversion erfreut sich nach der Präsentation 2016 in New York am Benzin der Welt. Gebaut wird der GLC gemeinsam mit der C-Klasse samt T-Modell in Bremen. Abgesehen von den AMG-Modellen ist hier tatsächlich fast eine Dieselvariante die stärkste Wahl, nämlich der GLC 350 d mit V6-Turbodiesel und 258 PS. Er wird nur übertroffen vom Hybrid-Modell, dem GLC 350 e mit Siebenganggetriebe. Dessen Verbrenner leistet zwar nur 211 PS, dafür bringt sein E-Motor 116 weitere Pferdestärken, was eine Systemleistung von zusammen 320 PS bedeutet. 34 Kilometer rein elektrisch soll man fahren können. 2018 gibt es eine Modellpflege. Und den GLC, aber nicht das Coupé, als Superhybriden: Der GLC F-Cell ist ein Brennstoffzellenfahrzeug mit aufladbarem Akku – einzigartig auf dem Markt. Der E-Motor leistet 211 PS und 365 Nm, das Auto führt maximal 4,4 Kilogramm Wasserstoff mit sich. Das soll reichen für 430 Brennstoffzellen-Kilometer und 51 Kilometer aus dem Akku – allerdings zeigen die Anzeigen von allen F-Cell als Reichweite erstmal nur um die 270 Kilometer an. Ende Oktober 2019 bekommen die ersten Kunden ihre Fahrzeuge – für eine Leasingrate von 799 Euro monatlich. Deren größtes Problem wird sein, eine der weniger als 70 in Deutschland befindlichen Wasserstofftankstellen zu erreichen.

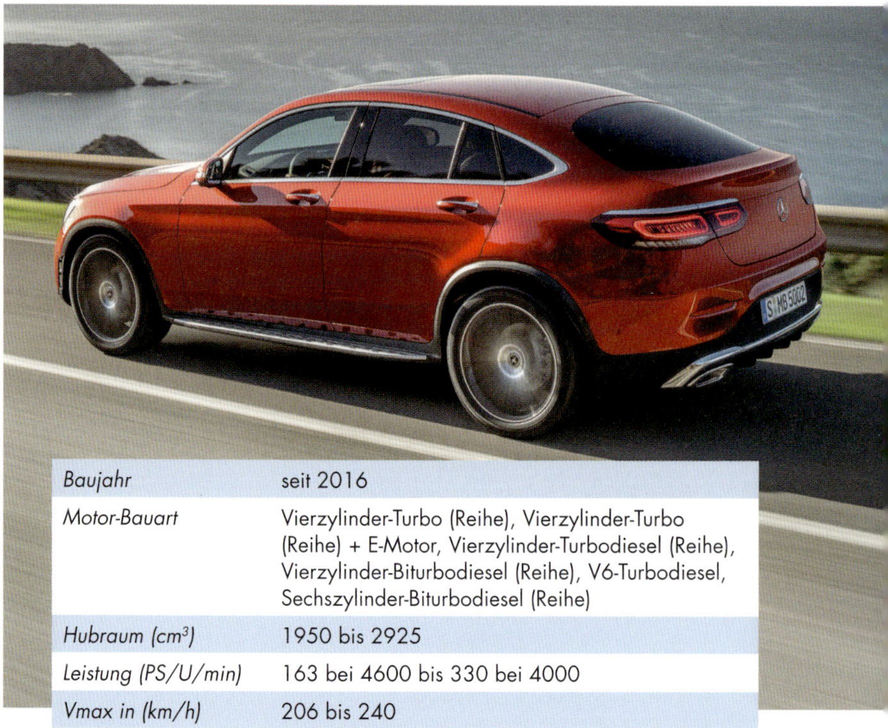

Baujahr	seit 2016
Motor-Bauart	Vierzylinder-Turbo (Reihe), Vierzylinder-Turbo (Reihe) + E-Motor, Vierzylinder-Turbodiesel (Reihe), Vierzylinder-Biturbodiesel (Reihe), V6-Turbodiesel, Sechszylinder-Biturbodiesel (Reihe)
Hubraum (cm³)	1950 bis 2925
Leistung (PS/U/min)	163 bei 4600 bis 330 bei 4000
Vmax in (km/h)	206 bis 240
Bauart	SUV-Coupé
Produktionszahl	k.A.

Mercedes-Benz GLE-Coupé, Werkscode C 292 (400 4MATIC, 500 4MATIC, 350 d 4MATIC)

Baujahr	2015-2019
Motor-Bauart	V6-Biturbo, V8-Biturbo, V6-Turbodiesel
Hubraum (cm³)	2987 bis 4663
Leistung (PS/U/min)	258 bei 3400 bis 455 bei 5500
Vmax in (km/h)	226 bis 250
Bauart	SUV-Coupé
Produktionszahl	k.A.

Der ML ist tot, es lebe der GLE – auch wenn das Design des hochbeinigen Crossovers polarisiert. Man darf das Monster-Coupé fahren, wenn man mindestens 67.000 Euro nach Stuttgart überweist. Dafür bekommt man das allradgetriebene GLE 350 d-Coupé. Zur Premiere gibt es das Auto mit 258-Diesel- und 333-Sechszylinder-Biturbo-PS. Der obligatorische Allradantrieb ist permanent, das neunstufige Automatikgetriebe arbeitet schnell und sanft. Mit an Bord ist die Luftfederung Airmatic mit der erstmals stufenlosen und variablen Dämpfererkennung. Der GLE 500 folgt mit seinen 455 PS im Jahr 2016.

Mercedes-Benz GLS, Werkscode X 167 (450 4MATIC, 580 4MATIC, Maybach 600 4MATIC, 350 d 4MATIC 400 d 4MATIC)

Baujahr	seit 2016
Motor-Bauart	Sechszylinder-Turbo (Reihe) + E-Motor, V8-Biturbo + E-Motor, Sechszylinder-Biturbodiesel (Reihe)
Hubraum (cm³)	1950 bis 2925
Leistung (PS/U/min)	163 bei 4600 bis 330 bei 4000
Vmax in (km/h)	206 bis 240
Bauart	SUV
Produktionszahl	k.A.

Gäbe es bei den Mercedes-SUVs eine S-Klasse, wäre es der GLS. 2006 als GL gestartet, wurde er 2016 zum GLS umbenannt und kommt 2019 in zweiter bzw. dritter Generation. Technisch ist er mit dem GLE verwandt. Kein anderes SUV aus Stuttgart kommt serienmäßig mit sieben Sitzen und so einer Menge Luxus auf einer Länge von 5,21 Metern. Neu sind im Fond zwei berührungsempfindliche Bildschirme mit neuer Bedienoberfläche, alternativ kann der eigene Tablet-Computer eingesetzt werden zum Dialog mit dem Betriebssystem. Eine Neungang-Automatik sorgt für die Kraftverteilung. Gebaut wird das SUV im Mutterland aller übergroßen SUVs, natürlich in den USA. Zu haben ist auch eine besonders edle Maybach-Version mit beeindruckenden 579 PS. Erstmals bietet Mercedes-Benz mit dem GLS 580 4MATIC einen V8 als Mild-Hybrid an, also mit elektrischem Starter-Generator. Das Auto ist 489 PS plus 22 PS stark.

Mercedes-Benz EQC, Werkscode N 293 (400 4MATIC)

Baujahr	seit 2019
Motor-Bauart	2 Elektromotoren
Hubraum (cm³)	entfällt
Leistung (PS/U/min)	408
Vmax in (km/h)	180
Bauart	SUV
Produktionszahl	k.A.

Ende September 2019 bringt Mercedes-Benz den rein elektrisch angetriebenen SUV EQC, der im Werk Bremen gebaut wird, und zwar zunächst als EQC 400 4Matic. Je ein Elektromotor treibt Vorder- und Hinterachse an. Mercedes-Benz gibt 450 Kilometer Reichweite an, in der Praxis dürften daraus 300 werden. Der knapp 4,8 Meter lange Fünfsitzer wiegt mächtige 2,4 Tonnen (alleine die Batterien sind rund 650 Kilogramm schwer), kann aber noch 500 Liter Gepäck schleppen. Der Sprint gelingt in 5,1 Sekunden auch dank 765 Newtonmeter maximalen Drehmoments. Der Basispreis, inklusiver aller Umweltboni, liegt bei ca. 63.100 Euro.

Mercedes-Benz S-Klasse, Werkscode W 223 (450 4MATIC, 500 4MATIC, 580 4MATIC, 350 d, 350 d 4MATIC, 400 d 4MATIC)

Baujahr	seit 2020
Motor-Bauart	Sechszylinder-Turbo (Reihe) + E-Motor, V8-Biturbo + E-Motor, Sechszylinder-Biturbodiesel (Reihe)
Hubraum (cm³)	2925 bis 3982
Leistung (PS/U/min)	286 bei 4600 bis 511 bei 5500
Vmax in (km/h)	250
Bauart	Limousine
Produktionszahl	k.A.

Früher glich eine neue S-Klasse einem Erdbeben – die Zeiten sind zwar vorbei, aber die inzwischen elfte Generation mit dem Code W 223 bietet ihren Insassen überbordenden Luxus bis unters Dach. Jedoch entfällt die zweitürige Version. Die Version mit langem Radstand nennt sich V 223, die hochexklusive Maybach-Variante Z 223. Im Laufe des Jahres 2021 soll noch eine Version zu haben sein, die autonomes Fahren der Stufe drei ermöglicht bis Tempo 60 km/h. Alle Versionen kommen mit Allradantrieb bis auf die schwächste Dieselvariante. Die Benziner sind als Mild-Hybrid-Fahrzeuge ausgelegt, ein E-Motor arbeitet als elektrischer Zusatzverdichter. Allerdings muss Daimler schon im Januar 2021 30.000 Exemplare wegen Lenkungsproblemen zurückrufen.

Mercedes-Benz EQA, Werkscode H 243 (250)

Mercedes macht weiter Ernst mit der Elektrooffensive: Schon seit 2020 gebaut, wird der EQA erst Anfang 2021 vorgestellt. Das Auto steht – obwohl ein reines E-Auto – auf der Plattform des GLA. Zunächst kommt der EQA 250 mit 188 PS auf den Markt. Damit sprintet der Kompakte in 8,9 Sekunden von 0 auf 120 km/h. Die Reichweite gibt Mercedes nach NEFZ mit 486 Kilometer an, nach WLTP 426 Kilometer. Im Schnellllademodus soll der Antrieb in gut 20 Minuten zu 70 Prozent wieder vollgeladen sein. Einstiegspreis: gut 47.000 Euro. Später sollen weitere Motorvarianten kommen, auch Allradantrieb ist vorgesehen.

Baujahr	seit 2021
Motor-Bauart	E-Motor
Hubraum (cm³)	entfällt
Leistung (PS/U/min)	188
Vmax in (km/h)	160
Bauart	Limousine
Produktionszahl	k.A.

Messerschmitt KR 175

Fritz Fends originelles Fahrzeugkonzept war eines der wenigen, das aus der berüchtigten Gattung deutscher Nachkriegs-Mikromobile einigen Ruhm erlangen konnte. Um einen zweiten Sitzplatz hinter dem Fahrer (oder sollte man sagen: Piloten) erweitert, bot es manierliche Fahrleistungen und mit seinen drei Rädern zumindest unterhaltsame Fahreigenschaften. Dass es dazu noch bei Messerschmitt gebaut wurde, ließ manches der Luftfahrt entlehnte Detail erklärlich werden, etwa das merkwürdig geformte Lenkrad.

Baujahr	1953-1955
Motor-Bauart	Einzylinder-Zweitaktmotor
Hubraum (cm³)	174
Leistung (PS/U/min)	9 bei 5250
Vmax in (km/h)	80
Bauart	Kleinwagen
Produktionszahl	ca. 10.000

Messerschmitt KR 200, FMR KR 200, KR 201

1955 präsentierte man mit dem KR 200 einen kräftig überarbeiteten Nachfolger des KR 175. Runde 200 cm³ Hubraum, 10 PS und eine Reihe weiterer Modifikationen machten aus dem Kabinenroller einen echten Markterfolg. Nach wie vor vermittelte das transparente Plexiglasdach ein ungewöhnliches Raum- und Fahrgefühl. Wem als ehemaligem Motorradfahrer nach noch mehr Licht und Luft war, konnte auch ein Cabriolet sowie den KR 201 mit Flatterverdeck im Roadster-Stil ordern.

Baujahr	1955-1964
Motor-Bauart	Einzylinder-Zweitaktmotor
Hubraum (cm³)	191
Leistung (PS/U/min)	10,2 bei 5250
Vmax in (km/h)	90
Bauart	Kleinwagen
Produktionszahl	ca. 46.000

FMR Tg 500

Baujahr	1958-1961
Motor-Bauart	Zweizylinder-Zweitaktmotor
Hubraum (cm³)	493
Leistung (PS/U/min)	19,5 bei 5000
Vmax in (km/h)	125
Bauart	Kleinwagen
Produktionszahl	ca. 950

Der Tg 500 entpuppte sich als eines der wenigen echten Spaßmobile aus deutscher Nachkriegsproduktion – wenn es auch nicht als ein solches gedacht war. Bei unveränderter Konzeption, allerdings mit hinterer Breitspur, sorgte ein knapp 20 PS starker 500er-Zweitakt-Twin für rasante Fahrleistungen. Die Aussicht, mit dem kleinen und leichten Tg 500 behäbige Mittelklasse-Limousinen auf der Autobahn ärgern zu können, war aber dem Publikum offensichtlich nicht attraktiv genug. Nur 950 Exemplare wurden hergestellt.

Baujahr	1958-1962
Motor-Bauart	Zweizylinder (Reihe)
Hubraum (cm³)	583
Leistung (PS/U/min)	20 bei 4600 bis 30 bei 5500
Vmax in (km/h)	105 bis 118
Bauart	Limousine (2-türig)
Produktionszahl	94.549

NSU Prinz I, II, III

Der schnuckelige „Prinz", 1958 auf den Markt gebracht, unterschied sich von so manch anderen Kleinwagenangeboten durch seine durchdachte, professionelle Machart. Extrem kompakte Außenmaße, ein robuster, leistungsfähiger Zweizylinder-Viertakter im Heck, ein ordentliches Raumangebot sowie hochwertige Fahrwerkstechnik machten ihn zu einem Großen unter den Kleinen. Fast 95.000 produzierte Exemplare in nur knapp fünf Baujahren zeigten, dass viele Kleinwagenkäufer ähnlich dachten.

Baujahr	1959-1967
Motor-Bauart	Zweizylinder (Reihe)
Hubraum (cm³)	583, 598
Leistung (PS/U/min)	30 bei 5500, 30 bei 5600
Vmax in (km/h)	120
Bauart	Coupé
Produktionszahl	20.831

NSU Sport-Prinz

Die sportlichen Spitzenmodelle der NSU-Heckmotor-Baureihe sorgten für eine Menge Prestige. Leistungswillige luftgekühlte Vierzylinder brachten Pfeffer ins Heck und verursachten gelegentlich feuchte Fahrerhände, wenn das Hinterteil der sportlichen Coupés in schnellen Kurven allzu lebendig wurde. Besonders die hochdrehende TTS-Version, quasi ein Spezialmodell für den Motorsporteinsatz, schüchterte auf öffentlichen Straßen wie im Rennsport zahlreiche größere Konkurrenten ein.

NSU Wankel-Spider

Baujahr	1964-1967
Motor-Bauart	1-Scheiben/Wankel
Hubraum (cm³)	498
Leistung (PS/U/min)	50 bei 6000
Vmax in (km/h)	155
Bauart	Cabriolet
Produktionszahl	2375

Der Clou dieses Wagens war nicht die Sport-Prinz-Karosserie in zweisitziger Cabriolet-Form, sondern seine Motorisierung. Im Heck des Spider fand nämlich die Serienpremiere des Wankelmotors statt. Für Aufsehen war also gesorgt - leider schlug es sich nicht in einer Welle unterzeichneter Kaufverträge nieder. An den Fahrleistungen kann es nicht gelegen haben, der 50-PS-Motor beschleunigte den kleinen Spider auf Tempo 150. Dass nur 2375 Wankel-Spider die Werkshallen verließen, zeigt, dass der neuen Antriebstechnologie noch große Vorbehalte entgegenschlugen.

NSU Prinz 1000 TT (Typ 67b), 1200 TT (Typ 67c), 1000 TTS (Typ 67f)

Die sportlichen Spitzenmodelle der NSU-Heckmotor-Baureihe sorgten für eine Menge Prestige. Leistungswillige luftgekühlte Vierzylinder brachten Pfeffer ins Heck und verursachten gelegentlich feuchte Fahrerhände, wenn das Hinterteil der sportlichen Kleinlimousinen in schnellen Kurven allzu lebendig wurde. Besonders die hochdrehende TTS-Version, quasi ein Spezialmodell für den Motorsporteinsatz, schüchterte auf öffentlichen Straßen wie im Rennsport zahlreiche größere Konkurrenten ein.

Baujahr	1965-1972
Motor-Bauart	Vierzylinder (Reihe)
Hubraum (cm³)	1085, 1177
Leistung (PS/U/min)	55 bei 5800 bis 70 bei 6150
Vmax in (km/h)	148 bis 160
Bauart	Limousine (2-türig)
Produktionszahl	64.269 (TT), 2402 (TTS)

NSU Typ 110, Typ 110 S, Typ 110 SC, 1200, 1200 C

Baujahr	1965-1973
Motor-Bauart	Vierzylinder (Reihe)
Hubraum (cm³)	1085, 1177
Leistung (PS/U/min)	53 bei 5600 bis 60 bei 5600
Vmax in (km/h)	140 bis 150
Bauart	Limousine (2-türig)
Produktionszahl	227.938

Weniger kompakt, dafür aber modisch gewandet, zeigte sich der Prinz IV. Technisch eng verwandt mit seinem Vorgänger, wirkte er aber wesentlich erwachsener und leitete die typische, gürtellinienbetonte NSU-Limousinen-Karosserieform ein – freilich mit deutlichem Seitenblick auf die Chevrolet Corvair. Der schicke Prinz IV wurde zu einem überragenden Verkaufserfolg, nicht nur auf dem heimischen Markt, sondern auch im Export, vor allem in Italien.

NSU Ro 80

Baujahr	1967-1977
Motor-Bauart	2-Scheiben/Wankel
Hubraum (cm³)	497,5 Kam Vol
Leistung (PS/U/min)	115 bei 5500
Vmax in (km/h)	176 bis 181
Bauart	Limousine (4-türig)
Produktionszahl	37.406

Ein zukunftsträchtiges Konzept, das scheiterte, weil es eine Nummer zu ehrgeizig war: der legendäre Ro 80. NSUs Einstieg in die obere Mittelklasse sollte mit einem gewagten Schritt erfolgen. Zwar gerieten Karosseriedesign und Fahrwerkstechnik selbst nach heutigen Maßstäben richtungweisend, doch zeigte der Wankelmotor, dass er noch einiger Reifung bedurfte. Dies alles überstieg letztendlich die Ressourcen der Neckarsulmer, verlieh dem Ro 80 aber einen geradezu mythischen Ruf, der auch heute noch anhält.

Opel Olympia

Baujahr	1947-1949
Motor-Bauart	Vierzylinder (Reihe)
Hubraum (cm³)	1488
Leistung (PS/U/min)	37 bei 3500 bis 39 bei 3700
Vmax in (km/h)	105 bis 112
Bauart	Limousine (2-türig), Kombi (3-türig), Cabrio-Limousine
Produktionszahl	157.103

Wie die meisten anderen Hersteller auch, so startete Opel bei der Wiederaufnahme der Rüsselsheimer Produktion Ende 1947 mit einem nur leicht veränderten Vorkriegsfahrzeug. Am Beginn stand mit dem Olympia das überaus erfolgreiche Mittelklasse-Modell der dreißiger Jahre. Technisch hatte sich lediglich die Vorderachskonstruktion geändert, ansonsten war beim Olympia alles beim Alten geblieben. Für die bescheidenen Ansprüche der frühen Nachkriegszeit war dies völlig ausreichend. Einen markanten Unterschied gab es allerdings doch: Hatte sich der Vorkriegs-Olympia – wie alle Opel-Modelle – noch durch eine sehr kundenfreundliche Preisgestaltung ausgezeichnet, so gehörte er bei seiner Wiedereinführung zu den eher teuren Angeboten.

Opel Kapitän, Werkscode Kapitän '48/'50

Baujahr	1948-1951
Motor-Bauart	Sechszylinder (Reihe)
Hubraum (cm³)	2473
Leistung (PS/U/min)	55 bei 3500
Vmax in (km/h)	125
Bauart	Limousine (4-türig)
Produktionszahl	30.431

Immerhin gut 30.000 Exemplare des letzten Vorkriegs-Kapitän konnten in leicht modifizierter Form zwischen 1948 und 1951 an den Mann gebracht werden – das sprach für die fortschrittliche Konstruktion dieses Edel-Opels. Bis heute legendär: sein schier unzerstörbarer 2,5-Liter-Reihensechszylinder. Mit 55 kerngesunden Pferdestärken bei 3500 Umdrehungen pro Minute reichte er in seiner Lebensdauer an die besten Mercedes-Dieselmotoren heran, ohne freilich deren ausgeprägte Trägheit an den Tag zu legen.

Opel Olympia

Baujahr	1950-1953
Motor-Bauart	Vierzylinder (Reihe)
Hubraum (cm³)	1488
Leistung (PS/U/min)	37 bei 3500 bis 39 bei 3700
Vmax in (km/h)	105 bis 112
Bauart	Limousine (2-türig), Kombi (3-türig), Cabrio-Limousine
Produktionszahl	157.103

1950 stand den Deutschen der Sinn schon wieder nach auffälligen Chromkühlergrills. Jedenfalls ließ das die Gestaltung der neuen Oly-Front vermuten. Überhaupt bestimmten schwülstige, amerikanisch inspirierte Linien die facegeliftete Karosserie. Technisch blieb dagegen weitgehend alles beim Alten, zwei Mehr-PS und ein etwas vergrößerter Kofferraum waren 1951 die einzigen nennenswerten Modifikationen. Besonders attraktiv war die gegen geringen Aufpreis erhältliche Cabrio-Limousine.

Opel Kapitän, Werkscode Kapitän '51

Baujahr	1951-1953
Motor-Bauart	Sechszylinder (Reihe)
Hubraum (cm³)	2473
Leistung (PS/U/min)	58 bei 3700
Vmax in (km/h)	130
Bauart	Limousine (4-türig)
Produktionszahl	48.491

Trotz im Prinzip gleicher Karosserielinie präsentierte sich Opels neuer Kapitän ungleich verquollener. Ein modifiziertes Heck und eine mittels fetter Chromleisten umgestaltete Front brachten echte Ami-Schlitten-Optik. Der gute alte Sechszylinder nahm die Leistungssteigerung auf 58 PS nicht krumm und blieb so zuverlässig wie eh und je. Grund zur Freude gab es auch in Rüsselsheim: Der neue Kapitän verkaufte sich besser als sein Vorgänger.

Opel Olympia Rekord, Werkscode Olympia Rekord '54

Baujahr	1953-1954
Motor-Bauart	Vierzylinder (Reihe)
Hubraum (cm³)	1488
Leistung (PS/U/min)	40 bei 3800
Vmax in (km/h)	118 bis120
Bauart	Limousine (2-türig), Cabrio-Limousine, Kombi (3-türig)
Produktionszahl	136.028

Sein Haifischmaul war das herausragendste Merkmal des Olympia Rekord, mit dem Opel 1953 den Vorstoß in die Mittelklasse wagte. Technisch kaum verändert, aber karosserieseitig eine Nummer größer, begründeten die Rüsselsheimer mit diesem Typ ihre wichtigste Modellreihe der nächsten Jahrzehnte. Als strapazierfähige, genügsame und dazu noch preisgünstige Limousine von hohem Nutzwert konnte sich der Olympia Rekord rasch etablieren.

Opel Kapitän, Werkscode Kapitän '54

Eine völlig umgestaltete Kapitän-Generation kam 1953 auf den Markt. Kleine Fenster, eine üppig gerundete Karosserie sowie der charakteristische „Haifischmaul"-Kühlergrill zeigten die optische Verwandtschaft zur zeitgenössischen Olympia-Rekord-Baureihe. Eine drastisch ausgefallene Leistungskur machte aus dem antiken 2,5-Liter-Sechszylinder zwar immer noch keinen Sportmotor, befähigte ihn aber dazu, das solide gebaute Fahrzeug einigermaßen flott fortzubewegen.

Baujahr	1953-1955
Motor-Bauart	Sechszylinder (Reihe)
Hubraum (cm³)	2473
Leistung (PS/U/min)	68 bei 3700
Vmax in (km/h)	140
Bauart	Limousine (4-türig)
Produktionszahl	61.543

Opel Olympia Rekord, Werkscode Olympia Rekord '55

Möglicherweise von der Praxis in der US-Autoindustrie angeregt, lebte die 55er-Version des Olympia Rekord nur dieses eine Jahr. Einziger stilistischer Unterschied zum Vorgänger: Der Haifischmaul-Kühlergrill zeigte sich etwas zurückhaltender gestaltet. Motorseitig gab es dank anderer Nockenwelle besseren Durchzug in unteren Drehzahlbereichen, ohne dass dabei die Spitzenleistung von 40 PS verändert wurde.

Baujahr	1954-1955
Motor-Bauart	Vierzylinder (Reihe)
Hubraum (cm³)	1488
Leistung (PS/U/min)	40 bei 3800
Vmax in (km/h)	118 bis 120
Bauart	Limousine (2-türig), Cabrio-Limousine, Kombi (3-türig)
Produktionszahl	131.588

Opel Olympia Rekord, Werkscode Olympia Rekord '56

Der Jahrgang 1956 brachte eine weitere Glättung der Oly-Front. Die Haifischzähne hatten sich in Luft aufgelöst, stattdessen zeigte man nun einen herkömmlichen Kühlergrill. Begleitet von wenigen Detailretuschen an der prinzipiell unverändert gebliebenen Karosserie, gab es auch eine Kraftspritze für den altertümlichen Vierzylinder. Er schwang sich jetzt zu 45 PS bei immer noch recht beschaulichen 3900 Umdrehungen auf. Das reichte seinerzeit allemal, um im Verkehr unauffällig mitzuhalten – und nichts Anderes wollten Rekord-Käufer.

Baujahr	1955-1956
Motor-Bauart	Vierzylinder (Reihe)
Hubraum (cm³)	1488
Leistung (PS/U/min)	45 bei 3900
Vmax in (km/h)	120
Bauart	Limousine (2-türig), Cabrio-Limousine, Kombi (3-türig)
Produktionszahl	144.587

Baujahr	1955-1958
Motor-Bauart	Sechszylinder (Reihe)
Hubraum (cm³)	2473
Leistung (PS/U/min)	75 bei 3900
Vmax in (km/h)	140
Bauart	Limousine (4-türig)
Produktionszahl	92.555

Opel Kapitän, Werkscode Kapitän '56/'57

1955 feierte ein facegelifteter Kapitän Premiere. Geradliniger und mit etwas schärfer gehaltenen Konturen versehen, sorgte er noch einmal für einen Absatzboom: Fast 93.000 Opel-Sympathisanten fanden, dass der Kapitän ein ebenso bequemes wie robustes Alltagsauto für Vielfahrer ist und unterzeichneten einen Kaufvertrag. Die Leistungscharakteristik des Sechszylinders – nunmehr 75 PS stark – ermöglichte es, mit einem Dreiganggetriebe auszukommen, dennoch bekam man auf Wunsch einen halbautomatisch zuschaltbaren Schnellgang, der besonders auf der Autobahn drehzahlsenkend wirkte.

Opel Olympia Rekord, Werkscode Olympia Rekord '57

Letzter Auftritt für Opels Ur-Rekord: 1957 bekam er ein kräftiges Facelifting verpasst, das ihn optisch gestraffter erscheinen ließ. Ein neuer, vergrößerter Kühlergrill, eine nun chrombelegte seitliche Blechfalte, veränderte Kotflügelkonturen vorn und hinten sowie ein flacheres Dach waren die wichtigsten stilistischen Maßnahmen dieser Verjüngungskur. Den Fahrer erfreute das jetzt vollsynchronisierte Getriebe.

Baujahr	1956-1957
Motor-Bauart	Vierzylinder (Reihe)
Hubraum (cm³)	1488
Leistung (PS/U/min)	45 bei 3900
Vmax in (km/h)	122
Bauart	Limousine (2-türig), Kombi (3-türig)
Produktionszahl	169.721

Opel Olympia Rekord P1, Werkscode Rekord P1

Baujahr	1957-1960
Motor-Bauart	Vierzylinder (Reihe)
Hubraum (cm³)	1488, 1680
Leistung (PS/U/min)	45 bei 3900 bis 55 bei 4000
Vmax in (km/h)	125 bis 132
Bauart	Limousine (2-/4-türig), Kombi (3-türig), Coupé, Cabriolet
Produktionszahl	817.003

Detroit ließ grüßen! Die neue, 1957 präsentierte Rekord-P1-Linie zeigte sich in ihrer Formgebung unverkennbar amerikanisiert. Weit herumgezogene Panoramascheiben vorn und hinten, reichlicher Chromschmuck und ein deutlich sichtbarer Heckflossenansatz an den hinteren Kotflügeln signalisierten dies. Schlecht tat das dem P1 nicht. Das meinte wohl auch das Publikum, denn der nun als Viertürer und mit größerer Maschine lieferbare Rekord verkaufte sich rasend.

Opel Rekord P2, Werkscode P2

Baujahr	1960-1963
Motor-Bauart	Vierzylinder (Reihe)
Hubraum (cm³)	1488, 1680
Leistung (PS/U/min)	45 bei 3900 bis 60 bei 4100
Vmax in (km/h)	125 bis 140
Bauart	Limousine (2-/4-türig), Kombi (3-türig), Coupé, Cabriolet
Produktionszahl	787.684

Die hektischen Modellwechselintervalle jener Tage brachten schon 1960 eine völlig neue Rekord-Karosserie. Der Wegfall der Panoramascheiben und die strengen, geraden Linien der P2-Blechhülle deuteten auf die zunehmende Bedeutung einer europäischen Identität des Opel-Designs hin. Etwas merkwürdig proportioniert wirkte allerdings die zweitürige Coupéversion des P2, die mit einem 60-PS-Motor zu haben war. Ein Vierganggetriebe kostete nach wie vor Aufpreis.

Opel Kadett, Werkscode Kadett A (1000, 1000 S)

Opels Angebot in der Kleinwagenklasse hieß Kadett und lief ab 1962 im neuen Werk Bochum vom Band. Der Schrumpf-Opel war eine komplette Neukonstruktion mit seinem Einliter-Vierzylinder und einem neuen, gleichwohl einfach gehaltenen Fahrwerk. Robust konstruiert und solide gefertigt, etablierte sich der Kadett spontan als echte Alternative zum VW Käfer. Außer der zweitürigen Limousine war noch ein dreitüriger Kombi lieferbar.

Baujahr	1962-1965
Motor-Bauart	Vierzylinder (Reihe)
Hubraum (cm³)	993
Leistung (PS/U/min)	40 bei 5000 bis 48 bei 5400
Vmax in (km/h)	120 bis 135
Bauart	Limousine (2-türig), Kombi (3-türig), Coupé
Produktionszahl	649.512 (inkl. Coupé)

Opel Rekord, Werkscode Rekord A (1500, 1700, 1700 S, L-6)

Baujahr	1963-1965
Motor-Bauart	Vierzylinder (Reihe), Sechszylinder (Reihe)
Hubraum (cm³)	1488 bis 2605
Leistung (PS/U/min)	55 bei 4500 bis 100 bei 4600
Vmax in (km/h)	130 bis 168
Bauart	Limousine (2-/4-türig), Kombi (3-türig), Coupé, Cabriolet
Produktionszahl	887.488

Eine andere Typennomenklatur, aber kein weiterer Fortschritt im Styling. Weniger hochbeinig, jedoch wesentlich ausladender wirkend, kam der Rekord A daher. Unter dem Blech tat sich – wie gewöhnlich – nicht viel. Die 1,7-Liter-Maschine leistete in ihrer stärksten Ausführung nun 67 PS. Als neuen Marketing-Schachzug präsentierten die Rüsselsheimer ihr Spitzenmodell Rekord-6 mit dem trägen 2,6-Liter-Sechszylinder aus dem Kapitän. Der Spitzen-Rekord fiel indes sang- und klanglos durch.

Opel Kapitän, Admiral und Diplomat V8, Werkscode KAD A

1964 entschloss sich Opel, mit der Oberklasse wirklich ernst zu machen: Drei verschiedene Modelle mit amerikanisch orientiertem Design außen und innen sowie Sechs- und Achtzylindermotoren sollten Daimler-Benz das Fürchten lehren. Dass es nicht dazu kam, lag eher an Geschmacks- und Imagefragen als an deren technischen Qualitäten. Speziell die V8-motorisierten Diplomat-Modelle boten neben großem Raumangebot und stattlichem Komfort auch satte Fahrleistungen, denen damals kaum eine Mercedes-Limousine gewachsen war.

Baujahr	1964-1968
Motor-Bauart	Sechszylinder (Reihe), V8
Hubraum (cm³)	2605 bis 5354
Leistung (PS/U/min)	100 bei 4600 bis 230 bei 4700
Vmax in (km/h)	156 bis 200
Bauart	Limousine (4-türig), Coupé
Produktionszahl	89.277

Opel Rekord, Werkscode Rekord B (1500, 1700 S, 1900 S, L-6)

Die Rekord-Designer befanden sich offensichtlich im Formtief. Konnte schon der „A" nicht besonders begeistern, so zeigte auch der „B" kaum Besserung. Aber: Unter dem Blech hatte sich diesmal Einschneidendes getan. Neue, modern konstruierte Vierzylinder lösten endlich die Uralt-Motoren der Vorgängerbaureihen ab. Zwischen 60 und 100 PS aus 1,5 bis 2,6 Litern Hubraum ergaben standesgemäße Fahrleistungswerte. Mit nur knapp einem Jahr Bauzeit hatte der B die mit Abstand kürzeste Produktionsdauer aller jüngeren Rekord-Modelle.

Baujahr	1965-1966
Motor-Bauart	Vierzylinder (Reihe), Sechszylinder (Reihe)
Hubraum (cm³)	1492 bis 2605
Leistung (PS/U/min)	60 bei 4800 bis 100 bei 4600
Vmax in (km/h)	133 bis 168
Bauart	Limousine (2-/4-türig), Kombi (3-türig), Coupé
Produktionszahl	296.627

Opel Diplomat V8 Coupé, Werkscode Diplomat A

Baujahr	1965-1967
Motor-Bauart	V8
Hubraum (cm³)	5354
Leistung (PS/U/min)	230 bei 4700
Vmax in (km/h)	210
Bauart	Coupé
Produktionszahl	304

Der zweitürige Spitzen-Diplo im sportlich-eleganten Hardtop-Stil wurde nicht in Rüsselsheim, sondern bei Karmann in Osnabrück gebaut, dem Spezialisten für Kleinserien. Und klein war die Coupé-Serie in der Tat: Von 1965 bis 1967 verließen nur gut 300 dieser Fahrzeuge Karmanns Fertigungshallen. Der vermutliche Grund: Opels Imageproblem als Hersteller edler und demnach teurer Automobile. Wer viel Geld bezahlen konnte, wollte wohl unbedingt den Stern auf der Motorhaube prangen sehen.

Baujahr	1965-1973
Motor-Bauart	Vierzylinder (Reihe)
Hubraum (cm³)	1078 bis 1879
Leistung (PS/U/min)	45 bei 5000 bis 90 bei 5100
Vmax in (km/h)	125 bis 166
Bauart	Limousine (2-/4-türig), Kombi (3-/5-türig), Coupé
Produktionszahl	2.691.300

Opel Kadett, Werkscode Kadett B (1100, 1100 S, 1100 SR, 1200 S, 1700 S, 1900 S)

Nach dem schon sehr erfolgreichen A-Modell holte Opel mit dem 1965 eingeführten Kadett B zum großen Schlag aus. Das einfach und robust konzipierte Familienauto wilderte massiv im Wettbewerbsumfeld und setzte nicht zuletzt Volkswagen unter erheblichen Zugzwang. Gemäß dem ausgefeilten Baukastensystem technischer Komponenten war der geräumige B-Kadett während seiner achtjährigen Produktionsdauer mit einer Vielzahl von Motorisierungsoptionen lieferbar. Aber auch Karosserievarianten gab es zuhauf: Zweitürer, Viertürer, drei- und fünftüriger Kombi, Fließhecklimousine, Coupé – Opel ließ keinen Wunsch offen. Schließlich konnten fast 2,7 Millionen B-Kadett die Opel-Fließbänder verlassen.

Opel Rekord, Werkscode Rekord C (1500, 1700, 1700 S, 1900 S, 1900 H, 2200)

Baujahr	1966-1971
Motor-Bauart	Vierzylinder (Reihe), Sechszylinder (Reihe)
Hubraum (cm³)	1492 bis 2239
Leistung (PS/U/min)	58 bei 5200 bis 106 bei 5600
Vmax in (km/h)	130 bis 175
Bauart	Limousine (2-/4-türig), Kombi (3-/5-türig), Coupé, Cabriolet
Produktionszahl	1.274.362

Jetzt gab es zu den moderneren Motoren endlich eine neue, gefällige Linienführung. Mit dem Rekord C kam Opels Mittelklasse-Limousine zu voller Blüte. Ein perfektes Baukastensystem ermöglichte es dem Käufer, ein seinen individuellen Bedürfnissen entsprechend zusammengestelltes Modell zu erwerben. Sechs serienmäßig lieferbare Karosserievarianten und vier verschieden große und in unterschiedlichen Leistungsstufen erhältliche Motoren sorgten für die Qual der Wahl.

Baujahr	1967-1970
Motor-Bauart	Vierzylinder (Reihe)
Hubraum (cm³)	1078 bis 1879
Leistung (PS/U/min)	60 bei 5200 bis 90 bei 5100
Vmax in (km/h)	140 bis 168
Bauart	Limousine (2-türig), Limousine (4-türig), Coupé
Produktionszahl	80.637

Opel Olympia, Werkscode Olympia A (1100 SR, 1700 S, 1900 S)

Die Edelversion des Kadett B mit Fließheck wurde „Olympia" getauft. Reicher Chrombesatz, ein topmodisches (nur gegen Aufpreis erhältliches) Vinyldach und vollständige Ausstattung sollten dazu dienen, aufwärts strebenden Opelfahrern den Sprung in Richtung Rekord nicht ganz so groß werden zu lassen. Mit Leistungen von 60 bis 90 PS erreichte der Olympia zwar ansehnliche Fahrleistungen, doch ein richtiger Verkaufserfolg wurde er nicht. Heute sind nur noch sehr wenige Olympias am Leben, was sie zu besonders interessanten Liebhaberautos macht.

Baujahr	1968-1973
Motor-Bauart	Vierzylinder (Reihe)
Hubraum (cm³)	1078 bis 1897
Leistung (PS/U/min)	60 bei 5200 bis 90 bei 5100
Vmax in (km/h)	155 bis 185
Bauart	Coupé
Produktionszahl	103.463

Opel GT, Werkscode GT (1100, 1900, GT/J)

„Nur Fliegen ist schöner" – dieser klassische Werbeslogan für den Opel GT war vielleicht etwas vollmundig, doch machte das kompromisslose Konzept Eindruck. Ohne echten Kofferraum und mit hinter die Vorderachse gerücktem Vierzylinder zeigte Rüsselsheim, was Ende der 60er, Anfang der 70er Jahre bei Großserienherstellern noch möglich war: nämlich ein preiswertes Minderheitenauto anzubieten, das wertvolle Dienste zur Imagebildung leistete. Der abgemagerte GT/J beschloss die Serie nach ca. 100.000 gefertigten Exemplaren.

Opel Kapitän, Admiral Diplomat, Diplomat V8, Werkscode KAD B

Auf dem Genfer Autosalon feierte die komplett neu entwickelte Top-Baureihe der Rüsselsheimer im Jahre 1969 Premiere. Platz boten die neuen Limousinen in Hülle und Fülle, auch Fahrsicherheit und -komfort dank einer neuen Hinterachse. Motorseitig bot man nach wie vor den unverwüstlichen 2,8-Liter- Reihensechszylinder an, allerdings nunmehr in drei Leistungsstufen mit Vergaser (132 und 145 PS) und Benzineinspritzung (165 PS), die jedoch nur im Admiral und im Diplomat lieferbar war. Ansonsten unterschieden sich Kapitän und Admiral nur in den Schmuckelementen, der Ausstattung und natürlich im Preis voneinander.

Baujahr	1969-1977
Motor-Bauart	Sechszylinder (Reihe), V8
Hubraum (cm³)	2784, 5354
Leistung (PS/U/min)	129 bei 5000 bis 230 bei 4700
Vmax in (km/h)	170 bis 202
Bauart	Limousine (4-türig)
Produktionszahl	51.000

Baujahr	1970-1975
Motor-Bauart	Vierzylinder (Reihe)
Hubraum (cm³)	1196 bis 1897
Leistung (PS/U/min)	60 bei 5400 bis 90 bei 5100
Vmax in (km/h)	137 bis 160
Bauart	Limousine (2-/4-türig), Kombi (3-türig)
Produktionszahl	691.438

Opel Ascona, Werkscode Ascona A (12 S, 16, 16 S, 19 S)

Parallel zum Manta präsentierte Opel mit dem kompakten Ascona wieder eine Limousine der unteren Mittelklasse. Sie überzeugte mit ihrer durchaus attraktiven Linienführung und guten Fahrleistungen, die ein 1,6-Liter-Vierzylinder mit bis zu 80 PS bereitstellte. Später erweiterte Opel das Triebwerksangebot mit einem 1,2-Liter nach unten und dem 1,9-Liter aus dem Rekord nach oben. Mit 90 PS verhalf dieser unverwüstliche Motor dem Ascona zu ausgesprochen munteren Fahrleistungen. Besonders ansehnlich fiel übrigens die dreitürige Kombi-Version mit Namen Voyage aus.

Opel Manta, Werkscode Manta A (1200S, 1600, 1600 S, 1900 S, GT/E)

Der Rüsselsheimer Anti-Capri hieß „Manta" und wurde 1970 lanciert. Auch hier landete Opel einen vollen Erfolg, weil man sportlich orientierten Familienvätern die Chance bot, vom bürgerlichen Rekord Abstand zu nehmen und stattdessen zur jugendlichen Alternative zu greifen. Eine große Ausstattungs- und Motorisierungsvielfalt bot dabei allen Geschmäckern etwas. Am Ende der Manta-A-Baureihe sorgte die GT/E-Version mit dem 105 PS starken Einspritzmotor für besonders rasante Fahrleistungen.

Baujahr	1970-1975
Motor-Bauart	Vierzylinder (Reihe)
Hubraum (cm³)	1196 bis 1897
Leistung (PS/U/min)	60 bei 5200 bis 105 bei 5400
Vmax in (km/h)	127 bis 170
Bauart	Coupé
Produktionszahl	498.553

Baujahr	1971-1977
Motor-Bauart	Vierzylinder (Reihe), Vierzylinder-Diesel (Reihe)
Hubraum (cm³)	1698 bis 2068
Leistung (PS/U/min)	60 bei 4400 bis 100 bei 5200
Vmax in (km/h)	127 bis 170
Bauart	Limousine (2-/4-türig), Kombi (3-/5-türig), Coupé
Produktionszahl	1.128.196

Opel Rekord/Rekord II, Werkscode Rekord D (1700, 1700 S, 1900, 1900 S, 1900 SH, 2000 S, 2100 D)

Ähnlich erfolgreich wie die Markteinführung des Rekord C verlief die des Rekord D. Gefällige, sachliche Linien bestimmten das Äußere der neuen Baureihe, besonders das ausgewogen proportionierte Coupé konnte gefallen. Auch die Innenraumgestaltung überzeugte durch eine klare Designphilosophie sowie hohe Praxistauglichkeit. Unter dem Blech zeigten sich Opel-typisch kaum größere Modifikationen. Ein weiterentwickeltes Fahrwerk und sanft leistungsgesteigerte Motoren machten den Rekord zu einem guten Kauf.

Opel Commodore, Werkscode Commodore B (2500 S, GS 2500 H, 2800 SC, GS 2800 HC, GS/E 2800 EC)

Die Neuauflage eines alten Themas wirkte – zumindest auf eingefleischte Opel-Fans – etwas ernüchternd. Mit auf 2,8 Liter vergrößertem Hubraum und einer zahmeren Motorauslegung waren dem GS/E sämtliche Zähne gezogen worden – so die Meinung eingefleischter Alt-GS/E-Liebhaber. Trotz 160 PS fehlte es dem neuen Sport-Commodore an Biss und Ausstrahlung, über die sein Vorgänger noch so reichlich verfügt hatte.

Baujahr	1972-1977
Motor-Bauart	Sechszylinder (Reihe)
Hubraum (cm³)	2461, 2784
Leistung (PS/U/min)	115 bei 5200 bis 160 bei 5600
Vmax in (km/h)	170 bis 200
Bauart	Limousine (2-/4-türig), Coupé
Produktionszahl	140.827

Opel Kadett, Werkscode Kadett C (1000, 1200, 1200 S, 1600 S, GT/E 1900 E, 2000 E, GT/E 2000 EH)

Baujahr	1973-1979
Motor-Bauart	Vierzylinder (Reihe)
Hubraum (cm³)	993 bis 1979
Leistung (PS/U/min)	40 bei 5400 bis 115 bei 5600
Vmax in (km/h)	127 bis 190
Bauart	Limousine (2-/4-türig), Kombi-Coupé, Coupé
Produktionszahl	1.701.076

Im Jahr 1973 stand die neue Generation der Kadett-Reihe in dem Schaufenstern der Händler. Als 2- oder 4-türige Limousine und als ausschließlich 2-türige Kombivariante mit der Bezeichnung Caravan fand der Kleine aus Rüsselsheim in kürzester Zeit viele dankbare Käufer. Für sportlich ambitionierte Kunden hielt die Angebotspalette außerdem eine Coupé-Version bereit, die in der stärksten Ausführung mit einem 1,9-Liter-Einspritzmotor ausgerüstet war. Als Kadett GT/E in auffälliger gelb-schwarzer Lackierung vermarktete Opel werbewirksam die Erfolge von Walter Röhrl im Rallyesport, der mit diesem Modell siegreich über die anspruchsvollsten Pisten in aller Welt driftete.

Opel Manta, Werkscode Manta B (1.2 N, 1.2 S, 1.3 N, 1.3 S, 1.6 N, 1.6 S, 1.8 S, 1.9 N, 1.9 S, 1.9 E, 2.0 N, 2.0 S, 2.0 E, 400)

Mehr als eine halbe Million Fahrzeuge der zweiten Manta-Serie rollten in Rüsselsheim von den Bändern. Das zeigt, wie stimmig – wenn auch technisch nicht mehr wirklich zeitgemäß – das Konzept des attraktiv gestalteten viersitzigen Soft-Sportlers immer noch war. Opel entfaltete über fast 14 Baujahre eine riesige Modell- und Motorenpalette, vom schwachbrüstigen 1200er bis zum Rallye-Basismodell mit 144 PS starkem 2,4-Liter-Motor. 1978 wurde eine Karosserievariante mit Fließheck namens CC nachgeschoben, die aber nicht ganz den gewünschten Erfolg brachte. Zehn Jahre später endete mit dem letzten produzierten Manta B endgültig die Ära heckgetriebener Familiencoupés.

Baujahr	1975-1988
Motor-Bauart	Vierzylinder (Reihe)
Hubraum (cm³)	1196 bis 2410
Leistung (PS/U/min)	55 bei 5400 bis 144 bei 5200
Vmax in (km/h)	138 bis 210
Bauart	Coupé
Produktionszahl	534.634

Opel Kadett Aero, Werkscode Kadett C (1200 S, 1600 S)

Baujahr	1976-1978
Motor-Bauart	Vierzylinder (Reihe)
Hubraum (cm³)	1196, 1584
Leistung (PS/U/min)	60 bei 5400 bis 75 bei 5200
Vmax in (km/h)	145 bis 160
Bauart	Coupé (Dachteil entfernbar)
Produktionszahl	1242

Bei Baur in Stuttgart entstand ab 1976 ein zumindest halb offener Opel Kadett. Das hübsch gemachte Bügel-Cabrio nannte sich Aero und sorgte mit 1,2, später 1,6 Liter großem Vierzylinder unter der Haube für entspannten Fahrspaß bei günstigen Unterhaltskosten. Leider hatte das Modell seinen Preis. 15.000 Mark waren nicht nur in der Kadett-Welt eine Menge Geld. So entschieden sich nur wenig mehr als 1200 Käufer für den Aero, der folglich nach zwei Jahren wieder aus den Angebotslisten bei Opel verschwand.

Baujahr	1977-1982
Motor-Bauart	Vierzylinder (Reihe), Vierzylinder-Diesel (Reihe)
Hubraum (cm³)	1698 bis 2260
Leistung (PS/U/min)	60 bei 4800 bis 110 bei 5400
Vmax in (km/h)	130 bis 176
Bauart	Limousine (2-/4-türig), Kombi (3-/5-türig)
Produktionszahl	962.218

Opel Rekord, Werkscode E1 (1.7 N, 1.9 N, 2.0 N, 2.0 S, 2.0 E, 2.1 D, 2.3 D)

Als letzter Vertreter der Rekord-Baureihe vor dem Erscheinen des Nachfolgemodells Omega betrat das E-Modell die Bühne der Automobilwelt. Opel hatte mit der traditionsreichen Mittelklasse-Limousine zugleich auch eine technische Plattform für Senator und Monza geschaffen. Die Motorisierung reichte von einer eher schwachbrüstigen, zweitürigen 60-PS-Sparvariante bis hin zum 110 PS starken Einspritzer. Die ebenfalls erhältlichen Dieselmodelle waren beliebte Exportvarianten, blieben aber hierzulande eher eine Seltenheit.

Baujahr	1978-1986
Motor-Bauart	Vierzylinder (Reihe), Sechszylinder (Reihe)
Hubraum (cm³)	1979 bis 2969
Leistung (PS/U/min)	115 bei 5400 bis 180 bei 5800
Vmax in (km/h)	180 bis 200
Bauart	Coupé
Produktionszahl	43.812

Opel Monza, Werkscode Monza A1/A2 (2.0 E, 2.2 i, 2.5 E, 2.5 i, 2.8 S, 3.0 S, 3.0 E, 3.0 i)

Der Monza sollte die Rolle als sportliches Schwestermodell des Senator spielen. Von seinem äußeren Erscheinungsbild her gelang ihm das glänzend. Die Fließheck-Karosserie war zeitlos elegant, die Heckklappe bot dazu noch praktischen Nutzwert. Technisch waren Monza und Senator im Wesentlichen identisch. Absolutes Spitzenmodell war der Ende 1982 mit einem tiefgreifenden Facelift eingeführte GSE, der mit seinem Dreiliter-Einspritzmotor und geschmackvoll sportlicher Aufmachung beeindruckte. Auch die Monza-Modelle fanden nur vergleichsweise wenige Käufer. Schon nach knapp 44.000 gebauten Exemplaren kam das unverdient frühe Ende.

Opel Senator, Werkscode Senator A1 (2.5 S, 2.5 E, 2.8 S, 3.0 S, 3.0 E)

Opels Versuch, nach der Kapitän/Admiral/Diplomat-Reihe 1978 eine neue Oberklasse-Limousine im Konkurrenzumfeld zu etablieren, war letztlich nicht von Erfolg gekrönt. An den Qualitäten des Autos lag das keineswegs. Es wartete mit aufwendiger Fahrwerkstechnik, robusten, laufruhigen Motoren, sehr guter Ausstattung und repräsentativer Optik auf. Leider machte Opel der ständig wichtiger werdende Imagefaktor in diesem von Mercedes-Benz, BMW und verstärkt auch Audi geprägten Segment immer mehr zu schaffen – weniger als 130.000 Autos in rund 8 Jahren Produktionszeit waren eine klare Botschaft.

Baujahr	1978-1986
Motor-Bauart	Vierzylinder (Reihe), Sechszylinder (Reihe)
Hubraum (cm^3)	1979 bis 2969
Leistung (PS/U/min)	115 bei 5600 bis 180 bei 5800
Vmax in (km/h)	170 bis 200
Bauart	Limousine (4-türig)
Produktionszahl	129.644

Opel Corsa GSI, Werkscode Corsa A (1.6 GSi)

Baujahr	1988-1993
Motor-Bauart	Vierzylinder (Reihe)
Hubraum (cm^3)	1598
Leistung (PS/U/min)	98 bei 5800 bis 101 bei 6000
Vmax in (km/h)	195
Bauart	Limousine (3-türig)
Produktionszahl	k.A

Mit dem modern konzipierten Corsa beschickte Opel seit 1983 erstmals das Kleinwagen-Segment unterhalb des Kadett. Die schicke, durchaus freche Linienführung des extrem kompakten Dreitürers mit seinen ausgestellten Kotflügeln rief geradezu nach einer leistungsstarken Sportversion, die dann aber erst 1988 auf den Markt kam. Ausgerüstet mit einem bis zu 101 PS starken 1,6-Liter-Einspritz-Vierzylinder und einigen sportlichen Accessoires außen und innen war er für die damalige Zeit außerordentlich gut bei Kräften. Über 55.000 Kunden in Europa entschieden sich für dieses kleine Kraftpaket.

Opel Kadett GSi 16V, Werkscode Kadett E (2,0 GSI 16V)

Die Rüsselsheimer führten auch bei der 1984 präsentierten E-Serie ihres Bestsellers Kadett die lieb gewordene Tradition fort, früher oder später ein sportliches Spitzenmodell in die Modellreihe aufzunehmen. 1988, nach vier Jahren, wurde schließlich der GSi eingeführt, der dem Kadett die sprichwörtliche Biederkeit gründlich austrieb. Mit einem hoch effektiven, 150 PS starken Zweiliter-Vierzylinder samt brandneuem 16-Ventil-Zylinderkopf ausgerüstet, rückte der GSi in die vorderste Front der schnellen Kompakten – auch GTI-Klasse genannt – vor. Mit umfangreicher Ausstattung und optisch dezent vorgetragener Sportlichkeit schuf er sich während seiner bis 1991 währenden Produktionszeit zahlreiche Freunde.

Baujahr	1988-1991
Motor-Bauart	Vierzylinder (Reihe)
Hubraum (cm³)	1998
Leistung (PS/U/min)	150 bei 6000
Vmax in (km/h)	205
Bauart	Limousine (3-türig), Limousine (5-türig), Cabrio
Produktionszahl	k.A.

Opel Vectra, Werkscode Vectra A (1.4 S, 1.6 S, 1.6 i, 1.8 S, 1.8 i, 2.0 i, 2.0 i 16V, 2.0 i 16V Turbo, 2.5 i V6, 1.7 D, 1.7 TD)

Baujahr	1988-1995
Motor-Bauart	Vierzylinder (Reihe), Vierzylinder-Turbo (Reihe), V6, Vierzylinder-Diesel (Reihe), Vierzylinder-Turbodiesel (Reihe)
Hubraum (cm³)	1389 bis 2498
Leistung (PS/U/min)	57 bei 4600 bis 204 bei 5600
Vmax in (km/h)	150 bis 220
Bauart	Limousine (4-türig), Limousine (5-türig)
Produktionszahl	k.A.

Mit dem 1988 auf den Markt gebrachten Vectra vollzog Opel auch in der unteren Mittelklasse den Schritt in die moderne Welt der Frontantriebsautos. Der Nachfolger des Ascona hielt sich über acht Jahre erfolgreich auf dem Markt und spielte seine Rolle als zuverlässiges, unterhaltsgünstiges Alltagsauto für die ganze Familie überzeugend. Im Lauf der Zeit gab es eine Fülle unterschiedlichster Versionen und Varianten bis hin zum exotischen 204 PS starken Turbo mit Allradantrieb. Das untere Ende der Leistungspyramide markierte ein 1,7-Liter-Vierzylinder-Diesel mit 57 PS, das Komfortsegment bediente ein langlebiger 2,5-Liter-V6 mit 170 PS.

Opel Astra, Werkscode Astra F (1.4 S, 1.4 i, 1.4 Si, 1.4 16V, 1.6 i, 1.6 Si, 1.6 i 16V, 1.8i i, 1.8 i 16V, 1.8 16 V, 1.8 GSi 16V, 2.0 GSi, 2.0 i 16V, 2.0 GSi 16V, 1.7 D, 1.7 TD, 1.7 TDS)

1991 hatte der gute alte Kadett ausgedient. Mit dem neuen Astra sollte auch beim Modellnamen dokumentiert werden, dass die Zeit des Opel-Miefs endgültig vorbei war. Als Golf-Konkurrent musste er mit einer großen Vielfalt an Varianten antreten und tat dies auch von Beginn an. Als Schrägheck, Stufenheck, Kombi und Cabrio – dazu noch als Lieferwagen – befriedigte er die Ansprüche breiter Käuferschichten. Gleiches galt für die lieferbare Ausstattungs- und Motorenpalette. Letztere reichte von milden 57 bis hin zu feurigen 150 PS im sportlichen GSi. Leider kämpfte Opel zu jener Zeit mit merklichen Qualitätsproblemen, die auch den Astra betrafen und dem Ruf der Marke noch auf Jahre hinaus schaden sollten.

Baujahr	1991-2000
Motor-Bauart	Vierzylinder (Reihe), Vierzylinder-Diesel (Reihe), Vierzylinder-Turbodiesel (Reihe)
Hubraum (cm³)	1389 bis 1998
Leistung (PS/U/min)	57 bei 4600 bis 150 bei 6000
Vmax in (km/h)	155 bis 210
Bauart	Limousine (3-türig), Limousine, (5-türig), Kombi, Cabrio
Produktionszahl	k.A.

Opel Omega, Werkscode Omega B (2.0i 8V, 2.0i 16V, 2.2i 16V, 2.5i 24V, 2.6i 24V, 3.0i 24V, 32.i 24V, 2.0 DTI 16V, 2.2 DTI 16V, 2.5 TD, 2.5 DTI)

Baujahr	1994-2003
Motor-Bauart	Vierzylinder (Reihe), V6, Vierzylinder-Turbodiesel (Reihe), Sechszylinder-Turbodiesel (Reihe)
Hubraum (cm³)	1995 bis 3175
Leistung (PS/U/min)	100 bei 4200 bis 218 bei 6000
Vmax in (km/h)	180 bis 240
Bauart	Limousine (4-türig), Kombi
Produktionszahl	k.A.

Der von 1994 bis 2003 gebaute Omega B war der letzte Mittelklasse-Opel traditionellen Zuschnitts. Wie der Millionenseller Rekord aus den goldenen Jahren der Rüsselsheimer Marke verfügte er über einen Frontmotor und Heckantrieb. Das kam beim eher konservativen Publikum gut an, zumal der Omega B preislich klar unter den Premiumangeboten dieses Marktsegments von Mercedes-Benz und BMW lag, ohne jedoch wesentlich weniger zu bieten. Die Konkurrenzmodelle der anderen Volumenhersteller, VW Passat, Audi 100 (bzw. A6) und Ford Mondeo, waren längst zum Frontantrieb übergegangen. So konnte sich der Omega B – auch dank großer Variantenvielfalt – lange am Markt behaupten und viele Freunde gewinnen.

Baujahr	1994-2001
Motor-Bauart	Vierzylinder (Reihe)
Hubraum (cm³)	1389 bis 1598
Leistung (PS/U/min)	90 bei 6000 bis 106 bei 6000
Vmax in (km/h)	173 bis 183
Bauart	Coupé
Produktionszahl	256.392

Opel Tigra, Werkscode Tigra A (1.4 16 V, 1.6 16V)

1994 brachte Opel auf technischer Basis des Corsa B ein schnuckeliges 2+2-sitziges Sportcoupé mit riesiger Glas-Heckklappe auf den Markt. Motorisiert war der Tigra genannte Flitzer mit einem 1,4 oder auf Wunsch einem 1,6 Liter großen Vierzylinder mit 90 bzw. 106 PS. Damit ließen sich durchaus flotte Fahrleistungen erreichen. Alsbald belasteten jedoch immer wieder auftauchende Qualitäts- und Verarbeitungsmängel den Ruf des Tigra – Opel litt besonders in der zweiten Hälfte der 90er Jahre unter den Nachwirkungen massiver Kostenersparnisprogramme, die die Substanz der Traditionsmarke geraume Zeit in Mitleidenschaft zogen.

Opel Agila, Werkscode Agila A (1.0, 1.2, 1.3 CDTI)

Baujahr	2000-2007
Motor-Bauart	Dreizylinder (Reihe), Vierzylinder (Reihe), Vierzylinder-Turbodiesel (Reihe)
Hubraum (cm³)	973 bis 1248
Leistung (PS/U/min)	58 bei 5600 bis 80 bei 5600
Vmax in (km/h)	143 bis 161
Bauart	Van
Produktionszahl	k.A.

Unter anderem kleine und kostengünstige Autos waren stets die Domäne von Opel – da passte der Mikrovan Agila bestens ins Portfolio. Er kam im Jahr 2000 auf den Markt mit immerhin fünf Sitzen und fünf Türen. Und das alles auf einer Länge von nur gut 3,5 Metern. Klar, dass sich Kunden mit diesem Auto keinen Sportler zulegten – mit 58 bis höchstens 80 PS war die Kraft überschaubar. Wer zur Benzinerbasis griff, musste 18 Sekunden warten, um von 0 auf 100 km/h zu beschleunigen. Der einzige Dieselmotor bot ab 2003 gerade mal 70 PS, aber sollte auch nur 4,9 Liter Sprit verbrauchen. Zu diesem Zeitpunkt gönnte Opel seiner neuen Baureihe schon ein Facelift, das sich auf leichte Designänderungen und ein etwas anders sortiertes Motorenangebot beschränkte. Immerhin sollte eine weitere Generation des Agila dann ab 2007 folgen.

Baujahr	2001-2005
Motor-Bauart	Vierzylinder (Reihe), Vierzylinder-Turbo (Reihe)
Hubraum (cm³)	1998 bis 2198
Leistung (PS/U/min)	147 bei 5800 bis 200 bei 6000
Vmax in (km/h)	217 bis 243
Bauart	Roadster
Produktionszahl	7207

Opel Speedster, Werkscode Speedster (2.2 Ecotec, 2.0 Turbo)

Ein weit konsequenteres Sportwagenkonzept als das des aktuellen GT präsentierte Opel im Jahr 2000. Der Speedster basierte auf dem faszinierenden Lotus Elise, der die Leichtbau-Philosophie des britischen Sport- und Rennwagenbauers eindrucksvoll demonstrierte. Mit Opel-eigener Kunststoffkarosserie und dem 147 PS leistenden 2,2-Liter-Opel-Vierzylinder (später auch mit dem Zweiliter-Turbotriebwerk mit 200 PS) in Mittelmotoranordnung vermittelte der unter 1000 Kilo wiegende Speedster echtes Rennwagenfeeling. Opel betrachtete den Speedster primär als Imageträger für die Marke. Aufgrund seiner sehr begrenzten Alltagstauglichkeit gestaltete sich der Abverkauf allerdings eher zäh und 2005 endete die Produktion. Mittlerweile jedoch werden vor allem die Turbo-Modelle als echte Liebhaberautos gehandelt.

Opel Vectra, Werkscode Vectra C (1.6, 1.6 Twinport, 1.8, 2.0 Turbo, 2.2, 2.2 Direct, 2.8 V6 Turbo, OPC, 3.2 V6, Irmscher i35, 1.9 CDTI, 2.0 DTI, 2.2 DTI, 3.0 V6 CDTI)

Baujahr	2002-2008
Motor-Bauart	Vierzylinder (Reihe), Vierzylinder-Turbo (Reihe), V6-Turbo, V6-Kompressor, Vierzylinder-Turbodiesel (Reihe), V6-Turbodiesel
Hubraum (cm³)	1598 bis 3175
Leistung (PS/U/min)	100 bei 4000 bis 302 bei 5800
Vmax in (km/h)	185 bis 283
Bauart	Limousine, Kombi
Produktionszahl	k.A.

Opel hatte sich von der dritten Generation des Vectra wohl einiges versprochen – die Kunden konnten oder wollten das Versprechen aber nicht halten. Dabei war der Vectra C ordentlich gewachsen, und zwar in der Länge um 40 und in der Breite um zehn Zentimeter – ein Kompromiss, weil der größere Opel Omega keinen Nachfolger erhalten sollte. Es gab wieder die Wahl zwischen Limousine und Kombi (bei Opel „Caravan" genannt), die Motorenauswahl in Sachen Benziner und Diesel war reichhaltig, und das Design – nun ja, sagen wir es mal positiv: Die Rüsselsheimer hatten sich auf keine Experimente eingelassen. 2005 gab es schon ein Facelift, was gegen Aufpreis ein aktives Fahrwerk beinhaltete. Abgesehen vom Vectra i35, der vom Opel-Tuner Irmscher gebaut wurde, war der Vectra ab 2005 auch als bis zu 280 PS starke OPC-Variante zu haben, die in 6,3 Sekunden auf 100er Marke sprinten konnte und bei 250 km/h Spitze elektronisch abgeregelt wurde.

Opel Signum, Werkscode Signum (1.8, 2.0 Turbo, 2.2 Direct, 2.8 V6 Turbo, 3.2 V6, 1.9 CDTI, 2.0 CDTI, 2.2 CDTI, 3.0 V6 CDTI)

Baujahr	2003-2008
Motor-Bauart	Vierzylinder (Reihe), Vierzylinder-Turbo (Reihe), V6-Turbo, V6, Vierzylinder-Turbodiesel (Reihe), V6-Turbodiesel
Hubraum (cm³)	1796 bis 3175
Leistung (PS/U/min)	100 bei 4000 bis 250 bei 5500
Vmax in (km/h)	180 bis 250
Bauart	Kombi
Produktionszahl	37.730

„Alles, was ein Maybach kann, kann ein Signum auch …" soll der damalige Opel-Chef Carl-Peter Forster bei der Präsentation des neuen Autos mit dem bekannten Blitz gesagt haben. Respekt – jedenfalls vor so viel Selbstbewusstsein. Technisch basierte die neue Kombilimousine oder der Limousinenkombi auf dem Vectra und war auch nur vier Zentimeter länger. Der Unterschied lag besonders im Radstand: 13 Zentimeter mehr als im Komponentengeber. Womit er allerdings nicht ganz an dem Maybach herankam. Auch bei den verbauten Materialien, den Motoren (es gab nie einen Signum mit V12, nicht mal mit V8), der Kraft (Ende war bei 250 PS) und beim Preis konnte der Opel nicht mithalten. Tatsächlich zahlten Signum-Willige für einen nackten Rüsselsheimer mindestens 23.000 Euro. Die größte Stärke des Signum war das clever durchdachte Innenraumkonzept „FlexSpace" mit zwei um 130 Millimeter verschiebbaren sowie komplett versenkbaren Einzelrücksitze, deren Lehnen um jeweils 30 Grad geneigt werden konnten. Trotzdem fanden nur knapp 38.000 Signum Abnehmer in Deutschland. Ein Trost für Forster: Davon konnte Mercedes/Maybach nur träumen …

Opel Meriva, Werkscode Meriva A (1.4 LPG, 1.4 Twinport, 1.6, 1.6 Twinport, 1.6 Turbo (OPC), 1.8, 1.3 CDTI, 1.7 CDTI)

Baujahr	2003-2009
Motor-Bauart	Vierzylinder (Reihe), Vierzylinder-Turbo (Reihe), Vierzylinder-Turbodiesel (Reihe)
Hubraum (cm³)	1364 bis 1796
Leistung (PS/U/min)	75 bei 4000 bis 180 bei 5500
Vmax in (km/h)	157 bis 222
Bauart	Kompaktvan
Produktionszahl	k.A.

Ist die Beschreibung „Mini-Zafira auf Corsa-Basis" für ein neues Automodell eine Auszeichnung? Vielleicht. Denn nach dem Agila-Erfolg stellte Opel einen neuen Minivan auf die Corsa-Plattform und nannte ihn Meriva. Der rund vier Meter lange Minivan kostete als Benzin-Einstiegsmodell mit 87 PS faire 13.995 Euro und überzeugte besonders mit seinem FlexSpace-Konzept. Das erlaubte einen schnellen Umbau vom Fünfsitzer in einen Vier-, Drei- oder Zweisitzer, der letztlich bis zu 2000 Liter Kofferraumvolumen anbot. Die umklappbare Beifahrersitzlehne konnte als Picknicktisch dienen. Die Dieselvarianten begannen bei 75 PS. Wer es gern sportlich mochte, konnte ab 2005 auf die heiße OPC-Variante zugreifen: 180 PS erlaubten ein Spitzentempo von 222 km/h und erleichterten das Konto um mindestens 23.000 Euro. Weitere Generationen des Meriva sollten folgen.

Opel Combo Tour, Werkscode Combo C (1.4 Twinport, 1.6, 1.6 CNG, 1.3 CDTI, 1.7 DI, 1.7 DTI, 1.7 CDTI)

Baujahr	2003-2010
Motor-Bauart	Vierzylinder (Reihe), Vierzylinder-Turbodiesel (Reihe)
Hubraum (cm³)	1364 bis 1686
Leistung (PS/U/min)	65 bei 4400 bis 1000 bei 4400
Vmax in (km/h)	147 bis 170
Bauart	Van
Produktionszahl	k.A.

Wer die Ursprünge des Opel Combo noch kennt, wird sich an Mitte der 1980er Jahre erinnern, als ein Kastenwagen auf Basis des Opel Kadett E „Combo" genannt wurde. Im Oktober 2001 kam bereits die dritte Generation des neuen Combo, schlicht „C" genannt. Die wendete sich ab 2003 nicht mehr nur an Handwerker und Co., sondern auch an kostenbewusste Normalverdiener. Denn der „Combo Tour" – ein rundherum verglaster Hochdachkombi mit seitlichen Schiebetüren – war auch für Familien absolut akzeptabel. Der Privatmarkt-Combo war an einer Chromstrebe im Grill erkennbar. Das Auto basierte vorne inklusive Achse auf dem Opel Corsa, hinten stand er auf Meriva A- und Astra G-Bauteilen. Er war bis 2010 im Programm.

Opel Tigra Twin Top, Werkscode X-C/Roadster (1.4 Twinport, 1.8, 1.3 CDTI)

Baujahr	2004-2009
Motor-Bauart	Vierzylinder (Reihe), Vierzylinder-Turbodiesel (Reihe)
Hubraum (cm³)	1248 bis 1796
Leistung (PS/U/min)	70 bei 4000 bis 125 bei 4600
Vmax in (km/h)	167 bis 204
Bauart	Coupé-Cabrio
Produktionszahl	90.874

Der Einstieg in günstiges Frischluftvergnügen gelang bei Opel mit dem Tigra TwinTop. Die Rüsselsheimer hatten mit dem Cabrio somit nach drei Jahren Pause wieder einen Tigra im Portfolio, aber diesmal nicht als Coupé, sondern als Stahldachroadster. Zuerst waren nur 90 oder 125 Benziner-PS zu haben, später kam ein 70 PS starker Diesel hinzu. Mit an Bord waren tatsächlich Sportsitze, Nebelscheinwerfer, vier Airbags und ESP. Die Basis bildete der Corsa C, die Plattform kam von General Motors, gefertigt wurde das Auto von Heuliez in Frankreich. Immerhin fast 91.000 Kunden sicherten sich das kleine Spaßmobil, ehe es im Mai 2009 eingestellt wurde.

Opel Astra, Werkscode Astra H (1.4, 1.4 Twinport, 1.4 LPG, 1.6, 1.6 Twinport, 1.6 LPG, 1.6 Turbo, 1.8, 2.0 Turbo, 1.3 CDTI, 1.7 CDTI, 1.9 CDTI)

Baujahr	2004-2010
Motor-Bauart	Vierzylinder, Vierzylinder-Turbo, Vierzylinder-Turbodiesel
Hubraum (cm³)	1248 bis 1998
Leistung (PS/U/min)	75 bis 241
Vmax in (km/h)	170 bis 244
Bauart	Limousine, Kombi, Cabriolet
Produktionszahl	k.A.

Nicht nur VW besaß einen Dauerbrenner – Opel genauso. Der Golf-Konkurrent Astra kam 2004 bereits in seiner dritten Generation. Der Astra H war wieder als Limousine, als Kombi, als Cabrio und sogar als viertüriges Stufenheckmodell (bis 2008 fast ausschließlich für den osteuropäischen Markt) zu haben, natürlich mit einer großen Anzahl verschiedener Benzin- und Dieselmotoren. Auf seiner Delta-Plattform bauten auch Modelle der General-Motors-Marken Vauxhall, Holden und Saturn auf. 2007 wurde ein leichtes Facelift spendiert.

Baujahr	2005-2010
Motor-Bauart	Vierzylinder-Turbo (Reihe)
Hubraum (cm³)	1998
Leistung (PS/U/min)	241 bei 5600
Vmax in (km/h)	240
Bauart	Limousine (3-türig)
Produktionszahl	k.A.

Opel Astra OPC, Werkscode Astra H (2.0 Turbo OPC)

Ein großer Markterfolg war die 2004 präsentierte H-Serie des Astra, die sich rundum tiefgreifend modernisiert und qualitativ verbessert zeigte. Einen besonderen Akzent setzte die betont sportlich gehaltene dreitürige GTC-Version, die es auch in der OPC-Ausstattung gab. OPC nannte Opel seit 1999 seine ausgeprägt sportlichen Modelle für einen bewusst kleinen Käuferkreis, dem Leistung und echte Sportlichkeit oberhalb der bisherigen GSi-Modelle über alles ging. So bot der Astra OPC der H-Serie satte 240 PS aus einem Zweiliter-Vierzylinder-Turbomotor und erreichte damit eine Spitze von fast 250 km/h – kaum glaubliche Werte für einen Kompaktwagen bürgerlichen Zuschnitts. Im Oktober 2005 raste Rennfahrer Manuel Reuter mit einem OPC-Astra in 8:35,93 Minuten über die Nordschleife - neuer Klassenrekord. Infolge dessen brachte Opel – allerdings erst 2008 - eine „OPC Nürburgring-Edition" heraus in limitierter 835 Stück mit Optik-Gimmicks, der neuesten Fahrwerkgeneration IDS-Plus2 und 19-Zöllern. Es folgte 2009 der „OPC Race Camp" mit weniger Ausstattung als im normalen OPC und nur in Schwarz/weiß. 2010 war Schluß mit Astra OPC.

Baujahr	2005-2014
Motor-Bauart	Vierzylinder (Reihe), Vierzylinder-Turbo (Reihe), Vierzylinder-Turbodiesel (Reihe)
Hubraum (cm³)	1598 bis 2198
Leistung (PS/U/min)	94 bei 6200 bis 240 bei 5600
Vmax in (km/h)	163 bis 231
Bauart	Van
Produktionszahl	k.A.

Opel Zafira, Werkscode Zafira B (1.6, 1.6 CNG, 1.8, 1.8 LPG, 2.0 Turbo, 2.0 Turbo (OPC) 2.2 Direct, 1.7 CDTI, 1.9 CDTI)

Die zweite Generation des Opel Zafira – bei Opel ganz einfach und traditionell „B" genannt – kam im Sommer 2005 auf den Markt. Nach wie vor stand der Wagen auf der Delta-Plattform von GM, war aber umfassend modernisiert worden. Schon zwei Jahre später wurde trotzdem eine Modellpflege präsentiert, die Anfang 2008 beim Händler stand. Das Facelift fiel allerdings relativ dünn aus und beschränkte sich im Wesentlichen auf optische Retuschen und marginale Veränderungen im Innenraum. Aufgrund des großen Erfolgs des Vorgängers waren an den Zafira Typ B hohe Erwartungen geknüpft. Auch der neue Kompaktvan besaß das variable Flex-7-Sitzsysystem mit den beiden versenkbaren Stühlen der dritten Sitzreihe und den verschiebbaren Außensitzen. Neben den bekannten Ausstattungslinien gab es zwischen 2005 und 2010 außerdem eine sportliche OPC-Version mit 240 Turbo-PS. Im Laufe der Bauzeit brachte Opel mit der CNG-Erdgas-Variante, die später sogar als 150-PS-Turbo-Version angeboten wurde, sowie einer LPG-Autogas-Version zwei Modelle mit alternativen Antrieben auf den Markt.

Baujahr	2006-2014
Motor-Bauart	Dreizylinder (Reihe), Vierzylinder (Reihe), Vierzylinder-Turbo (Reihe), Vierzylinder-Turbodiesel (Reihe)
Hubraum (cm³)	998 bis 1686
Leistung (PS/U/min)	60 bei 5600 bis 211 bei 5850
Vmax in (km/h)	150 bis 230
Bauart	Limousine
Produktionszahl	k.A.

Opel Corsa, Werkscode Corsa D (1.0, 1.2, 1.2 LPG, 1.4, 1.4 LPG, 1.4 Turbo, 1.6 Turbo (GSI), 1.6 Turbo (OPC), 1.6 Turbo (OPC Nürburgring Edition), 1.3 CDTI, 1.7 CDTI)

2006 war Opel schon bei Generation „D" – zumindest beim Kleinwagen Corsa. Auch wenn er kräftig gewachsen war im Vergleich zum Vorgänger, unterbot er gerade eben noch die Viermeter-Marke (bis auf die supersportliche OPC-Version mit 192 PS – die maß 4040 Millimeter). Der Corsa D stand auf der gleichen Plattform wie der Fiat Grande Punto. Die Einstiegsversion – der Einliter-Corsa – musste mit einem 60 PS starken Dreizylinder auskommen, alle anderen Modelle fuhren mit vier Zylindern. Auch Autogasausführungen waren im Angebot. Wen weder Gas noch die Basis noch das Luxusmodell interessierte, war beim 1.6 Turbo gut aufgehoben, der 2007 auf den Markt kam – und bekannter wurde unter dem Kürzel GSi. Mit 150 PS ging es ganz flott voran, und im Gegensatz zum 22.560 Euro teuren OPC-Modell und dem mit 211 PS noch stärkeren, 2011 auf den Markt geworfenen „OPC Nürburgring Edition", war der GSi auch als Viertürer zu haben.

Baujahr	2006-2017
Motor-Bauart	Vierzylinder (Reihe), V6, Vierzylinder-Turbodiesel (Reihe)
Hubraum (cm³)	1991 bis 3195
Leistung (PS/U/min)	127 bei 4000 bis 227 bei 6600
Vmax in (km/h)	174 bis 203
Bauart	SUV
Produktionszahl	22.029

Opel Antara, Werkscode Antara (2.4, 3.2 V6, 2.0 CDTI, 2.2 CDTI)

Opel kam spät mit einem SUV – es war das Jahr 2006. Allerdings war es kein Eigengewächs, sondern ein Chevrolet Captiva mit Opel-Logo. Der Fünftürer war ab knapp 27.000 Euro zu haben. Eine Besonderheit war das Fahrradträgersystem Flex Fix, das sich sozusagen als Schublade im Heckstoßfänger verbarg und dadurch immer mit dabei war. Die Basismodelle mussten mit Kraft nur an den Vorderrädern auskommen, die höherwertigen Modelle kamen mit Allradantrieb. Ein Facelift 2010 aktualisierte den Antara, allerdings gehörte das Auto zu diesem Zeitpunkt schon zu den am schlechtesten verkauften Fahrzeugmodellen hierzulande. Anders ausgedrückt: Von 2006 bis Ende 2017 wurden in Deutschland lediglich 22.000 Antara neu zugelassen. Laut Fachpresse lag das unter anderem an seiner wenig ausgeprägten Sportlichkeit, der Lenkung, die viele Wünsche offen ließ, dem stark beanspruchten Fahrwerk und der verbesserungswürdigen Verarbeitung.

Opel Agila, Werkscode Agila B (1.0, 1.2, 1.3 CDTI)

Baujahr	2007-2014
Motor-Bauart	Dreizylinder (Reihe), Vierzylinder (Reihe), Vierzylinder-Turbodiesel (Reihe)
Hubraum (cm³)	996 bis 1248
Leistung (PS/U/min)	65 bei 6000 bis 94 bei 6000
Vmax in (km/h)	160 bis 175
Bauart	Limousine
Produktionszahl	k.A.

Die zweite Generation des Opel Agila kam deutlich eigenständiger daher als die erste, auch wenn das Auto erneut aus einer Koproduktion mit Suzuki entstand (dort hieß das Auto „Splash"). Der „Mikrovan", wie er auch bezeichnet wurde, bot innen zumindest für vier Personen erstaunlich viel Platz, was aber zulasten des Kofferraums ging – mehr als 225 Liter Gepäck passten nicht rein. Der Agila B wuchs im Vergleich zum A um volle 20 Zentimeter in der Länge und um sechs Zentimeter in der Breite, wurde aber sieben Zentimeter flacher – was ihn jedoch nicht sportlicher wirken ließ. Auch die Motorenauswahl war nicht üppig – zwei Benziner-Antriebe und ein Dieselmotor, mehr war nicht. Die Liste der Sonderausstattung präsentierte sich überschaubar, ESP und Traktionskontrolle gab es nur gegen Aufpreis. 2014 hatte der Agila ausgedient, der Nachfolger hieß schlicht „Karl".

Opel GT, Werkscode GT (Roadster)

2007 belebte Opel einen alten Mythos wieder, aber auf ganz neue Art. Die Rüsselsheimer nannten ihr neues, bei GM in den USA konzipiertes Sportwagenmodell „GT" – wie den legendären Zweisitzer aus den frühen 70er Jahren. Beim neuen GT handelte es sich jedoch um einen Roadster mit einem vergleichsweise rudimentären Stoffverdeck. Befeuert wurde der neue GT von einem 264 PS starken Zweiliter-Turbo-Vierzylinder, der für nachdrücklichen Vortrieb sorgte. Gegenüber den meisten Konkurrenzmodellen mangelte es dem GT jedoch an Nutzwert. Das eher notdürftige Verdeck und die kaum vorhandene Kofferraumkapazität machten ihn – wie eigentlich schon den alten GT – zum reinen Spaßvehikel fürs Wochenende. Das Auto wurde im Werk Wilmington im US-Bundesstaat Delaware gebaut - bis jenes am 31. Juli 2009 geschlossen wurde und somit auch der GT ausgedient hatte. immerhin wurden fast 108.000 Stück gefertigt.

Baujahr	2007-2009
Motor-Bauart	Vierzylinder-Turbo (Reihe)
Hubraum (cm³)	1998
Leistung (PS/U/min)	264 bei 5300
Vmax in (km/h)	229
Bauart	Roadster
Produktionszahl	7.519

Opel Insignia, Werkscode Insignia A (1.4 Turbo, 1.4 Turbo LPG, 1.6, 1.6 Turbo, 1.6 SIDI Turbo , 1.8, 2.0 Turbo, 2.0 Turbo 4x4, 2.0 SIDI Turbo, 2.8 V6 Tubo 4x4, 2.8 V6 Turbo OPC, 1.6 CDTI, 2.0 CDTI, 2.0 BiTurbo CDTI 4x4, 2.0 BiTurbo CDTI)

Baujahr	2008-2017
Motor-Bauart	Vierzylinder (Reihe), Vierzylinder-Turbo (Reihe), V6-Turbo, Vierzylinder-Turbodiesel (Reihe), Vierzylinder-Biturbodiesel (Reihe)
Hubraum (cm³)	1364 bis 2792
Leistung (PS/U/min)	110 bei 4000 bis 325 bis 5250
Vmax in (km/h)	200 bis 245
Bauart	Limousine (4-türig), Limousine (5-türig), Kombi
Produktionszahl	944.670

Die Messlatte für einen neuen Wettbewerber in der Mittelklasse auf dem deutschen Markt lag einst extrem hoch. Optik, Technik und Qualitätsniveau der Fahrzeuge von Audi, VW, Ford, Mercedes-Benz und BMW markierten schlicht und einfach die Weltspitze. Opels 2008 vorgestellter Insignia sollte nun in diese Phalanx einbrechen und Oberklasse-Technik im Mittelklasse-Format zu besonders konkurrenzfähigen Preisen realisieren. Die Anlagen dazu hatte er offensichtlich – blieb nur die Frage, ob die Existenzkrise des General-Motors-Konzerns, die auch Opel in den Abgrund zu reißen drohte, eine Grundlage bieten würde, diesen besten Opel seit langem auch zum Erfolg zu führen. tatsächlich fand die erste Generation des Insignia eine Menge Freunde: Fast eine Million Stück wurden bis zur Ablösung der neuen Generation im Jahr 2017 gebaut auch dank vieler Karosserievarianten wie Stufenheck- und Schräghecklimousine, einem Kombi namens „Sports Tourer" und dem etwas höher gelegten „Country Tourer".

Baujahr	2009-2018
Motor-Bauart	Vierzylinder, Vierzylinder-Turbo (Reihe), Vierzylinder-Turbodiesel (Reihe), Vierzylinder-Biturbodiesel (Reihe)
Hubraum (cm³)	1248 bis 1998
Leistung (PS/U/min)	87 bei 6000 bis 280 bei 5500
Vmax in (km/h)	168 bis 250
Bauart	Limousine, Kombi
Produktionszahl	k.A.

Opel Astra, Werkscode Astra J (1.4, 1.4 Turbo, 1.4 LPG Turbo, 1.6, 1.6 Turbo, OPC, 1.3 CDTI, 1.6 CDTI, 1.7 CDTI, 2.0 CDTI, 2.0 BiTurbo CDTI)

2009 kam die vierte Generation des ewigen Golf-Jägers Opel Astra auf den Markt. Der „J" geriet für einen Kompaktklassewagen relativ groß und bot im Innenraum zumindest vorne viel Platz. Die Cabrioversion, die erst 2013 nachgeschoben wurde, erhielt mit „Cascada" einen eigenen Namen. Die Top-Version namens „OPC" erschien 2012 und richtete sich mit überzeugenden 280 PS sowie 400 Newtonmeter maximalem Drehmoment und einem elektronisch begrenztem Top-Tempo von 250 km/h speziell an sportlich ambitionierte Fahrer. Der Sprint gelang in rund sechs Sekunden – kein schlechter Wert für ein Familienauto.

Opel Meriva, Werkscode Meriva B (1.4, 1.4 LPG, 1.3 CDTI, 1.6 CDTI, 1.7 CDTI)

Baujahr	2010-2017
Motor-Bauart	Vierzylinder (Reihe), Vierzylinder-Turbo (Reihe), Vierzylinder-Turbodiesel (Reihe)
Hubraum (cm³)	1248 bis 1686
Leistung (PS/U/min)	95 bei 3500 bis 140 bei 6000
Vmax in (km/h)	168 bis 197
Bauart	Kompaktvan
Produktionszahl	k.A.

Während für den Meriva A der Opel Corsa die Basis lieferte, stand der Meriva B, also die zweite Generation, auf Komponenten des Astra H und des Zafira B. Im Vergleich zu seinem Vorgänger geriet der Meriva B länger und breiter, allerdings hatte er eine geringere Höhe. Das maximale Fassungsvermögen nahm von 1410 auf 1500 Liter zu. Der wohl augenscheinlichste Unterschied zwischen beiden Meriva-Generationen waren die sich gegenläufig öffnenden Türen des Meriva B. Sie ermöglichten auch in engeren Parklücken einen bequemen Zugang nach innen und erleichterten das An- und Abschnallen von Kindern. Eine besondere Stärke waren die flexibel verstellbaren und bequemen Sitze. Viel Motorenauswahl gab es nicht: Der Meriva B war als 1,4-Liter-Benziner mit und ohne Turbolader erhältlich, auf der Dieselseite gab es drei Alternativen. 2014 brachte Opel eine überarbeitete Ausführung der 2. Generation des Meriva auf den Markt.

Opel Zafira Tourer, Werkscode Zafira C (1.4 Turbo, 1.4 LPG, 1.6 CNG, 1.6 DI Turbo, 1.6 SIDI Turbo, 1.8, 1.6 CDTI, 1.6 Diesel, 2.0 CDTI, 2.0 Diesel, 2.0 BiTurbo CDTI)

Baujahr	2011-2019
Motor-Bauart	Vierzylinder (Reihe), Vierzylinder-Turbo (Reihe), Vierzylinder-Turbodiesel (Reihe)
Hubraum (cm³)	1364 bis 1956
Leistung (PS/U/min)	110 bei 4000 bis 200 bei 5500
Vmax in (km/h)	185 bis 220
Bauart	Van
Produktionszahl	k.A.

Die dritte Generation des Opel Zafira Tourer sollte auch die letzte werden – was nicht an mangelnder Beliebtheit lag, sondern schlicht daran, dass Opel 2017 an den PSA-Konzern verkauft wurde und damit die bisherige Plattform von GM nicht mehr benutzt werden konnte. 2012 noch als „Zafira Tourer" vorgestellt, fiel der Zusatz „Tourer" dem Facelift von 2016 zum Opfer. Von Anfang an entfiel die bislang angenehme Tatsache, dass das Siebensitzer-Konzept „Flex7" serienmäßig mitgeliefert wurde: Die einfachen Varianten sind nur noch Fünfsitzer. Dafür gibt es eine große Auswahl an Motorisierungen von 120 bis 200 PS inklusive Autogas- und Erdgas-Alternativen.

Opel Ampera, Werkscode Ampera

Baujahr	2012-2016
Motor-Bauart	Vierzylinder (Reihe) + E-Motor
Hubraum (cm³)	1398
Leistung (PS/U/min)	150 bei 5000
Vmax in (km/h)	161
Bauart	Limousine
Produktionszahl	k.A.

Der Ampera war Opels gutes Umweltgewissen: Das Plug-in-Hybrid-System des Hybriden bestand aus einem Elektromotor mit 150 PS sowie einem 1,4-Liter-Vierzylinder-Benzinmotor mit 86 PS, der aber ausschließlich als so genannter „Range Extender" (Reichweitenverlängerer) die 16-kWh-Batterie auflud. Der Ampera – Basis war der Chevrolet Volt der ersten Generation – besaß Frontantrieb und legte bei idealen Bedingungen rein elektrisch bis zu 80 Kilometer zurück. Der Elektromotor hatte ein maximales Drehmoment von 370 Newtonmetern, womit sich Überholvorgänge zügig absolvieren ließen. Die Kraftübertragung bei dem 1732 Kilo schweren Gefährt erfolgte über ein stufenloses Automatikgetriebe auf die Vorderräder. Mit neun Sekunden für den Spurt auf 100 km/h und 161 km/h abgeregelter Höchstgeschwindigkeit war der Ampera gut unterwegs. Der angegebene elektrische Energieverbrauch betrug 16,9 kWh, der kombinierte Kraftstoffverbrauch nach Norm 1,2 Liter auf 100 Kilometer, was CO_2-Emissionen von 27 g/km zur Folge hatte. Erster Grundpreis: 43.900 Euro. Nachfolger wurde der Opel Ampera-e.

Opel Mokka, Werkscode Mokka A (1.4 Turbo, 1.6, 1.6 CDTI, 1.7 CDTI)

Baujahr	2012-2019
Motor-Bauart	Vierzylinder (Reihe), Vierzylinder-Turbo (Reihe), Vierzylinder-Turbodiesel (Reihe)
Hubraum (cm³)	1364 bis 1686
Leistung (PS/U/min)	110 bei 4400 bis 152 bei 5600
Vmax in (km/h)	170 bis 196
Bauart	SUV
Produktionszahl	k.A.

Gleich vorneweg: Für alle, die keinen Kaffee mögen, stellt sich die Frage, ob es sinnvoll ist, ein Automodell nach dem gruseligen Heißgetränk zu benennen. Vermutlich ja, weil die Vorgenannten da auf ziemlich verlorenem Posten stehen. Außerdem gab es den Mokka nicht nur in braun: Als der Mokka A (A für die erste Generation) im Oktober 2012 auf den Markt kam, lagen bereits 40.000 Bestellungen vor, er sprengte damit alle Verkaufserwartungen. Mit diesem Modell schaffte es Opel dann, stets unter den ersten drei bei den SUV-Zulassungen zu sein. Dazu verhalf auch der Einstiegspreis von 18.990 Euro. Technisch steckten unter anderem Meriva und Insignia unterm Blech. Opel bot bis zu 150 PS an, Allradantrieb war optional zu haben. Auch wenn die rollende Kaffeetasse nicht die 200-km/h-Marke knacken konnte: So sieht Erfolg aus.

Baujahr	2013-2019
Motor-Bauart	Vierzylinder-Turbo (Reihe), Vierzylinder-Turbodiesel (Reihe), Vierzylinder-Biturbodiesel (Reihe)
Hubraum (cm³)	1364 bis 1956
Leistung (PS/U/min)	120 bei 6000 bis 200 bei 6000
Vmax in (km/h)	195 bis 235
Bauart	Cabriolet
Produktionszahl	k.A.

Nach der Einstellung des Astra H als Cabrio-Variante bot Opel mit dem Cascada erstmals wieder ein Cabriolet an. Ebenso wie das Astra G Cabriolet trug der Cascada eine Stoffmütze, die bei Tempi von bis zu 50 km/h geöffnet werden konnte. Ein Großteil der Technik stammte vom Insignia. Da laut Hersteller keine Teile des Opel Astra beim Cascada verwendet worden waren, wurde das Cabriolet zwischen dem Astra und dem Insignia angesiedelt. Der 2+2-Sitzer besaß mindestens 120 PS, alternativ stand aber auch ein 200 PS starker 1,6-Liter-Turbobenziner zur Verfügung. Auch Dieselvarianten waren zu haben, in der Biturboausführung bedeutete das 190 PS. Preis: ab 26.650 Euro.

Opel Cascada, Werkscode Cascada (1.4 Turbo, 1.6 Turbo, 1.6 SIDI, 2.0 CDTI, 2.0 BiTurbo CDTI)

Opel Adam, Werkscode Adam (1.0, 1.2, 1.4, 1.4 LPG, 1.4 Tubo)

Baujahr	2013-2019
Motor-Bauart	Dreizylinder-Turbo (Reihe), Vierzylinder (Reihe), Vierzylinder-Turbo (Reihe)
Hubraum (cm³)	999 bis 1398
Leistung (PS/U/min)	69 bei 5600 bis 150 bei 5500
Vmax in (km/h)	165 bis 210
Bauart	Limousine
Produktionszahl	k.A.

Das Revier der Kleinwagen beherrschte bei Opel traditionsgemäß der Corsa – zumindest bis zum Ende des Jahres 2012. Dann kam der nur 3,70 Meter lange Opel Adam, dessen Name eine Reminiszenz an den Firmengründer ist, der vor mehr als 100 Jahren zunächst mit der Produktion von Fahrrädern bekannt wurde. Produziert wurde der frontgetriebene Dreitürer in Eisenach. Technisch basierte er noch auf dem Opel Corsa D, der 2015 vom Modell E abgelöst wurde. Adam und Corsa waren aufgrund der technischen und auch preislichen Nähe direkte Konkurrenten. Die Versionen mit 90 PS und 115 PS boten zu überschaubaren Aufpreisen ein gutes Preis-Leistungs-Verhältnis. Das Topmodell (Adam S) mit vier Zylindern und 150 PS war ein Fall für Sportler. Der Adam hatte Opel bei der Markteinführung 2012 neue Perspektiven eröffnet und damit das Comeback der Marke maßgeblich vorangetrieben.

Opel Karl, Werkscode KARL (1.0, 1.0 LPG, 1.0 Rocks)

Baujahr	2015-2019
Motor-Bauart	Dreizylinder (Reihe)
Hubraum (cm³)	999
Leistung (PS/U/min)	73 bei 6500 bis 75 bei 6500
Vmax in (km/h)	170
Bauart	Limousine
Produktionszahl	35.688

Agila ist tot, es lebe Karl: Opel benannte den neuen Kleinsten nach Adam Opels ältestem Sohn, wenn auch mit „K" statt mit „C". Technische Basis war der Chevrolet Spark. Das Auto – die günstige Alternative zum lifestyligeren Adam – wog gerade mal 900 Kilo, zum ordentlichen Vortrieb reichte deswegen ein neuentwickelter Dreizylinder mit anfangs 75 PS. Kurze Zeit später folgte eine Autogas-Variante mit anfangs ebenfalls 75 PS, später waren es 73 PS. Als pfiffige Marketingidee stellte sich das Modell „Karl Rocks" heraus: Dafür erhöhte Opel das Fahrwerk samt Soft Ride System um 18 Millimeter und spendierte dem Karl robuste Stoßstangen, Radkästen und Seitenschweller. Hinzu kamen unter anderem weitere spezielle Designelemente, eine Dachreling, Nebelscheinwerfer, eine Klimaanlage und ein Tempomat.

Opel Mokka X, Werkscode Mokka A (1.4 Turbo, 1.6, 1.6 CDTI, 1.7 CDTI)

Baujahr	2016-2019
Motor-Bauart	Vierzylinder (Reihe), Vierzylinder-Turbo (Reihe), Vierzylinder-Turbodiesel (Reihe)
Hubraum (cm³)	1364 bis 1686
Leistung (PS/U/min)	110 bei 4000 bis 152 bei 5600
Vmax in (km/h)	170 bis 193
Bauart	SUV
Produktionszahl	k.A.

Es ist zwar nicht die x-te Generation des Mokka, die Opel 2016 auf dem Genfer Salon enthüllte, sondern erst die zweite, trotzdem hängte Opel seinem kleinen SUV nach dem Modellnamen ein großes X an. Neu waren ein 1,4-Liter-Vierzylinder-Turbo mit 152 PS, die Sechsgang-Automatik und adaptiver Allradantrieb. In der frontgetriebenen Basisausführung musste man für die auch optisch aufgehübschten Mokka rund 19.000 Euro hinlegen. Im Juni 2019 wurde die Produktion des Mokka X eingestellt, weil Opel an PSA verkauft wurde.

Baujahr	seit 2017
Motor-Bauart	Dreizylinder (Reihe), Dreizylinder-Turbo (Reihe), Vierzylinder-Turbodiesel (Reihe)
Hubraum (cm³)	1199 bis 1560
Leistung (PS/U/min)	81 bei 5750 bis 130 bei 5500
Vmax in (km/h)	170 bis 206
Bauart	SUV
Produktionszahl	k.A.

Opel Crossland, Werkscode Crossland/ Crossland X (1.2, 1.2 LPG, 1.2 Turbo, 1.5 Diesel, 1.6 Diesel)

Der Opel Crossland ist das erste Fahrzeug aus der Kooperation von Opel mit dem PSA-Konzern bei den leichten Nutzfahrzeugen im Kleinwagensegment. Opel sortiert den Crossland X in seiner Modellpalette als Familienfahrzeug und Mini-SUV ein. Allerdings ist der Kofferraum recht klein. Immerhin sitzt der Fahrer 52 Zentimeter über der Straße, das sind zehn Zentimeter mehr als bei einem vergleichbaren Kleinwagen wie dem Opel Corsa. Manche glauben, dadurch eine bessere Übersicht über das Verkehrsgeschehen zu haben. Was nur dann stimmt, wenn nicht drumherum auch SUVs herumfahren. Richtig aber ist, dass man deutlich bequemer ein- und aussteigen kann als bei einem niedrigeren Fahrzeug. Zweiter großer Pluspunkt sind die überschaubaren Kosten – der Grundpreis beträgt 16.850 Euro. Im Herbst 2020 spendierte Opel ein Facelift, was das Design an den Opel Mokka B anglich. Zusätzlich verzichteten die Opelaner auf das X im Modellnamen.

Baujahr	seit 2017
Motor-Bauart	Dreizylinder-Turbo (Reihe), Vierzylinder-Turbo (Reihe), Vierzylinder-Turbo (Reihe) + E-Motor, Vierzylinder-Turbo (Reihe) + zwei E-Motoren, Vierzylinder-Turbodiesel (Reihe)
Hubraum (cm³)	1199 bis 1997
Leistung (PS/U/min)	100 bei 3500 bis 300 bei 6000
Vmax in (km/h)	178 bis 235
Bauart	SUV
Produktionszahl	k.A.

Opel Grandland X, Werkscode Grandland X (1.2 Turbo, 1.6 Turbo, 1.6 Plug-in-Hybrid Turbo, 1.5 Diesel, 1.6 Diesel, 2.0 Diesel)

Der Grandland X ist nach dem Crossland X das zweite Ergebnis der Zusammenarbeit zwischen dem PSA-Konzern und Opel: Sowohl der Grandland X als auch die zweite Generation des Peugeot 3008 stehen auf der EMP2-Plattform und wurden zunächst bei Peugeot in Sochaux gebaut. Auch die Motoren teilen sich Peugeot und Opel. Seit 2019 sind außerdem zwei Plug-In-Hybride zu haben, einer mit Frontantrieb und einem E-Motor, das Top-Modell mit Allradantrieb und zwei E-Motoren. So sind mit 300 PS 235 km/h Top-Tempo drin, und auch wenn der Grandland X nicht als Sportler durchgeht, ist ein Sprint von 0 auf 100 km/h in 6,1 Sekunden sehr respektabel.

Opel Mokka, Werkscode Mokka B (1.2 Turbo, 1.5 Diesel, Mokka-e)

Baujahr	seit 2021
Motor-Bauart	Dreizylinder-Turbo (Reihe), Vierzylinder-Turbodiesel (Reihe), E-Motor
Hubraum (cm³)	1199, 1499
Leistung (PS/U/min)	100 bis 136
Vmax in (km/h)	150 bis 202
Bauart	SUV
Produktionszahl	k.A.

Manchmal geht es ganz schnell – zum Beispiel vom Mokka A zum Mokka B. Und trotzdem ist alles ganz anders: Stand der A noch auf einer GM-Plattform, ist jetzt nach dem Verkauf von Opel an PSA etwas Französisches darunter. So teilt sich der Mokka jetzt die Technik mit dem Peugeot 2008 II und dem DS 3 Crossback. Zuerst wird die reine Elektroversion vorgestellt. Der Mokka-e wird von einem 136-PS-Elektromotor angetrieben, beschleunigt das 1,6-Tonnen-SUV in neun Sekunden auf 100 km/h und wird bei 150 km/h abgeregelt. Die Reichweite wird – anders als beim Corsa-e, der den Elektroantrieb spendiert – mit 324 Kilometer angegeben, was an der schlechteren Aerodynamik und dem höheren Gewicht liegt. Tatsächlich werden viel mehr Mokka-e bestellt als lieferbar sind. Kurz darauf wird der Mokka B aber auch mit einem Benziner-Dreizylinder-Turbo und einem Turbodiesel von Peugeot und DS bestückt.

Baujahr	1948-1955
Motor-Bauart	Vierzylinder (Boxer)
Hubraum (cm³)	1086 bis 1488
Leistung (PS/U/min)	40 bei 4000 bis 70 bei 5000
Vmax in (km/h)	140 bis 175
Bauart	Coupé, Cabriolet, Speedster
Produktionszahl	7627

Porsche 356/356 Super, Werkscode 356 (1100, 1300, 1500, 1500 S)

Mit der Vorstellung des 356 auf der Automobilmesse in Genf im März 1948 legte Ferdinand Porsche den Grundstein für die Serienfertigung seiner Sportwagen. Auch wenn genaugenommen bereits im Jahr zuvor im österreichischen Gmünd 356-Exemplare entstanden waren. Der als Coupé und Cabrio lieferbare neue Porsche, der sich technisch an den VW Käfer anlehnte, kostete damals rund 10.000 bzw 12.000 DM und zählte somit zu den Traumwagen im Nachkriegsdeutschland.

Porsche Spyder 550, Werkscode 550/550 A (550/1500 RS, 550 A/1500 RS)

Baujahr	1953-1957
Motor-Bauart	Vierzylinder (Boxer)
Hubraum (cm³)	1498
Leistung (PS/U/min)	110 bei 7800 bis 135 bei 7200
Vmax in (km/h)	220 bis 240
Bauart	Speedster
Produktionszahl	90

Begründete er den wahren Mythos Porsche? Federleicht und leistungsstark – das war das Credo des 550, als er 1955 auf der Bühne erschien. Mit seinem 1,5 Liter großen, luftgekühlten Boxermotor vor der Hinterachse verkörperte er modernste Renntechnik. Auch das Vierzylinder-Triebwerk selbst hatte sich deutlich von dem eines normalen 356 entfernt. Mit seinen obenliegenden Nockenwellen stellte es mindestens 110 PS zur Verfügung, die den winzigen Spyder mit seiner Aluminiumkarosserie rund 220 km/h schnell machten. Das alles waren ideale Voraussetzungen für eine grandiose Rennsportkarriere, mit der er die Zuffenhausener in der Folge auch beglückte.

Porsche 356 Speedster, Werkscode 356/356 A (1500, 1500 GS Carrera, 1600, 1600 GS Carrera)

Ab 1954 lieferbar war der Porsche Speedster, eine in der Ausstattung abgemagerte, betont sportlich aufgemachte und preiswerter angebotene Version des 356. Besonders in den USA fand der Speedster bald eine begeisterte Anhängerschaft. Besonders in der 110 PS starken Carrera-Version war er ein ernst zu nehmender Sportwagen, der bei zahllosen Rennen Lorbeer für die noch junge Stuttgarter Firma erntete. Für ein solches Modell waren aber fast 18.000 DM auf den Tisch des Händlers zu blättern – seinerzeit eine ungeheure Summe.

Baujahr	1954-1958
Motor-Bauart	Vierzylinder (Boxer)
Hubraum (cm^3)	1498, 1582
Leistung (PS/U/min)	55 bei 4400 bis 110 bei 6400
Vmax in (km/h)	155 bis 200
Bauart	Speedster
Produktionszahl	k.A.

Porsche 356 A, Werkscode 356 A (1300, 1300 S, 1600, 1600 S)

Baujahr	1955-1959
Motor-Bauart	Vierzylinder (Boxer)
Hubraum (cm^3)	1290 bis 1582
Leistung (PS/U/min)	44 bei 4200 bis 75 bei 5000
Vmax in (km/h)	160 bis 175
Bauart	Coupé, Cabriolet
Produktionszahl	21.045

Der Start einer Legende: 1950 begann in Stuttgart-Zuffenhausen die Serienproduktion des rundlichen Sportwagens mit starken VW-Anklängen. Die Karosserien entstanden bei der Firma Reutter, der Zusammenbau der 356er fand in den Porsche-Hallen statt. Verkaufs- und vor allem Sporterfolge ließen nicht lange auf sich warten. Eine Cabriolet- und die besonders rassige, für den US-Markt konzipierte Speedster-Version waren bald neben dem Coupé im Lieferprogramm. Natürlich wurde auch die Motorisierung immer muskulöser: 75 PS aus 1,6 Litern Hubraum waren vorläufiger Höhepunkt.

Porsche 356, Werkscode 356 B

Baujahr	1959-1963
Motor-Bauart	Vierzylinder (Boxer)
Hubraum (cm³)	1582
Leistung (PS/U/min)	60 bei 4500 bis 90 bei 5500
Vmax in (km/h)	160 bis 180
Bauart	Coupé, Cabriolet, Roadster, Hardtop
Produktionszahl	30.963

Ein sichtbares Facelifting an der Fahrzeugfront, Modifikationen im Innenraum, eine neue Top-Motorisierung und eine weitere Karosserievariante markierten den Schritt vom 356 A zum B. Der pummelige Heckmotor-Sportwagen wirkte formal nun etwas frischer, während die 90-PS-Maschine in der Version „Super 90" für strammen Vortrieb sorgte. Selten blieb das bei Karmann in Osnabrück gefertigte Hardtop-Modell, quasi ein 356 B Cabriolet mit fest montiertem Blechdach statt des Faltverdecks.

Porsche 356 2000 GS Carrera 2, Werkscode 356 B

Baujahr	1961-1964
Motor-Bauart	Vierzylinder (Boxer)
Hubraum (cm³)	1966
Leistung (PS/U/min)	130 bei 6200
Vmax in (km/h)	200
Bauart	Coupé, Cabriolet, Hardtop
Produktionszahl	436

Mit vollen zwei Litern Hubraum und stattlichen 130 PS Leistung war die zweite „Carrera"-Serie zwar nicht weniger sportlich als die erste ausgefallen, aber weniger kapriziös. Als leistungsfähiger Langstrecken-Sportwagen machte er nun eine bessere Figur als sein Vorgängermodell. Erhältlich war der Carrera 2 als Coupé, Cabriolet und Hardtop/Cabriolet. Die Produktionsstückzahlen des ebenso exklusiven wie technisch aufwendigen Carrera blieben bei Einstandspreisen zwischen 23.700 und 25.750 D-Mark – je nach Karosserievariante – erwartungsgemäß auch bei der zweiten Serie gering.

Porsche 356, Werkscode 356 C (1600 C, 1600 SC)

Höchst ausgereift präsentierte sich die C-Baureihe des 356er Porsche. Mit gestrafftem Modellangebot, bestehend nur aus dem Coupé und dem Cabriolet, und lediglich zwei lieferbaren Motoren mit 75 bzw. 95 PS, warf der 911 bereits lange Schatten auf das Ur-Modell. Technisch hatte es noch einmal einen Innovationsschub gegeben: Die Bremsanlage verfugte nunmehr über Scheiben rundum. Trotz des zum Teil parallel gebauten 911er-Modells fanden von 1963 bis 1965 noch gut 16.500 Exemplare des 356 C einen Käufer.

Baujahr	1963-1965
Motor-Bauart	Vierzylinder (Boxer)
Hubraum (cm³)	1582
Leistung (PS/U/min)	75 bei 5200 bis 95 bei 5800
Vmax in (km/h)	175 bis 185
Bauart	Coupé, Cabriolet
Produktionszahl	16.668

Porsche 911 (ab 1967 A-Serie), Werkscode 911 F (911, 911 L, 911 T, 911 E, 911S)

Der Schritt vom 356 zum 911 war riesengroß. Zwei Liter Hubraum und 130 PS aus einem luftgekühlten Sechszylinder-Boxermotor bedeuteten einen echten Leistungssprung. Anfangs nur als Coupé lieferbar, schuf sich der 911 binnen kürzester Zeit eine ausgezeichnete Reputation wegen seiner sportlichen Auslegung und Erscheinung, die sich deutlich von der 356er-Linie abhob. Für die echten Elfer-Fans ist die alte, kreischende Zweiliter-Maschine übrigens immer noch das Nonplusultra, wenn es um spezifische Porsche-Faszination geht.

Baujahr	1964-1969
Motor-Bauart	Sechszylinder (Boxer)
Hubraum (cm³)	1991
Leistung (PS/U/min)	110 bei 5800 bis 160 bei 6600
Vmax in (km/h)	200 bis 225
Bauart	Coupé, Targa
Produktionszahl	k.A.

Porsche 912, Werkscode 911 F

Die Kombination von neuer Karosserie und altem Vierzylinder sollte, so spekulierte man in Zuffenhausen, frustrierte Porsche-Kunden an die Marke binden, denen der 911 einfach zu teuer war. Leider täuschte man sich da. Der 1,6-Liter-Boxer aus dem 356 SC mühte sich redlich ab mit der neuen, schwereren Karosse des 912, und der Kaufpreis – obwohl günstiger als beim Elfer – war nach wie vor nicht von Pappe. Sein Identitätsproblem wurde der 912 jedenfalls zeitlebens nicht los. Er war eben nur ein Lückenfüller.

Baujahr	1965-1969
Motor-Bauart	Vierzylinder (Boxer)
Hubraum (cm³)	1582
Leistung (PS/U/min)	90 bei 5800
Vmax in (km/h)	185
Bauart	Coupé, Targa
Produktionszahl	30.300

Porsche 911 (B-Serie), Werkscode 911 F (911 T 2.2, 911 E 2.2, 911 S 2.2)

Ab 1968 bot Porsche den 911 in Form der Modelle T, E und S in drei verschiedenen Motorisierungen an. Die Rolle als Basisversion und Einsteigermodell sollte dabei der 911 T übernehmen, mit zuletzt 180 PS stellte der 911 S das Topmodell dar. Das Zwischenmodell für eher komfortorientierte Kunden taufte Porsche auf den Namen 911 E, wobei der Zusatz auf die mechanische Benzineinspritzung hinwies. In seinem Charakter gemahnte der „E" jedoch eher an den gemütlicheren 911 T.

Baujahr	1968-1971
Motor-Bauart	Sechszylinder (Boxer)
Hubraum (cm³)	2195
Leistung (PS/U/min)	125 bei 5800 bis 180 bei 6500
Vmax in (km/h)	205 bis 225
Bauart	Coupé, Targa
Produktionszahl	k.A.

Baujahr	1973-1977
Motor-Bauart	Sechszylinder (Boxer)
Hubraum (cm³)	2687, 2993
Leistung (PS/U/min)	150 bei 5700 bis 210 bei 6300
Vmax in (km/h)	210 bis 240
Bauart	Coupé, Targa
Produktionszahl	k.A.

Porsche 911, Werkscode 911 G (911, 911 S, 911 Carrera 2.7, 911 Carrera 3.0)

Für das Modelljahr 1974 brachte Porsche eine gründlich überarbeitete Facelift-Version des 911 an den Start. Das markanteste Merkmal des neuen Modells der G-Serie waren die wuchtigen Faltenbalg-Stoßstangen, die ein Zugeständnis an die strengen Sicherheitsbestimmungen in den USA darstellten, dem wichtigsten Exportmarkt der Stuttgarter. Die Kunden konnten wählen zwischen einem 150-PS-Basismodell, der 25 PS stärkeren S-Version und dem 210 PS leistenden Top-Modell namens Carrera. Die feuerverzinkte Karosserie, eine Pioniertat von Porsche, gehörte erst ab dem Jahr 1975 bei allen Elfern zur Serienausstattung.

Porsche 911 Turbo, Werkscode 930 (3.0, 3.3, 3.3 mit WLS)

Baujahr	1975-1989
Motor-Bauart	Sechszylinder-Turbo (Boxer)
Hubraum (cm³)	2993, 3299
Leistung (PS/U/min)	260 bei 5500 bis 330 bei 5750
Vmax in (km/h)	250 bis 270
Bauart	Coupé, Cabriolet
Produktionszahl	20.652

Das Jahr 1975 brachte einen neuen Höhepunkt in der Geschichte des ultimativen Heckmotor-Sportwagens: Der Porsche turbo betrat die Bühne. Durch die Einführung des im Rennsport erprobten Turboladers in die Serienfahrzeugproduktion wurde aus einem normalen Dreiliter-Carrera ein wahres Monster. Mit seinen zunächst 260 PS katapultierte sich der Turbo zumindest in der Beschleunigung auf eine Ebene mit den schnellsten Ferrari- und Lamborghini-Modellen. Die faszinierende Kraftentfaltung wurde zur Legende.

Porsche 924, Werkscode 924/931 (924, 924 S, 924 Turbo)

Baujahr	1976-1985
Motor-Bauart	Vierzylinder (Reihe), Vierzylinder-Turbo (Reihe)
Hubraum (cm³)	1984 bis 2479
Leistung (PS/U/min)	125 bei 5800 bis 177 bei 5500
Vmax in (km/h)	204 bis 230
Bauart	Coupé
Produktionszahl	ca. 150.000

Trotz großer Verkaufserfolge könnte man mit einigem Recht behaupten, dass mit der Markteinführung des 924 die bis dahin schwierigste Phase des Unternehmens Porsche begann. In der Nachbetrachtung beschädigte er zeitweilig den Ruf der Zuffenhausener Marke. Weder die etwas anfälligen und durstigen Turbo-Versionen noch die mit dem 924 S vorgenommene Ablösung des rau laufenden Einspritz-Vierzylinders durch den von Porsche selbst konstruierten 944-Motor im Jahre 1985 konnten verhindern, dass sich das Frontmotorkonzept letztlich als Sackgasse erwies.

Baujahr	1977-1983
Motor-Bauart	Sechszylinder (Boxer)
Hubraum (cm³)	2993
Leistung (PS/U/min)	180 bei 5500 bis 204 bei 5900
Vmax in (km/h)	225 bis 235
Bauart	Coupé
Produktionszahl	57.972

Porsche 911 SC, Werkscode 911 G

Eigentlich war der 911 Ende der siebziger Jahre schon todgeweiht – die technisch etwas anachronistische Sportwagenlegende schien am Ende ihres Lebenszyklus angekommen zu sein. In Fahrzeugen wie dem 928 sollte die Zukunft von Porsche liegen. So zeigte sich die 1977 auf den Markt gekommene SC-Version des 911 weichgespült und durstig. Mit nur noch 180 abgasgereinigten PS aus dem Dreiliter-Sechszylinder war kaum mehr Staat zu machen. Aber Porsche besann sich in den Folgejahren eines Besseren und gönnte dem SC weitere Entwicklungsschritte, die ihn wieder bis auf 204 PS erstarken ließen. Alle Autofans wissen, wie es weiterging: der Elfer ist immer noch unter uns und stärker denn je, an den 928 erinnert sich dagegen kaum mehr jemand.

Porsche 924 Carrera GT, Werkscode 937/939 (Carrera GT, Carrera GTS, Carrera GTS Clubsport, Carrera GTP, Carrera GTR)

Baujahr	1980-1981
Motor-Bauart	Vierzylinder-Turbo (Reihe)
Hubraum (cm³)	1984
Leistung (PS/U/min)	210 bei 6000 bis 375 bei 6500
Vmax in (km/h)	240 bis 293
Bauart	Coupé
Produktionszahl	450

Um auch mit dem 924 im internationalen Motorsport mitmischen zu können, legte Porsche im Jahr 1980 eine Sonderserie extrem rennorientierter Versionen des Turbo-Modells auf. Der Carrera GT präsentierte sich in etwas martialischer Optik mit aufgesetzten Kotflügelverbreiterungen und auf die Motorhaube platzierter Lufthutze. Mit 210 PS Leistung drang er in die Fahrleistungsbereiche der seinerzeitigen 911er vor. Noch besser freilich konnten es die nicht mehr straßentauglichen Varianten GTS, GTP und GTR, deren aufgeladene Vierzylinder stramme 375 PS bereit stellten. Von diesen wurden insgesamt nur 50 Exemplare hergestellt.

Porsche 928, Werkscode 928
(928, 928 S, 928 S KAT, 928 S4)

Nur ein Jahr nach dem 924, an dem die gusseisernen Porsche-, d.h. 911-Fans schon viel zu knabbern hatten, der aber insgesamt ein Erfolg für die Marke wurde, präsentierten die Zuffenhausener den 928, ein sportliches Langstrecken-Coupé mit wassergekühltem, 4,5 Liter großem Frontmotor-V8 und innovativen Karosserielinien. Unter der seinerzeitigen Firmenleitung schien das Ende des 911 beschlossene Sache zu sein und die Zukunft in solchen für modern gehaltenen Fahrzeugkonzepten zu liegen. Technisch und fahrdynamisch war der 2+2-sitzige Sportwagen zweifellos eine Offenbarung, aber er polarisierte enorm. Diejenigen, die ihn letztlich kauften, waren begeistert, für viele andere Porsche-Fans und potenzielle Kunden war und blieb er letztlich ein rotes Tuch.

Baujahr	1977-1986
Motor-Bauart	V8
Hubraum (cm³)	4474 bis 4957
Leistung (PS/U/min)	240 bei 5500 bis 320 bei 6000
Vmax in (km/h)	230 bis 270
Bauart	Coupé
Produktionszahl	k.A.

Porsche 944, Werkscode 944/951 (944, 944 S, 944 S2, 944 Turbo)

Baujahr	1981-1991
Motor-Bauart	Vierzylinder (Reihe), Vierzylinder-Turbo (Reihe)
Hubraum (cm³)	2479 bis 2990
Leistung (PS/U/min)	150 bei 5800 bis 250 bei 6000
Vmax in (km/h)	218 bis 260
Bauart	Coupé, Cabriolet
Produktionszahl	k.A.

Nachdem die Absatzzahlen des 924 mittlerweile erheblich abgesackt waren, brachte Porsche 1981 mit dem 944 ein Fahrzeug auf den Markt, das die Handschrift der Zuffenhausener wieder deutlicher zeigte. Zwar hatte das Geld für eine komplett neue Karosserie gefehlt, aber die vorgenommenen optischen Retuschen und vor allem der brandneue Porsche eigene Vierzylinder setzten eine Menge positive Akzente. 1984 reichte man – wie erwartet – eine Turbo-Version mit zunächst 220, später 250 PS nach. Mit auf 2,7 Liter vergrößertem sowie mit einem Vierventil-Zylinderkopf versehenen Triebwerk und 190 PS kam 1986 der 944 S in die Verkaufsräume, der 1988 wiederum vom S2 abgelöst wurde, dessen Motor volle drei Liter Hubraum aufwies und 211 PS leistete.

Porsche 911 Carrera 3.2, Werkscode 911 G

Baujahr	1984-1989
Motor-Bauart	Sechszylinder (Boxer)
Hubraum (cm³)	3164
Leistung (PS/U/min)	231 bei 5900 bis 217 (mit Kat) bei 5900
Vmax in (km/h)	240 bis 245
Bauart	Coupé, Targa, Cabriolet
Produktionszahl	49.629

Unter der seit 1981 neuen Firmenleitung wurde nun wieder gezielt der klassische Porsche schlechthin gepflegt statt ihn dahinsiechen zu lassen. Mit dem 1983 vorgestellten Carrera (3,2) erlebte der Elfer einen neuen Frühling. Stärkere Motoren, ein neues Getriebe sowie die Einführung eines Vollcabriolets, das sich so viele jahrelang ersehnt hatten, gaben ihm einen gewaltigen Schub.

Baujahr	1986-1988
Motor-Bauart	Sechszylinder-Registerturbo (Boxer)
Hubraum (cm³)	2850
Leistung (PS/U/min)	450 bei 6500 bis 515 bei 6500
Vmax in (km/h)	317 bis 339
Bauart	Coupé
Produktionszahl	292

Porsche 959, Werkscode 959 (959, 959 S)

Die Zuffenhausener begannen in den späten achtziger Jahren wieder an Stärke zu gewinnen und vor allem wieder ihren Weg zu erkennen. Das zeigte der 1986 vorgestellte 959, ein geniales High-tech-Monster, das alles an hochgestochener Automobiltechnik an Bord hatte, was vor gut 30 Jahren machbar war. Ursprünglich als limitiert aufgelegtes Basisfahrzeug für den Motorsport gedacht, wurde der 959 schließlich zu einem Technologie- und Imageträger für Porsche, den sich Superreiche auch in die Garage stellen konnten. Mit zwei Turboladern leistete der knapp 2,9 Liter große Sechszylinder-Boxermotor 450 PS (in der S-Version sogar 515 PS durch den auf 1,1 Bar erhöhten Ladedruck), permanenter Allradantrieb und Sechsganggetriebe rundeten die Spezifikation des auch optisch spektakulär in Szene gesetzten Über-Autos ab.

Porsche 911 Carrera RS 3.8, 911 Carrera RSR 3.8, Werkscode 964

Baujahr	1993-1994
Motor-Bauart	Sechszylinder (Boxer)
Hubraum (cm³)	3746
Leistung (PS/U/min)	300 bei 6500
Vmax in (km/h)	271
Bauart	Coupé
Produktionszahl	90

Der 911 mit dem Typcode 964 war von 1988 bis 1994 auf dem Markt und stellte den letzten Elfer in klassischer Optik dar. Porsche hatte nach einer tiefgehenden Sinn- und auch Absatzkrise mit ihm wieder zum 911 zurückgefunden, der nur wenige Jahre zuvor schon zum Auslaufmodell erklärt worden war. Mit dem nun 3,8 Liter großen, luftgekühlten Sechszylinder-Boxermotor und um 300 kg gewichtsreduziert rief die 300 PS starke Sportversion Carrera RS lebhafte Erinnerungen an den alten Carrera RS 2,7 hervor. Mit knallhartem Fahrwerk und auf Wunsch sogar ohne Geräuschdämmung im spartanischen Innenraum zelebrierte der RS zur Freude der Fans endlich wieder die reine Lehre des Sportwagenbaus.

Porsche 968, Werkscode 968 (968, 968 CS, 968 Turbo S)

Baujahr	1992-1995
Motor-Bauart	Vierzylinder (Reihe), Vierzylinder-Turbo (Reihe)
Hubraum (cm³)	2990
Leistung (PS/U/min)	240 bei 6200 bis 305 bei 5400
Vmax in (km/h)	252 bis 280
Bauart	Coupé, Cabrio
Produktionszahl	11.241

In der Porsche-Kasse herrschte zu Beginn der neunziger Jahre beängstigende Ebbe. Der 911 war zwar zum Glück wiederbelebt und verkaufte sich recht gut, die Vier- und Achtzylinder-Baureihen schienen jedoch keine wirkliche Zukunft zu haben. Mit dem 968 kam Ende 1991 noch einmal ein neuer Aufguss des 944-Themas, diesmal mit einem auf sagenhafte 3 Liter Hubraum gebrachten Vierzylinder und 240 PS. Trotz mancher optischer Retuschen an Front und Heck kam der 968 auf den ersten Blick immer noch daher wie ein 924, der für Porsches Image nicht nur Gutes getan hatte. Technisch lagen mittlerweile jedoch Welten zwischen beiden Typen, vor allem aber preislich: Um die 100.000 Mark musste bezahlen, wer ein 968 Coupé oder das später nachgeschobene hübschere Cabrio erstehen wollte.

Porsche Carrera GT, Werkscode 980

Baujahr	2003-2006
Motor-Bauart	V10
Hubraum (cm³)	5733
Leistung (PS/U/min)	612 bei 8000
Vmax in (km/h)	334
Bauart	Roadster
Produktionszahl	ca. 1270

Die Zuffenhausener Sportwagenbauer fühlten sich 2003 veranlasst, ihre ganze Technikkompetenz in einen ungemein faszinierenden, wenn auch weitgehend zweckfreien Supersportwagen einfließen zu lassen. Das Sahnestück namens Carrera GT besaß alles, was gut und teuer war: ein aus kohlefaserverstärktem Kunststoff gefertigtes Chassis, einen für den Rennsport konzipierten 5,7-Liter-V10-Motor und eine hinreißend geformte Roadster-Karosserie mit herausnehmbaren Dachteilen. Das 612 PS starke Triebwerk vermittelte im unter 1400 kg wiegenden Carrera GT reine Rennatmosphäre, vom unglaublichen Sound bis zu den atemberaubenden Fahrleistungen mit einer Höchstgeschwindigkeit jenseits von 330 km/h.

Baujahr	2001-2006
Motor-Bauart	Sechszylinder-Biturbo (Boxer)
Hubraum (cm³)	3600
Leistung (PS/U/min)	462 bei 5700 bis 483 bei 5700
Vmax in (km/h)	315 bis 319
Bauart	Coupé
Produktionszahl	k.A.

Porsche 911 GT2 (996)

Ende 2000 vorgestellt, begeisterte Porsche die Automobilwelt mit einer betont sportlichen und leistungsstarken Version des seinerzeitigen 911 turbo mit dem Typcode 996. Eine Leistungssteigerung des aufgeladenen Sechszylinder-Triebwerks auf zunächst 462 PS und fahrwerkstechnische Anleihen im Motorsport machten den äußerlich kaum veränderten GT2 noch einmal deutlich fahraktiver als den regulären Turbo. Bereits 2003 folgte eine umfangreiche Modellpflege, die sich beim GT2 vor allem als neuerliche Kraftkur darstellte. Deren Ergebnis waren 483 PS, was in Kombination mit einer Gewichtsreduzierung auf unter 1500 kg für phänomenale Fahrleistungen sorgte: Die Höchstgeschwindigkeit des GT2 betrug offiziell 319 km/h!

Porsche Boxster, Werkscode 986 (Boxster, Boxster S, Boxster S Jubiläumsmodell)

In der Geschichte des Hauses Porsche kommt dem Boxster ganz besonderer Rang zu. Nach dem Ende der letztlich kaum mehr verkäuflichen Vier- und Achtzylinder-Baureihen mit Frontmotor (944 S2, 968, 928) und der anschließenden risikoreichen 911-Monokultur kam 1996 mit dem Boxster der Befreiungsschlag aus der Firmenkrise. Ein nach historischen Vorbildern gestylter Mittelmotor-Roadster mit 2,5 Liter großem wassergekühlten Boxer-V6 – preislich klar unterhalb des 911 positioniert – war genau das Auto, das Porsche brauchte. Es wurde ein sofortiger Verkaufshit und überzeugte mit seinen Fähigkeiten ein weltweites Publikum. Bis heute spielt der Boxster – mannigfach modellgepflegt – erfolgreich die Rolle als Einsteigermodell in die Porsche Welt.

Baujahr	1996-2004
Motor-Bauart	Sechszylinder (Boxer)
Hubraum (cm³)	2480 bis 3179
Leistung (PS/U/min)	204 bei 6000 bis 266 bei 6200
Vmax in (km/h)	240 bis 2660
Bauart	Roadster
Produktionszahl	160.964

Porsche Cayman, Werkscode 987c (Cayman, Cayman S, Cayman S Sport)

Baujahr	2005-2013
Motor-Bauart	Sechszylinder (Boxer)
Hubraum (cm³)	2687 bis 3436
Leistung (PS/U/min)	245 bei 6500 bis 320 bei 7200
Vmax in (km/h)	253 bis 277
Bauart	Coupé
Produktionszahl	k.A.

Ab 2003 produzierte Porsche das Mittelmotor-Coupé Cayman. Es basierte von Anfang an auf dem Boxster, war aber insgesamt sportlicher ausgelegt und lag (und liegt noch heute) in der Modellhierarchie über ihm. Im Lauf der Jahre hat sich der Cayman mit seinem hochmodernen Konzept und dem immensen Fahrspaß, den er bietet, zu einer kompakteren, fahraktiveren Alternative zum klassischen 911 etabliert. Mit praktischer Heckklappe und angemessenem Platzangebot weiß er überdies im Alltag zu überzeugen. Der Cayman S war anfangs 30.000 Euro billiger zu haben als der entsprechende 911. Zuerst gab es ihn nur mit dem 3,4-Liter-Sechszylinder und 295 PS, später auch mit 2,7-Liter-Sechszylinder und 245 PS als Einstiegsmodell. 2009 änderten sich die Kraftquellen und boten nun 265 und 320 PS. Das Sondermodell Cayman S Sport kam auf 303 PS. 2013 wurde der Ur-Cayman durch die zweite Generation abgelöst.

Porsche Cayenne, Werkscode 9PA (Cayenne, Cayenne S, Cayenne Turbo, Cayenne Turbo mit WLS, Cayenne Turbo S, Cayenne Diesel, Cayenne GTS)

Baujahr	2002-2010
Motor-Bauart	VR6, V8, V8-Turbo, V6-Turbodiesel
Hubraum (cm³)	2967 bis 4806
Leistung (PS/U/min)	240 bei 4400 bis 550 bei 6000
Vmax in (km/h)	214 bis 280
Bauart	SUV
Produktionszahl	k.A.

Auch Porsche konnte und wollte sich nicht dem seit Beginn des neuen Jahrtausends entwickelnden weltweiten Boom der so genannten SUV-Fahrzeuge verschließen. Der Ende 2002 präsentierte Cayenne eröffnete eine dritte höchst erfolgreiche Modelllinie der Marke und betonte die sportliche Seite des SUV-Angebots. Technisch gesehen war der Cayenne - wie sein ein Jahr später auf den Markt gekommener Bruder VW Touareg - ein echter Alleskönner. Hochentwickelte Fahrwerks- und Allradtechnologie machten ihn auf der Straße wie im Gelände zu einem Ausnahmeautomobil. Zum Marktstart war er mit einem 3,2 Liter großen V6 sowie alternativ mit einem 4,5 Liter großen V8 als Sauger oder Turbomotor zu haben. 2007 wurde der Cayenne der ersten Generation eine großen Modellpflege unterzogen, was unter anderem direkteinspritzende Motoren mit sich brachte. Alle Motoren wurden stärker, der Turbo wuchs auf 500 PS, auf Wunsch sogar werkseitig auf 540 PS (ab 2008 im Turbo S 550 PS). Neu im Programm war der GTS als starke und komfortable Reiseversion mit 405 PS und 500 Nm. Ebenfalls ab 2009 war der Cayenne erstmals mit Dieselmotor erhältlich - 240 PS und 550 Nm stark.

Baujahr	2009-2016
Motor-Bauart	V6, V6-Kompressor + E-Motor, V6-Biturbo, V8, V8-Biturbo, V6-Diesel)
Hubraum (cm³)	2995 bis 4806
Leistung (PS/U/min)	250 bei 3800 bis 570 bei 6000
Vmax in (km/h)	242 bis 310
Bauart	Coupé (4-türig)
Produktionszahl	k.A.

Porsche Panamera, Werkscode 970 (Panamera, Panamera 4, Panamera S, Panamera S E-Hybrid, Panamera 4S, Panamera S Hybrid, Panamera GTS, Panamera Turbo, Panamera Turbo S, Panamera Diesel)

Neben 911, Boxster, Cayman und Cayenne legte Porsche 2009 mit dem Panamera eine vierte Modelllinie auf Kiel. Mit diesem Fahrzeug enterten die Stuttgarter erstmals den Markt klassischer viertüriger Limousinen. Technisch bediente sich der Panamera vornehmlich der Komponenten des Cayenne, so zum Beispiel dessen Motorenpalette, die sich vom V6- bis zum turbogeladenen V8-Triebwerk spannte. Damit die bis zu zwei Tonnen schweren Luxuslimousinen nicht zu viel Gewicht auf die Waage brachten, bestanden diverse Karosserieteile aus Aluminium. Optisch zeigte er eine gelungene Mischung aus Gestaltungselementen des 911 und des Cayenne, die für eine hohe Familienähnlichkeit sorgte. 2011 stellte Porsche eine Hybridversion vor mit einem 70 Kilo schweren Akku unterm Kofferraumboden. Ein Drehstrom-Elektromotor zwischen Getriebe und Verbrenner unterstützte den V6-TFSI-Audi-Motor, zusammen erzielten die Antriebe eine Systemleistung von 380 PS. Mitte 2011 folgte ein Dieselmotor als Antriebsoption mit zunächst 250, ab 2014 300 PS.

Porsche 911, Werkscode 991 (Carrera, Carrera S, Carrera 4, Carrera 4S)

Baujahr	2011-2018
Motor-Bauart	Sechszylinder (Boxer), Sechszylinder-Biturbo (Boxer)
Hubraum (cm³)	3436 bis 3800
Leistung (PS/U/min)	350 bei 7400 bis 420 bei 6500
Vmax in (km/h)	283 bis 308
Bauart	Coupé, Cabrio, Targa
Produktionszahl	k.A.

Der Typ 991 markiert die siebte Generation des Porsche 911 – eine tolle Erfolgsgeschichte. 2011 kommt der neue Elfer, zunächst nur als Coupé in zwei Motorvarianten (Carrera mit 350 PS aus 3,4 Litern Hubraum und Carrera S mit 400 PS aus 3,8 Litern). Der 991 ist der erste Pkw mit handgeschaltetem Siebengang-Getriebe. 2012 liefert Porsche auch die Cabrio-Versionen sowie die Allradvarianten Carrera 4 und Carrera 4 S. Die Cabrios und später gebauten Targa wiegen grundsätzlich 70 Kilo mehr. 2014 folgt der GTS mit 430 PS für 146.228 Euro – sowohl mit Hinterradantrieb als auch als Allradler sowie als Targa. Optisch setzt sich der 991 nicht sonderlich vom Vorgänger ab – aber wieder ist der 911 insgesamt gewachsen. In diese Modellreihe fällt auch das Sondermodell „50 Jahre 911": Pepita-Stil innen, Classic-Räder, 400 und 430 PS. Wie immer in solchen Fällen verkauft Porsche das Sondermodell im Nu.

Porsche Cayman R, Werkscode 987c

Baujahr	2011-2012
Motor-Bauart	Sechszylinder (Boxer)
Hubraum (cm³)	3436
Leistung (PS/U/min)	330 bei 7400
Vmax in (km/h)	282
Bauart	Coupé
Produktionszahl	k.A.

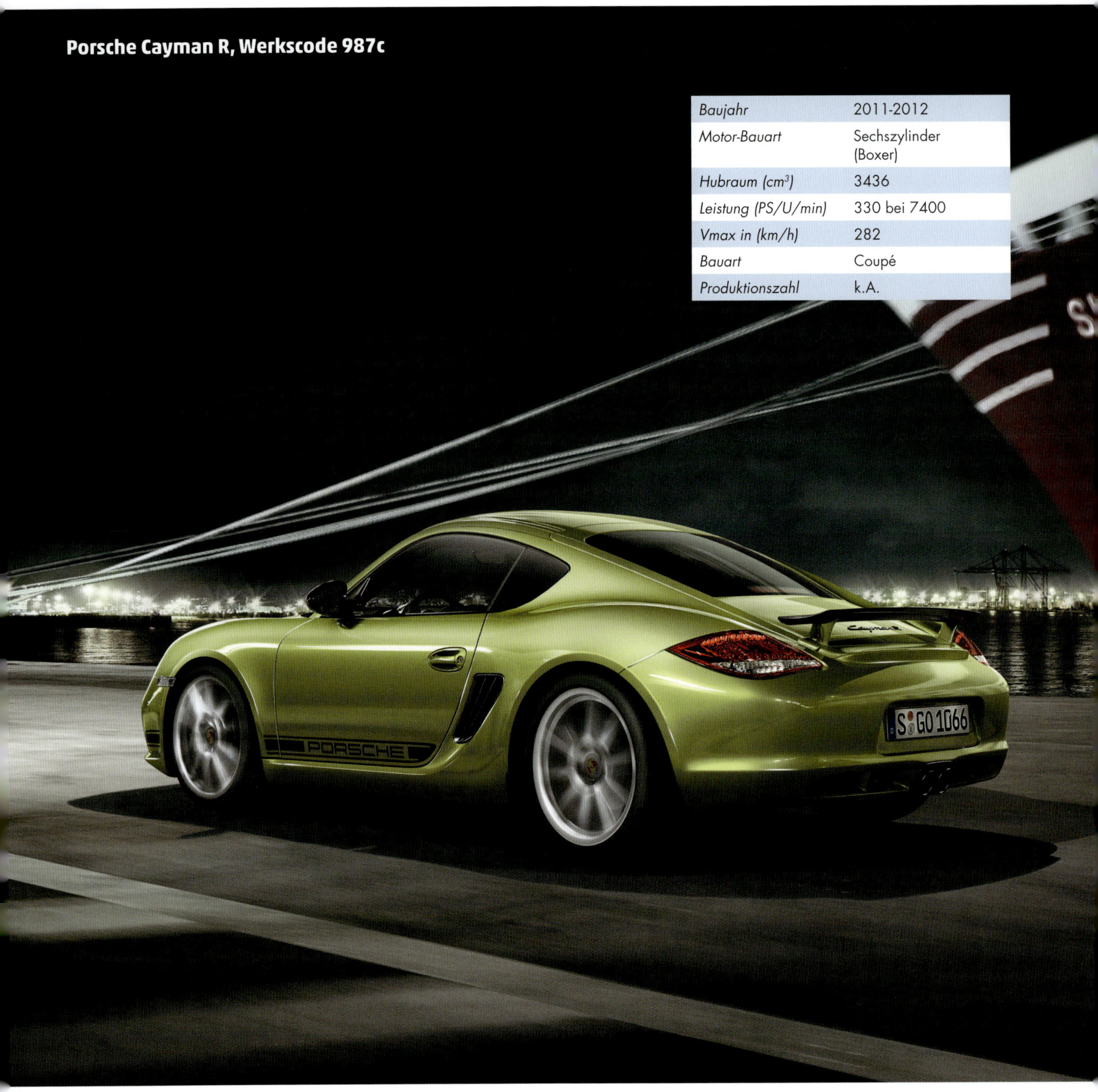

Eine scharfe Version des Cayman schickt Porsche 2011 ins Rennen. Den Cayman R nennen manche auch den „GT3 für kleines Geld". Der R leidet nicht unter dem Manko eines von Kritikern als „eingeschnürt" bezeichneten Motors wie der Cayman S aus dem Jahr 2005, der in Sachen Leistung dem 911 nicht zu nahe kommen durfte. Der R bietet zehn PS mehr Leistung, ein gestrafftes Sportfahrwerk und 55 Kilo weniger Gewicht im Vergleich zur Basis. Das Fahrwerk ist feingetunt für die Piste, und der Sprint gelingt in genau fünf Sekunden. Der Cayman R gilt bei einigen Fans schnell als der ursprünglichere 911er – kostet aber knapp 16.000 Euro weniger als das Basismodell des 911. Da kann man den Aufpreis von 7300 Euro gegenüber dem Cayman S verschmerzen. Trotzdem muss man insgesamt noch 70.000 Euro auf den Zuffenhausener Tresen legen.

Porsche Macan, Werkscode 95B (Macan, Macan S, Macan GTS, Macan Turbo, Macan S Diesel)

Nach dem überwältigenden Erfolg mit dem großen SUV Cayenne probiert Porsche es eine Nummer kleiner: Der grundsätzlich allradgetriebene Macan teilt sich die Plattform mit dem Audi Q5 dank des so genannten Modularen Längsbaukastens. 2014 kommt der in Leipzig gebaute kleine SUV auf den Markt, der die indonesische Übersetzung von „Tiger" als Name trägt. Unter anderem dank seines sportlichen Äußeren findet er schnell seine Fangemeinde. Den Plan, pro Jahr rund 60.000 Stück zu verkaufen, durchkreuzt der Macan gewaltig: Bis Mitte 2015 sind 100.000 Stück geordert. Zunächst sind zwei Benziner und ein Diesel im Angebot: Zweiliter-Vierzylinder mit 245 PS, Dreiliter-V6 und Dreiliter-V6-Diesel. Im Oktober 2016 kommt ein 3,6-Liter-Turbomotor mit bis zu 440 PS hinzu. Für andere Märkte werden weitere Motoren angeboten, etwa abgespeckte Vierzylinder.

Baujahr	2014-2018
Motor-Bauart	Vierzylinder-Turbo (Reihe), V6-Turbo, V6-Biturbo, V6-Turbodiesel
Hubraum (cm³)	1984 bis 3604
Leistung (PS/U/min)	252 bei 6800 bis 440 bei 6000
Vmax in (km/h)	229 bis 272
Bauart	SUV
Produktionszahl	k.A.

Porsche Panamera Sport Turismo, Werkscode 971 (Panamera 4, Panamera S, Panamera 4S, Panamera E-Hybrid, Panamera GTS, Panamera Turbo, Panamera Turbo S E-Hybrid)

Baujahr	seit 2017
Motor-Bauart	V6-Turbo, V6-Biturbo, V6-Biturbo + E-Motor, V8-Biturbo, V8-Biturbo + E-Motor
Hubraum (cm³)	2894 bis 3996
Leistung (PS/U/min)	330 bei 6400 bis 680 bei 6000
Vmax in (km/h)	259 bis 310
Bauart	Kombi-Limousine
Produktionszahl	k.A.

2017 präsentiert Porsche seinen Kunden einen Panamera mit geänderter Karosserie: den Sport Turismo. Der überzeugt besonders durch sein Shooting-Brake-Heck. Der Kofferraum ist größer als beim normalen Modell, die Ladekante um 143 Millimeter niedriger und der Innenraum auf fünf Sitzplätze erweitert. Sechs verschiedene Versionen werden angeboten. Die Preisliste beginnt 2018 mit 97.557 Euro für den Panamera 4. Preislich geht es über den 4 S zum Halbstromer 4 E-Hybrid für 112.075 Euro. Für den 460 PS starken GTS verlangt Porsche 138.439 Euro, der Turbo kostet schon 160.508 Euro. Top-Modell ist der 680 PS starke S E-Hybrid für 188.529 Euro. Übrigens: 2017 gewinnt der Kofferraum-Panamera die begehrte Auszeichnung „Goldenes Lenkrad".

Porsche 911, Werkscode 992 (Carrera, Carrera 4, Carrera S, Carrera 4S)

Baujahr	seit 2019
Motor-Bauart	Sechszylinder-Biturbo (Boxer)
Hubraum (cm³)	2981
Leistung (PS/U/min)	385 bei 6500 bis 450 bei 6500
Vmax in (km/h)	291 bis 308
Bauart	Coupé, Cabriolet, Targa
Produktionszahl	k.A.

Es herrscht Spannung, als Porsche Ende 2018 am Vortag der Los Angeles Auto Show im firmeneigenen „Porsche Experience Center" die achte Generation des Porsche 911, den Typ 992, enthüllt. Ex-Formel-1-Fahrer Mark Webber und Porsche-Chef Oliver Blume lassen nicht nur alle sieben Vorgänger-Generationen vorfahren, sondern auch den 992 als Coupé in S- und S 4-Version. Die kommen zuerst auf den Markt, also als stärkerer 911 mit Hinterradantrieb und als Allradler. Der 992 zeichnet sich aus durch ein behutsam weitergeführtes Design (besonders die Heckpartie mit durchgehendem Leuchtenband ist gelungen), durch 450 PS (also genau so viel wie der 911 GTS), einen völlig überarbeiteten Innenraum samt stilsicherem Mix aus analogen Schaltern/Anzeigen mit modernen digitalen Elementen und eine neuartige „Wet Mode"-Elektronik. Sie erkennt dank Sensoren in den Radkästen, wenn sich (zu) viel Wasser auf der Straße befindet und warnt den Fahrer, der per Knopfdruck alle Systeme besonders sicherheitsbetont einstellen kann. Der Preis für das Gesamtkunstwerk: 120.125 Euro für das S-Coupé, 127.979 Euro für das 4 S-Coupé, das den Sprint in 3,6 Sekunden schafft. Das Cabrio mit fester Glas-Heckscheibe folgt schon sechs Wochen später – für 134.405 Euro (Carrera S) und 142.259 Euro (Carrera 4 S, Top-Speed 304 km/h) inklusive schneller Dachöffnung, die dank neuer Hydraulik nur noch zwölf Sekunden dauert. Eine GTS-Version ist noch in Arbeit.

Porsche 718 Boxster T, 718 Cayman T, Werkscode 982

Baujahr	seit 2019
Motor-Bauart	Vierzylinder-Boxer Turbo
Hubraum (cm³)	1988
Leistung (PS/U/min)	300 bei 6500
Vmax in (km/h)	275
Bauart	Cabriolet, Coupé
Produktionszahl	k.A.

„T" könnte für „Total wenig Ausstattung" stehen, ist aber eigentlich bei Porsche das klassische Touring-T. Es soll an den 911 T von 1968 erinnern, der durch Abwesenheit von Luxus glänzte. Jetzt gibt es auch den 718 Boxster und den 718 Cayman als T – beide Versionen verbindet die gleiche technische Spezifikation. Die Eckdaten: Zweiliter-Turbomotor, Sportfahrwerk mit 20 Millimeter Tieferlegung, verkürzter Schalthebel, Sport-Chrono-Paket. Optional ist ein Doppelkupplungsgetriebe zu haben. Was die T nicht haben: normale Türöffner und das Communication Management Modul (das Entertainment-System kann aber aufpreisfrei geordert werden). Mit Softtop kostet so ein T 65.070 Euro, mit dem festen Dach 63.047 Euro.

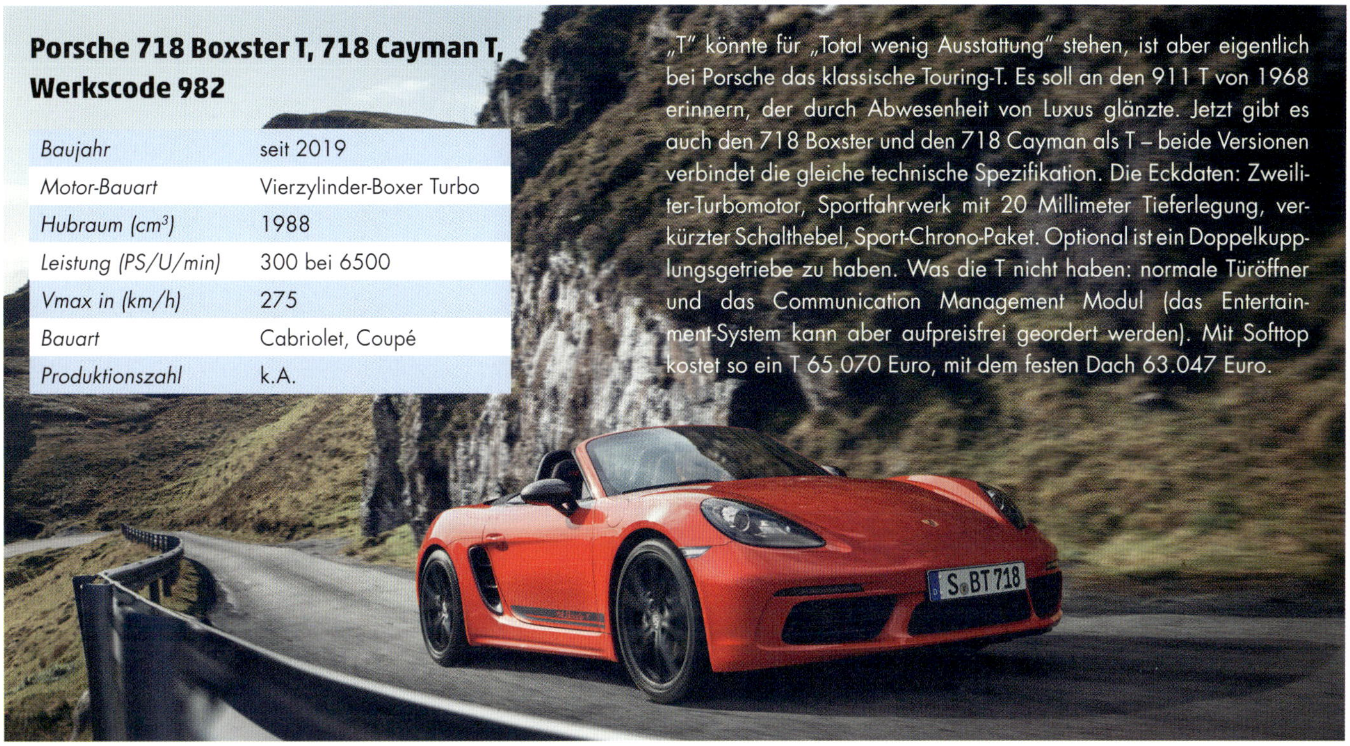

Porsche Taycan, Werkscode Taycan (Taycan, Taycan 4, Taycan 4S, Taycan Turbo, Taycan Turbo S)

Der erste rein elektrisch betriebene Porsche kommt Ende 2019 auf den Markt. Arbeitsname: Misson E. Späterer Modellname: Taycan – das bedeutet „lebhaftes, junges Pferd" und bezieht sich auf das Porsche-Wappen. Aufgrund der Tatsache, dass der reine E-Antrieb für Porsche Neuland ist, hat Porsche eine dreistellige Zahl von Prototypen gebaut – die genaue Zahl ist geheim. Mit einer Spannung von 800 Volt arbeiten die Komponenten des Antriebssystems. Die Systemleistung beträgt bis zu 761 PS, die einmal geladene Energie soll für eine Reichweite von 500 Kilometern sorgen. Porsche-sportlich der Sprint: Der stärkste Taycan sprintet als Turbo S in sagenhaften 2,8 Sekunden von 0 auf 100 km/h. Technisch ist der Taycan-Antrieb hochkomplex. Damit hohe Leistungsdichte mit starker Dauerleistung und maximaler Effizienz zusammenarbeiten, hat sich Porsche für „permanenterregte Synchronmotoren" (PSM) entschieden. Ein PSM-Motor ist für die vordere Achse zuständig, einer für die hintere. Weiterer Vorteil der Bauart: Die Antriebe sind klein und leicht. In nur 15 Minuten sollen die Batterien Strom für die nächsten 400 Kilometer aufnehmen. Mehrere Beschleunigungsvorgänge direkt hintereinander sind ohne Leistungsverlust möglich. Das neue Basismodell, nur „Taycan" genannt, schiebt Porsche im Januar 2021 nach: mindestens 326 PS, 230 km/h Spitze, Sprint in 5,4 Sekunden, nur die hinteren Räder sind angetrieben. Preis: 83.520 Euro.

Baujahr	seit 2019
Motor-Bauart	zwei E-Motoren
Hubraum (cm³)	entfällt
Leistung (PS/U/min)	326 bis 761
Vmax in (km/h)	230 bis 260
Bauart	Limousine
Produktionszahl	k.A.

Rometsch-VW

Baujahr	1950-1961
Motor-Bauart	Vierzylinder (Reihe)
Hubraum (cm³)	1192
Leistung (PS/U/min)	30 bei 3400
Vmax in (km/h)	120
Bauart	Coupé, Cabriolet
Produktionszahl	ca. 500

Seit Anfang der 50er Jahre konnte man bei der alteingesessenen Berliner Karosseriebaufirma Rometsch schicke, dem Zeitgeschmack entsprechende Coupé- und vor allem Cabrioletkarossen auf der Käfer-Bodengruppe erwerben. An das Basisfahrzeug erinnerte bei den Rometsch-Schöpfungen außer dem Motorklang und den bescheidenen Fahrleistungen nichts mehr. Preiswert war diese Art des Autokonsums natürlich nicht – und konnte es auch nicht sein, denn die Rometsch-VW wurden vollständig in Handarbeit hergestellt.

Trabant 500, 600, 601

Baujahr	1958-1990
Motor-Bauart	Zweizylinder-Zweitaktmotor
Hubraum (cm³)	500, 595
Leistung (PS/U/min)	18 bei 3750 bis 26 bei 4200
Vmax in (km/h)	90 bis 110
Bauart	Limousine (2-türig), Kombi (3-türig)
Produktionszahl	ca. 3,088 Mio

Unter der Bezeichnung P 50 startete der Trabant Mitte 1958 seine über 30 Jahre währende Karriere. In jener Epoche Ende der fünfziger Jahre galt das Konzept eines frontgetriebenen Zweitakters durchaus noch als modern. Als Anfang 1963 die Ablösung durch den 600 kam, war das schon nicht mehr der Fall und schon gar nicht mehr, als 1964 der 601 kam. Immerhin zeigte der eine neu gestaltete Karosserie. Das Ende für den klassischen Trabant mit Zweitaktmotor kam im Juli 1990.

Smart City, Werkscodes C 450 (city-coupé, city-coupé cdi)

Baujahr	1998-2007
Motor-Bauart	Dreizylinder (Reihe), Dreizylinder-Turbodiesel (Reihe)
Hubraum (cm³)	599 bis 799
Leistung (PS/U/min)	41 bei 4200 bis 61 bei 5250
Vmax in (km/h)	135
Bauart	Coupé
Produktionszahl	k.A.

Kaum ist der smart auf dem Markt, polarisiert er. Die einen sehen in dem Winzling die Lösung aller Parkprobleme (was er mit einer Länge von 2,5 Meter meistens tatsächlich ist, weil das Querparken damit erlaubt ist), die anderen sind entsetzt über das unkultivierte Fahrverhalten. Besonders das automatisierte, sequenzielle Sechsganggetriebe steht in der Kritik – starke Lastwechselreaktionen treffen spätes Reagieren, und der kurze Radstand macht die Fahrt über Bodenwellen auch nicht zum Vergügen. Während die Diskussion um die Einführung eines Drei-Liter-Autos am Anfang des neuen Jahrtausends weiterhin die Welt bewegt, lanciert smart kurz nach der Präsentation auf der IAA Ende 1999 bereits den direkteinspritzenden cdi-Motor mit einem Laborverbrauch von nur 3,4 Litern auf 100 Kilometern. Bis zum Nachfolger, der 2007 kommt, werden immerhin mehr als 140.000 smart cdi verkauft werden.

Smart Roadster, Werkscode 452 (roadster, roadster-coupé, Brabus)

Baujahr	2003-2005
Motor-Bauart	Dreizylinder-Turbo (Reihe)
Hubraum (cm³)	698
Leistung (PS/U/min)	61 bei 5250 bis 101 bei 5600
Vmax in (km/h)	160 bis 195
Bauart	Roadster, Coupé
Produktionszahl	ca. 43.000

2003 kommen zwei neue Spielarten des smart auf den Markt: der smart roadster und das smart roadster coupé. Puristischer geht's kaum, kleiner auch nicht. Beide Modellvarianten sind bis auf den Kofferraum identisch. Der roadster besitzt ein Stufenheck, das coupé führt eine Glaskuppel mit sich, darunter ist etwas Stauraum. Als Dach sind Hardtop oder Softtop zu haben. Das Hardtop besteht aus zwei festen Hälften, die sich im Kofferraum verstauen lassen. Das elektrische Faltstoffverdeck faltet sich unter dem Bügel der Tridion-Sicherheitszelle zusammen. Zusätzlich kann man die seitlichen Dachholme ausbauen. Als Motoren stehen eine 61- und eine 82-PS-Variante zur Verfügung, aber auch die 101 PS starke Turboversion von Brabus. Basis ist jeweils der 698-ccm-Dreizylindermotor. Wer sich in das roadster coupé zwängen will, sollte übrigens über Knochen aus Gummi verfügen – oder verdammt jung sein. Ende 2005 wird die Produktion der beiden Autos und der Brabus-Version eingestellt. Rund 43.000 Stück werden gebaut. Bei der Firma Brabus entstehen auch im Rahmen einer Machbarkeitsstudie bis 2003 insgesamt 10 Protoypen, die zeigen sollen, was technisch möglich ist: Im smart roadster-coupé Brabus V6 Biturbo sorgen zwei mit einander verbundene Serientriebwerke für 170 PS. Heute existiert nur noch ein fahrbereites Exemplar dieses nicht straßenzugelassenen Power-smart, das sich im Besitz der Firma Brabus befindet.

Baujahr	2007-2014
Motor-Bauart	Dreizylinder (Reihe), Dreizylinder-Turbo (Reihe), Dreizylinder-Turbodiesel (Reihe)
Hubraum (cm³)	799, 999
Leistung (PS/U/min)	45 bei 3800 bis 102 bei 6000
Vmax in (km/h)	135 bis 155
Bauart	Coupé, Cabriolet
Produktionszahl	k.A.

Smart Fortwo, Werkscode C451/A451 (1.0, 1.0 mhd, 1.0 Brabus, 0.8 cdi)

Knapp zehn Jahre, nachdem die ersten smart der Vorserie vom Band gerollt sind, kommt der neue smart fortwo in der zweiten Generation auf den Markt. Um die CO_2-Emissionen der Benziner zu vermindern, bietet smart ab Herbst 2007 in Europa optional neuerdings den smart fortwo mhd (micro hybrid drive) an. Mit „Hybrid" im herkömmlichen Sinne hat das allerdings nichts zu tun: Es ist ein einfaches Start-Stopp-System für den 71-PS-Benziner. Es stellt den Motor automatisch ab, sobald eine Geschwindigkeit von acht km/h unterschritten und die Bremse betätigt wird. Nimmt der Fahrer den Fuß von der Bremse, startet der Motor wieder. Der Normverbrauch verringert sich damit um etwa 0,4 Liter. Ab Oktober 2008 erhalten sowohl der smart fortwo mit 71 PS als auch der 61-PS-Benziner das Mildhybrid-System serienmäßig. Der smart fortwo ist serienmäßig mit einem automatisierten manuellen Fünfganggetriebe (softip) ausgestattet. Das bedeutet: Es gibt kein Kupplungspedal. Zum Hochschalten muss der Schalthebel auf der Mittelkonsole kurz nach vorne gedrückt werden. Wird er nach hinten gezogen, wechselt das Getriebe in einen niedrigeren Gang. Die Version „passion" verfügt serienmäßig über das automatische Schaltprogramm „softouch", das auf Knopfdruck am Schaltknauf von der manuellen Schaltfunktion (softip) auf ein automatisches Schaltprogramm (softouch) umschaltet. Auf Wunsch kann der Kunde auch optional über Schaltwippen am Lenkrad schalten. Das neue Cabriolet verfügt über eine beheizbare Glas-Heckscheibe, außerdem lässt sich das Verdeck jetzt ohne einen Zwischenschritt komplett herunter- und hochfahren.

Baujahr	seit 2017
Motor-Bauart	Elektromotor
Hubraum (cm³)	entfällt
Leistung (PS/U/min)	41 bis 82
Vmax in (km/h)	125 bis 130
Bauart	Limousine, Coupé, Cabrio
Produktionszahl	k.A.

Smart Fortwo EQ, Werkscode C 451/C 453 (fortwo 451 Electric Drive (ED 2), fortwo 451 Electric Drive (ED 3), fortwo 453 Electric Drive (ED 4))

Die Elektrifizierung des smart hat eine lange Geschichte: 2005 zeigt smart erstmals den smart electric drive, schon 2007 fährt in London eine Testflotte. 2009 geht das Modell auf 18 Märkten an den Start. 2012 ist bereits die dritte Generation des Kleinstwagens mit Elektromotor unterwegs: Für 18.910 Euro kann der Kunde einen 41 PS starken Zwerg als fortwo, als forfour (seit 2014 in Zusammenarbeit mit Renault auf dem Markt) und als fortwo Cabrio kaufen. 2017 findet der Marktstart der Elektroversion der dritten Generation des Smart statt. Der fortwo eq soll bis zu 160 Kilometer Reichweite haben, Tester kommen auf nur 120 Kilometer. Das Auto wird von 82 PS und 160 Newtonmeter befeuert, was für einen Sprint von 4,9 Sekunden reicht – allerdings nur bis zu Tempo 60. Auf die 100-km/h-Marke muss man 11,5 Sekunden warten. Top-Tempo sind etwa 125 km/h, dann rauscht die vorhandene Energie allerdings schnell gegen Null. Der Preis des fortwo: 21.940 Euro. Der forfour – seit 2014 wieder im smart-Programm – kostet schon 22.600 Euro. Für das zweisitzige Cabrio muss man sehr teure 25.200 Euro bezahlen.

Dyna-Veritas

Das Kleinwagen-Konzept des Veritas-Gründers Ernst Loof war nicht weniger intelligent und exotisch als seine großen Sport- und Rennwagen. Ausgerüstet mit dem berühmten, nur 750 cm³ großen Panhard-Zweizylinder-Boxermotor aus Frankreich und einer bildschönen Karosserie von Baur in Stuttgart, sollte der Dyna-Veritas das Überleben der Marke sichern – was leider nicht gelang. Schon nach 170 Exemplaren war Schluss, aber zu diesem Zeitpunkt hatte Loof schon längst das Handtuch werfen müssen, und die Produktion des Dyna-Veritas war an eine andere Firma übergegangen.

Baujahr	1950-1952
Motor-Bauart	Zweizylinder (Boxer)
Hubraum (cm³)	744
Leistung (PS/U/min)	32 bei 5000
Vmax in (km/h)	115
Bauart	Cabriolet
Produktionszahl	176

Veritas Saturn, Scorpion, Comet und Comet S

Nicht nur hochgezüchtete Rennsportwagen hatten es Ernst Loof angetan, auch für den normalen Straßenbetrieb stellte er, wenn auch in geringster Stückzahl, edle Sportcoupés und Cabriolets her. Auch hier stammte die technische Basis von den BMW-Vorkriegssportwagen. Individuell gestaltete Karosserien verliehen den Veritas-Fahrzeugen ein charakteristisches Erscheinungsbild. Allerdings konnte sich kaum fünf Jahre nach Kriegsende kaum einer Loofs exquisite Straßenmodelle leisten.

Baujahr	1950
Motor-Bauart	Sechszylinder (Reihe)
Hubraum (cm³)	1988
Leistung (PS/U/min)	100 bei 5000
Vmax in (km/h)	165
Bauart	Coupé, Cabriolet
Produktionszahl	k.A.

Victoria Spatz 200, Victoria 250

Egon Brütsch, unter den Konstrukteuren deutscher Nachkriegs-Kleinstwagen kein Unbekannter, hatte wieder zugeschlagen. Sein „Spatz" fand nach gezielter Weiterentwicklung sogar in die Serienfertigung, unter anderem beim Motorradhersteller Victoria. Der adrette Roadster war schwach motorisiert und bot kaum Wetterschutz, was aber bei der bisher motorradfahrenden Spatz-Kundschaft nicht sehr ins Gewicht gefallen sein dürfte. Eher störte da seine unschöne Neigung zur Selbstentzündung, wenn es dem kleinen Einzylinder-Zweitakter im Heck zu heiß wurde.

Baujahr	1956-1958
Motor-Bauart	Einzylinder-Zweitaktmotor
Hubraum (cm³)	191, 248
Leistung (PS/U/min)	10,2 bei 5250 bis 14,0 bei 5200
Vmax in (km/h)	75 bis 95
Bauart	Roadster
Produktionszahl	1588

Volkswagen Standard und Export

Baujahr	1945-1953
Motor-Bauart	Vierzylinder (Boxer)
Hubraum (cm³)	1131
Leistung (PS/U/min)	25 bei 3300
Vmax in (km/h)	105
Bauart	Limousine (2-türig)
Produktionszahl	ca. 400.000

Die Nachkriegspremiere des Käfers fand bereits 1945 inmitten der notdürftig beiseite geräumten Schuttberge des Wolfsburger Werks statt. Zunächst war fünf Jahre lang nur der Standard-Käfer lieferbar, karg ausgestattet und mit dem 1131 cm³ großen, 25 PS leistenden Boxermotor versehen. Als sich die mitunter sehr schwierige Versorgungslage etwas gebessert hatte, kam das Modell Export hinzu, das mit ein wenig glänzendem Chrombesatz und optimierter Ausstattung die langsam besser werdenden Zeiten dokumentierte. Wegen der charakteristischen Form ihres Heckfensters bekamen die Ur-Käfer schnell den Kosenamen „Brezelfenster".

Volkswagen Hebmüller Cabriolet

Dieser schöne Rücken kann noch heute entzücken. Hebmüllers zweisitzige Cabriolet-Interpretation des Käfers hat echten Raritätenwert. Insgesamt weniger als 700 Stück wurden bei Hebmüller und später bei Karmann gefertigt. Bei aller überzeugenden Optik, besonders ohne den riesigen Verdeckrucksack des Normal-Cabrios, war wohl der schlechtere Nutzwert des Hebmüller und sein hoher Preis der potenziellen Käuferschaft ein Dorn im Auge.

Baujahr	1949-1953
Motor-Bauart	Vierzylinder (Boxer)
Hubraum (cm³)	1131, 1192
Leistung (PS/U/min)	25 bei 3300 bis 30 bei 3400
Vmax in (km/h)	105 bis 115
Bauart	Cabriolet
Produktionszahl	696

Volkswagen Cabriolet

Einen Kultstatus besonderer Art genießt das Käfer Cabrio. Dabei sind es nicht allein die alten Modelle, die eine ganz spezielle Ausstrahlung haben. Technisch unterschieden sich antike und modernere Modelle nie von ihren geschlossenen Brüdern, doch kam mit der Zeit das spezielle Cabrio-Feeling beim zum technischen Anachronismus gewordenen Käfer besonders gut zur Geltung.

Baujahr	1949-1970
Motor-Bauart	Vierzylinder (Boxer)
Hubraum (cm³)	1131, 1192, 1285
Leistung (PS/U/min)	25 bei 3300 bis 40 bei 4000
Vmax in (km/h)	105 bis 135
Bauart	Cabriolet
Produktionszahl	k.A.

Baujahr	1950-1967
Motor-Bauart	Vierzylinder (Boxer)
Hubraum (cm³)	1131 bis 1493
Leistung (PS/U/min)	25 bei 3300 bis 44 bei 4000
Vmax in (km/h)	85 bis 110
Bauart	Kleinbus
Produktionszahl	1,85 Mio

Volkswagen Bus T1 „Bulli", Werkscode Typ 2 T1

Eine Erfolgsgeschichte besonderer Art schrieb der VW-Bus, gerne auch „Bulli" genannt. Auf technischer Basis des Käfers rollten 1950 die ersten Busse und Transporter der T1-Serie auf die Straßen. Sie motorisierten im Nachkriegsdeutschland das wieder auferstehende Kleingewerbe und all jene, die besondere Transportaufgaben hatten. Robuste Mechanik und die Vielfalt lieferbarer Aufbauvarianten machte sie schier unentbehrlich und zu einem ungeheuren Markterfolg. Bereits 1962 hatte Volkswagen die erste Bulli-Million vollgemacht. Bis zum Produktionsende 1967 kamen noch einmal rund 800.000 Exemplare dazu.

Volkswagen 1200

Baujahr	1953-1957
Motor-Bauart	Vierzylinder (Boxer)
Hubraum (cm³)	1192
Leistung (PS/U/min)	30 bei 3400
Vmax in (km/h)	110
Bauart	Limousine (2-türig)
Produktionszahl	ca. 1,2 Mio

Dem Brezelfenster- folgte der Ovalfenster-Käfer. Erste umfangreichere Modellpflegemaßnahmen ließ Volkswagen seinem Superseller während der Ovali-Ära angedeihen: größerer Hubraum, mehr Leistung, Doppelrohrauspuff und Anderes. Die Produktion stieg – die Preise sanken: Der Käfer ließ der Konkurrenz in seiner Klasse kaum Luft zum Atmen, zu überzeugend war sein Preis-/Leistungsverhältnis.

Volkswagen Karmann Ghia, Werkscode Typ 14

Baujahr	1955-1974
Motor-Bauart	Vierzylinder (Boxer)
Hubraum (cm³)	1192 bis 1584
Leistung (PS/U/min)	30 bei 3400 bis 50 bei 4000
Vmax in (km/h)	118 bis 140
Bauart	Coupé, Cabriolet
Produktionszahl	443.482

Sportliche Linienführung mit anspruchsloser Serientechnik zu kombinieren, war im Falle des Karmann-Ghia eine ausgesprochen erfolgreiche Idee. Vom italienischen Karosserieschneider Ghia gezeichnet und bei Karmann gebaut, bekam der etwas speziellere VW-Kunde mit dem Coupé, was er wollte: schicke Optik und ein verlässliches Technikpaket. Nicht zuletzt die autofahrende Damenwelt mochte den Sport-VW, der es als Coupé und Cabrio in fast 20 Produktionsjahren auf rund 450.000 gebaute Exemplare brachte.

Volkswagen 1200

Baujahr	1957-1973
Motor-Bauart	Vierzylinder (Boxer)
Hubraum (cm³)	1192
Leistung (PS/U/min)	30 bei 3400 bis 34 bei 3600
Vmax in (km/h)	110 bis 115
Bauart	Limousine (2-türig)
Produktionszahl	k.A.

1957 mutierte der Käfer äußerlich zum Archetyp des Wolfsburger Dauerläufers, der im Prinzip bis zum endgültigen Produktionsende Gültigkeit hatte. Eine größere Frontscheibe und das nunmehr rechteckige, große Heckfenster brachten endlich höhere Praxistauglichkeit. Gleiches lässt sich über den 1960 eingeführten 1200-cm³-Motor mit 34 PS sagen, der zusammen mit modifizierten Vorder- und Hinterachsaufhängungen gestiegenen Ansprüchen an die Fahrleistungen wie an die Fahrsicherheit Rechnung trug.

Volkswagen 1500, 1500 S, Werkscode Typ 3

Baujahr	1961-1965
Motor-Bauart	Vierzylinder (Boxer)
Hubraum (cm³)	1493
Leistung (PS/U/min)	45 bei 3800 bis 54 bei 4200
Vmax in (km/h)	125 bis 135
Bauart	Limousine (2-türig), Kombi (3-türig)
Produktionszahl	704.475

Der VW 1500 sollte mit seinem Erscheinen im Jahre 1961 den deutschen Wohlstandsbürger, der seine Käferzeiten nun endlich hinter sich lassen wollte, am Verlassen von VW-Ausstellungsräumen hindern – schließlich hatten die Wolfsburger bis dahin nichts als ihr Krabbeltier vorzuzeigen. Leider bot der „Typ 3" konzeptionell kaum Anderes: solide Technik, saubere Verarbeitung und ein verbessertes Raumangebot. Eines war dabei allerdings auf der Strecke geblieben: Käfers klassenloses Image.

Baujahr	1961-1969
Motor-Bauart	Vierzylinder (Boxer)
Hubraum (cm³)	1493, 1584
Leistung (PS/U/min)	45 bei 3800 bis 54 bei 4200
Vmax in (km/h)	137 bis 150
Bauart	Coupé
Produktionszahl	42.505

Volkswagen Karmann Ghia Coupé, Werkscode Typ 34

Ein weiteres Beispiel dafür, dass sich gute Ideen nicht beliebig kopieren lassen, ist der „große" Karmann-Ghia. Auf Basis der Heckmotor-Limousinen vom Typ 1500 bzw. 1600 spekulierte man in Wolfsburg auf einen ähnlichen Verkaufsrenner wie ihn der kleine Karmann-Ghia darstellte. Ghias zweiter Design-Versuch ähnelte womöglich der biederen Ponton-Limousine zu sehr und die großen Boxer-Vierzylinder rissen mit ihren beträchtlichen Benzinverbräuchen auch niemanden vom Stuhl. Das Ergebnis: Nicht einmal 43.000 Exemplare des „Typ 34" wurden in acht Produktionsjahren hergestellt.

Volkswagen 1300 und 1500

Die ersten Käfer mit Muskeln kamen 1965 bzw. 1966 auf den Markt. Mittlerweile hatte es der Wolfsburger Hecktriebler mit der Konkurrenz nämlich nicht mehr ganz so leicht wie früher. Also mussten Pferdestärken her. 40 PS aus 1,3 Litern und gar 44 PS aus 1,5 Litern Hubraum sollten verlorengegangenes Terrain wieder zurückgewinnen. Das gelang nicht so recht: Der Käfer wurde zum Spritschlucker, und von der legendären Dauerhaltbarkeit des luftgekühlten Vierzylinder-Boxers blieb auch nicht mehr viel, wenn man ordentlich Zunder gab.

Baujahr	1965-1973
Motor-Bauart	Vierzylinder (Boxer)
Hubraum (cm³)	1285, 1493
Leistung (PS/U/min)	40 bei 4000 bis 44 bei 4000
Vmax in (km/h)	117 bis 128
Bauart	Limousine (2-türig)
Produktionszahl	k.A.

Volkswagen 1600 A, L/LE, TL/TLE und Variant, Werkscode Typ 3

Baujahr	1965-1973
Motor-Bauart	Vierzylinder (Boxer)
Hubraum (cm³)	1493, 1584
Leistung (PS/U/min)	45 bei 3800 bis 54 bei 4000
Vmax in (km/h)	125 bis 135
Bauart	Limousine (2-türig), Kombi (3-türig)
Produktionszahl	1.837.584

Aus dem 1961 vorgestellten VW 1500 wurde 1965 durch eine Hubraumerhöhung der 1600. Auch die mit der Aufstockung verbundene Leistungssteigerung um 9 auf 54 PS konnte jedoch nichts daran ändern, dass der deutsche Wohlstandsbürger sich immer seltener für einen VW der unteren Mittelklasse interessierte. Zwar bot das auch „Typ 3" genannte Modell solide Technik, saubere Verarbeitung und ein verbessertes Raumangebot, aber letztlich blieb es dem kaum mehr zeitgemäßen Käfer-Konzept verhaftet. Einheimische und internationale Wettbewerber der unteren Mittelklasse waren moderner unterwegs und machten unter diesen Umständen Boden, d.h. Marktanteile gut. Einziger Lichtblick des Typ 3 blieb die 1968 im 1600 LE erstmals im Serienbau eingeführte elektronisch gesteuerte Benzineinspritzung vom Typ Bosch D-Jetronic.

Volkswagen Bus T2, Werkscode Typ 2 T2

Die Zeiten und Anforderungen hatten sich geändert. VW reagierte darauf 1967 mit einer neuen Bulli-Generation, T2 genannt. Größer, mit modernisierter Linienführung, diversen technischen Verbesserungen und auf zunächst 1,6, später 1,7, 1,8 und schließlich 2 Liter vergrößertem Boxer-Triebwerk entsprach man den neuen Kundenbedürfnissen. Unverändert blieben die typischen Qualitäten des VW-Busses. Er überzeugte nach wie vor durch sein strapazierfähiges Wesen und seine Vielseitigkeit – kein Wunder, dass sich diese zweite Bulli-Generation rund 13 Jahre am Markt halten konnte.

Baujahr	1967-1979
Motor-Bauart	Vierzylinder (Boxer)
Hubraum (cm^3)	1584 bis 1970
Leistung (PS/U/min)	47 bei 4000 bis 70 bei 4200
Vmax in (km/h)	105 bis 133
Bauart	Kleinbus
Produktionszahl	ca. 3 Mio

Volkswagen 411 und 412, Werkscode Typ 4 (411, 411 E, 412, 412 E, 412 S)

Baujahr	1968-1974
Motor-Bauart	Vierzylinder (Boxer)
Hubraum (cm^3)	1679, 1795
Leistung (PS/U/min)	68 bei 4500 bis 85 bei 5000
Vmax in (km/h)	140 bis 160
Bauart	Limousine (2-/4-türig), Kombi (3-türig)
Produktionszahl	355.087

Der liebevoll-spöttisch „Nasenbär" genannte vergrößerte Nachfolger des „Typ 3" dokumentierte die ganze Rat- und Ideenlosigkeit der Wolfsburger Produktplaner Ende der 60er, Anfang der 70er Jahre. Wundersam proportioniert, mit Schrägheck, aber ohne Klappe, mit moderner Fahrwerksauslegung, aber noch mit Heckmotor, mit dem antiquierten luftgekühlten Boxermotor, dafür aber z. T. mit moderner Benzineinspritzung – behaftet mit solchen Widersprüchen taumelten der 411/412 und das Volkswagenwerk scheinbar dem Abgrund entgegen.

Volkswagen Kübel, Werkcode 181

Die Bundeswehr suchte in den 60er Jahren als Nachfolger für den DKW Munga ein ähnliches Fahrzeug und entschied sich für den VW 181, auch Kübelwagen genannt. 1969 kam er auf den Markt und war auch Zivilisten zugänglich. Ein perfektes Angebot für Autoliebhaber mit dem besonderen Geschmack: Styling null, Komfort null, Fahrleistungen null, aber jede Menge Frischluft um die Ohren und dazu noch begrenzte Qualitäten im Offroad-Einsatz. Im Heck pochte dabei das bekannte Käfer-Herz.

Baujahr	1969-1979
Motor-Bauart	Vierzylinder (Boxer)
Hubraum (cm³)	1493, 1584
Leistung (PS/U/min)	44 bei 3800 bis 48 bei 4000
Vmax in (km/h)	115 bis 120
Bauart	Cabriolet (4-türig)
Produktionszahl	90.883

Volkswagen 1302 L, S, LS und 1303, A, L, S, LS

Ein gut gemeinter und gut gemachter, aber letztlich vergeblicher Versuch, den Käfer in die Neuzeit zu katapultieren, waren die 02- und 03-Modelle. Mehr Radstand, zeitgemäße Vorder- und Hinterachskonstruktionen, Panorama-Windschutzscheibe (1303) und ein 50 PS starker 1,6-Liter-Motor machten die Neo-Käfer zwar zu den technisch besten ihrer Gattung, wirklich modern konzipierten Frontantriebsautos waren sie aber in allen Belangen hoffnungslos unterlegen.

Baujahr	1970-1975
Motor-Bauart	Vierzylinder (Boxer)
Hubraum (cm³)	1192, 1285, 1584
Leistung (PS/U/min)	34 bei 3800, 44 bei 4100, 50 bei 4000
Vmax in (km/h)	115 bis 135
Bauart	Limousine (2-/4-türig)
Produktionszahl	k.A.

Volkswagen K 70

Baujahr	1970-1975
Motor-Bauart	Vierzylinder (Reihe)
Hubraum (cm³)	1605, 1807
Leistung (PS/U/min)	75 bei 5200 bis 100 bei 5300
Vmax in (km/h)	148 bis 165
Bauart	Limousine (4-türig)
Produktionszahl	211.127

Wie die Jungfrau zum Kinde kam VW 1970 zu seinem ersten zukunftsorientierten Auto, dem K70. Nach der Fusion von Auto Union und NSU, die beide wiederum von VW übernommen wurden, vereinnahmten die Wolfsburger kurzerhand die NSU-Konstruktion, und fortan schwebte der K70 völlig losgelöst über dem faden Einheitsbrei der VW-Modellpalette. Strenge, jedoch moderne Linienführung, ein wassergekühlter Vierzylinder-Reihenmotor mit obenliegender Nockenwelle und zwischen 75 und 100 PS, Frontantrieb – dieses Konzept zeigte, wohin der Weg ging.

Volkswagen 1302 Cabriolet und 1303 Cabriolet

Baujahr	1970-1980
Motor-Bauart	Vierzylinder (Reihe)
Hubraum (cm³)	1285, 1584
Leistung (PS/U/min)	44 bei 4100 bis 50 bei 4000
Vmax in (km/h)	125 bis 132
Bauart	Cabriolet
Produktionszahl	155.000

Einen Kultstatus besonderer Art genießt das Käfer Cabrio. Dabei sind es nicht allein die alten Modelle, die eine ganz spezielle Ausstrahlung haben, auch die 1980 eingestellten offenen 03-Modelle üben eine besondere Anziehungskraft aus. Technisch unterschieden sich antike und moderne Modelle nie von ihren geschlossenen Brüdern, doch kam mit der Zeit des spezielle Cabrio-Feeling beim zum technischen Anachronismus gewordenen Käfer besonders gut zur Geltung.

Volkswagen Passat, Werkscode B1 Typ 32 (1.3, 1.5, 1.6, GLI, 1.5 Diesel)

Baujahr	1973-1980
Motor-Bauart	Vierzylinder (Reihe), Vierzylinder-Diesel (Reihe)
Hubraum (cm³)	1272 bis 1588
Leistung (PS/U/min)	55 bei 5500 bis 110 bei 6100
Vmax in (km/h)	141 bis 185
Bauart	Limousine (2-/4-türig), Kombi (3-/5-türig)
Produktionszahl	ca. 2 Mio

Volkswagens Krisenretter Nummer 1 war der Passat, der 1973, noch ein Jahr vor dem Golf, auf den Markt rollte. Endlich war Schluss mit den altbackenen Heckmotor-Modellen im Käfer-Stil. Hier kam eine neue zwei- und viertürige Schrägheck-Limousine, die auf dem bereits ein Jahr zuvor präsentierten Audi 80 basierte und den Stand der damaligen Automobiltechnik dokumentierte. Mit Frontantrieb und lebhaften Vierzylindern, die zum Serienstart wahlweise 55, 75 oder 85 PS bereitstellten, gelang der Neuanfang eindrucksvoll: Bis 1980 wurden rund 2 Millionen VW Passat gebaut.

Volkswagen Scirocco I, Werkscode Typ 53 (1.1, 1.3, 1.5, 1.6, 1.6 GTi/GLi)

Baujahr	1974-1981
Motor-Bauart	Vierzylinder (Reihe)
Hubraum (cm³)	1093 bis 1588
Leistung (PS/U/min)	50 bei 6000 bis 110 bei 6100
Vmax in (km/h)	145 bis 190
Bauart	Coupé
Produktionszahl	ca. 495.000

VWs sportlicher 2+2-Sitzer trug seinen Teil dazu bei, die Strukturkrise zu überwinden, die Anfang der 70er Jahre durch die Käfer-Monokultur in Wolfsburg tobte. Aber nicht nur das – er setzte auch die bieder konstruierten Konkurrenten von Opel und Ford unter enormen Wettbewerbsdruck. Kein Wunder, denn die technische Basis des Golf etablierte den Scirocco unter den weltweit modernsten Großserien-Coupés. Dass dessen Fahrleistungen sehr wohl das Prädikat sportlich verdienten war auch hier dem sensationellen 1,6-Liter-Einspritzaggregat zu verdanken, das für eine Spitze von rund 190 km/h sorgte.

Baujahr	1974-1983
Motor-Bauart	Vierzylinder (Reihe), Vierzylinder-Diesel (Reihe), Vierzylinder-Turbodiesel (Reihe)
Hubraum (cm³)	1093 bis 1588
Leistung (PS/U/min)	50 bei 5000 bis 75 bei 5600
Vmax in (km/h)	138 bis 162
Bauart	Limousine (2-/5-türig)
Produktionszahl	ca. 6 Mio

Volkswagen Golf I, Werkscode Typ 17 (1.1, 1.1 Formel E, 1.3, 1.5, 1.6, 1.5 Diesel, 1.6 Diesel, 1.6 Turbodiesel)

Der Verkauf des Passat lief schon ausgezeichnet, als Volkswagen den eigentlichen Käfer-Nachfolger präsentierte. 1974 erblickte der Golf das Licht der Öffentlichkeit und man war sich in Wolfsburg keineswegs sicher, ob das neue Auto auch wirklich in die Fußstapfen des legendären Krabbeltieres treten konnte. An den technischen Gegebenheiten konnte es nicht liegen, denn mit quer eingebautem, wassergekühlten Frontmotor, einem guten Raumangebot, hohem Praxisnutzen und einer sympathischen Karosseriegestaltung waren alle Voraussetzungen geschaffen. Wie die Geschichte zeigte gelang es auch dem Golf, das berühmte klassenlose Image des Käfers für sich zu übernehmen und damit die eigentliche Grundlage für seinen ungeheuren Dauererfolg zu schaffen.

Baujahr	1975-1981
Motor-Bauart	Vierzylinder (Reihe)
Hubraum (cm³)	895 bis 1272
Leistung (PS/U/min)	40 bei 5900 bis 60 bei 6000
Vmax in (km/h)	132 bis 152
Bauart	Limousine (3-türig)
Produktionszahl	ca. 1,05 Mio

Volkswagen Polo I, Werkscode Typ 86 (0.9, 1.1, 1.1 Formel E, 1.1 S, 1.3)

VW machte weiter Druck. Nach dem Golf besetzten die Wolfsburger mit dem adrett aussehenden Polo – dem Bruder des Audi 50 – das Marktsegment unterhalb des ein Jahr zuvor präsentierten neuen Erfolgsmodells. Preiswert, unterhaltsgünstig, praktisch und sparsam spielte der Polo seine Rolle als Einsteigermodell ausgezeichnet. Für den Käufer bedeutete dies aber auch Verzicht auf ein herzerwärmendes Ambiente und mit 40 PS äußerst dezente Fahrleistungen. Dies schien aber nicht sonderlich zu stören: Mehr als eine Million Polos rollten bis 1981 von den VW-Bändern.

Baujahr	1976-1983
Motor-Bauart	Vierzylinder (Reihe)
Hubraum (cm³)	1588, 1781
Leistung (PS/U/min)	110 bei 6100 bis 112 bei 5800
Vmax in (km/h)	175 bis 187
Bauart	Limousine (2-türig), Cabriolet
Produktionszahl	350.000

Volkswagen Golf I GTI, Werkscode Typ 17 (1.6, 1.8)

Der Golf GTI war Trendsetter einer ganz neuen Fahrzeugkategorie, nämlich jener der sportlichen Kompaktautos zum günstigen Preis. Hauptverantwortlich für den Erfolg speziell des GTI war natürlich sein 110-PS-Einspritzmotor mit 1,6 Litern Hubraum. Dessen Spritzigkeit gepaart mit geringem Verbrauch setzten in den 80er Jahren neue Maßstäbe. Schon seit Jahren haben die leichtgewichtigen GTI der ersten Serie mit den kleinen Stoßstangen einen Status als echte Automobilklassiker.

Volkswagen 1200 (bis 1978), 1200 L (1.2 , 1.3, 1.6)

Baujahr	1973-1985
Motor-Bauart	Vierzylinder (Boxer)
Hubraum (cm³)	1192 bis 1584
Leistung (PS/U/min)	34 bei 3800
Vmax in (km/h)	115
Bauart	Limousine (2-türig)
Produktionszahl	k.A.

Der absolute Schwanengesang des Käfers – zumindest was seine Erhältlichkeit über das VW-Vertriebsnetz auf dem deutschen Markt betraf – kam 1985. Erst 1985, ist man geneigt zu sagen, denn immerhin gab es rund elf Jahre lang genügend deutsche Kunden, die den antiquarischen Käfer einem modernen Golf vorzogen. Die nach dem Ende der deutschen Käfer-Produktion 1978 hierzulande vertriebenen Exemplare – allesamt mit 1,2-Triebwerk ausgerüstet – stammten aus Mexiko und unterschieden sich leicht von den Modellen deutscher Herkunft. Nach Ende des werksseitigen Angebots gab es für in der Wolle gefärbte Käfer-Fans nur noch die Möglichkeit, Mexiko-Käfer über freie Importeure zu beziehen.

Volkswagen Iltis, Werkscode Typ 183 (1.7, 1.6 Diesel)

Baujahr	1978-1982
Motor-Bauart	Vierzylinder (Reihe)
Hubraum (cm³)	1695
Leistung (PS/U/min)	75 bei 5500
Vmax in (km/h)	130
Bauart	Cabriolet
Produktionszahl	9547

Schon optisch gemahnte der Iltis ein wenig an seinen Vorgänger, den DKW Munga. Wie jener sollte auch er die Bundeswehr mobilisieren und tat dies auch – allerdings mit deutlich modernerer Technik. Unter der Motorhaube arbeitete nun ein knapp 1,7 Liter großer wassergekühlter Vierzylinder mit 75 PS aus den Konzernregalen. Ein zuschaltbarer Vierradantrieb sorgte für den bei der Truppe gewünschten Vortrieb. Auch Zivilisten konnten den Iltis erwerben. Bei einem Einstandspreis von 40.000 DM blieb die Nachfrage erwartungsgemäß gering. Als Fußnote der Automobilhistorie bleibt aber, dass der Iltis vor allem bei Audi das Thema Allradantrieb auf die Tagesordnung setzte. Eine Diesel-Variante war ausschließlich der deutschen Bundeswehr vorbehalten.

Volkswagen Jetta I, Werkscode Typ 16

Es dauerte nahezu sechs Jahre, bis sich die Produktplaner in Wolfsburg dazu entschieden, das Golf-Thema ein wenig zu variieren. 1979 wurde der Golf mit traditionellem Kofferraum in das Modellangebot aufgenommen. Bei der Namensfindung hatte man allerdings keine besonders glückliche Hand: Jetta hieß der neue Wagen, der für ein konservativeres Publikum gedacht war, das moderne Technik eher in traditioneller Verpackung bevorzugte. Technisch gab es keine Veränderungen gegenüber dem Golf, aber dessen ungemein positives klassenloses Image blieb dem Stufenheckmodell zeitlebens verwehrt.

Baujahr	1979-1983
Motor-Bauart	Vierzylinder (Reihe), Vierzylinder-Diesel (Reihe), Vierzylinder-Turbodiesel (Reihe)
Hubraum (cm³)	1093 bis 1781
Leistung (PS/U/min)	50 bei 6000 bis 112 bei 5800
Vmax in (km/h)	142 bis 182
Bauart	Limousine (2-/4-türig)
Produktionszahl	ca. 616.000

Volkswagen Golf I Cabriolet (1.5, 1.6, 1.8)

Als das Golf-Cabrio 1979 in Serie ging, befanden sich die Seelen der VW-Fans in heller Aufruhr. Einerseits ließ Volkswagen das Cabrio – trotz schwelender Sicherheitsdiskussion – auch nach dem Käfer nicht sterben, andererseits schien der geöffnete Golf mit seinem Überrollbügel (Stichwort „Erdbeerkörbchen") und dem Mini-Kofferraum im Vergleich zum kultigen Käfer eine stilistische Katastrophe zu sein. Es dauerte Jahre, bis sich die Gemüter der Enthusiasten beruhigt hatten – inzwischen war das Golf-Cabrio nämlich von breiten Kundenkreisen wegen seiner unbestreitbaren Qualitäten voll akzeptiert und zum Verkaufsschlager geworden. Heute genießen die offenen Golf I den selben Kultstatus wie seinerzeit das Käfer-Cabrio – so ändern sich die Zeiten...

Baujahr	1979-1993
Motor-Bauart	Vierzylinder (Reihe)
Hubraum (cm³)	1457 bis 1781
Leistung (PS/U/min)	70 bei 5600 bis 112 bei 5500
Vmax in (km/h)	150 bis 180
Bauart	Cabriolet
Produktionszahl	ca. 80.000

Volkswagen 1600 „Mexiko-Käfer"

Baujahr	1985-2003
Motor-Bauart	Vierzylinder (Boxer)
Hubraum (cm³)	1584
Leistung (PS/U/min)	50 bei 4000
Vmax in (km/h)	140
Bauart	Limousine (2-türig)
Produktionszahl	k.A.

Kaum zu glauben: Der gute alte Käfer wurde in Mexiko noch bis 2003 gefertigt. An seiner Grundkonzeption hatte sich bis zum Schluss, nach weit über 21 Millionen produzierten Exemplaren, nichts geändert. Einige auch für den mexikanischen Markt notwendig gewordene Modifikationen wie eine Benzineinspritzung und Katalysator hielten ihn mühsam am Leben. Nur vereinzelt und auf private Initiative kamen neue Mexiko-Käfer noch auf den deutschen Markt – quasi als lebendes Fossil. Das hatte zwar seinen Reiz, aber als praktische und preiswerte Alltagsmotorisierung war er kaum mehr tauglich.

Volkswagen Scirocco II, Werkscode Typ 53B (1.3, 1.5, 1.6, 1.8, GTI, GTX, GT II)

Baujahr	1981-1992
Motor-Bauart	Vierzylinder (Reihe)
Hubraum (cm³)	1272 bis 1781
Leistung (PS/U/min)	60 bei 5600 bis 139 bei 6100
Vmax in (km/h)	156 bis 204
Bauart	Coupé
Produktionszahl	k.A.

Volkswagen hatte mit dem 1974 erschienenen Scirocco I großen Erfolg gehabt. Die nächste Modellgeneration, der 1981 eingeführte Scirocco II, sollte daran anknüpfen. Die Forderungen an das neue Modell waren klar: Es sollte mehr Platz für Insassen und Gepäck bieten und dank strömungsoptimierter Karosserie günstiger im Verbrauch sein. Beide Vorgaben wurden vom Scirocco II erfüllt, obwohl die meisten Technikkomponenten von seinem Vorgängermodell stammten. Eine bemerkenswerte Neuheit war 1985 der eigene 16-Ventil-Motor mit 129 PS, der glänzende Fahrleistungen ermöglichte. Zahlreiche Modellpflegemaßnahmen und Sondermodell-Editionen hielten das Kundeninteresse bis zum Produktionsende im Herbst 1992 wach.

Baujahr	1988-1995
Motor-Bauart	Vierzylinder (Reihe), Vierzylinder-G-Lader (Reihe), VR6
Hubraum (cm³)	1781 bis 2861
Leistung (PS/U/min)	115 bei 5400 bis 190 bei 5800
Vmax in (km/h)	196 bis 235
Bauart	Coupé
Produktionszahl	k.A.

Volkswagen Corrado, Werkscode Typ 53i (1.8, 1.8 G60, 2.0, 2.8 VR6, 2.9 VR6)

Eigentlich als Nachfolger für den Scirocco II gedacht, fand der 1988 präsentierte Corrado in der VW Typenhierarchie seinen Platz oberhalb des traditionellen Sportcoupés. In seiner äußeren Erscheinung war er mit seiner knappen, kompakt gezeichneten Karosserie sehr viel näher am Ur-Scirocco. Ebenso bot er weniger Platz als der Scirocco II – dafür aber eine wesentlich interessantere Motorenpalette, die ihn in jedem Fall zu guten bis ausgezeichneten Fahrleistungen beflügelte. Der „Edel-Scirocco" war auf dem deutschen Markt mit der 2-Liter-16V-Maschine, dem aufgeladenen 1,8-Liter-G60-Motor mit 160 PS und als Krönung dem auf 190 PS leistungsgesteigerten VR6-Triebwerk mit 2,9 Litern Hubraum zu haben. Mit letzterer Ausstattung stieß er in Fahrleistungsbereiche eines Porsche 944 S2 vor. Heute ist der Corrado eine echte Ikone der Marke.

Volkswagen Golf II Rallye, Werkscode Typ 1G1

Baujahr	1989-1991
Motor-Bauart	Vierzylinder-G-Lader (Reihe)
Hubraum (cm³)	1763
Leistung (PS/U/min)	160 bei 5600
Vmax in (km/h)	210
Bauart	Limousine (2-türig)
Produktionszahl	5000

Der Golf bekam Ende der achtziger Jahre ernsthafte motorsportliche Ambitionen. Mit einem von 1989 bis 1991 in nur 5000 Exemplaren gebauten Sondermodell namens Rallye Golf sollte sportlicher Lorbeer vor allem auf Rallyepfaden errungen werden. Die technischen Voraussetzungen dafür waren zweifellos gegeben. Der Rallye Golf verfügte über den 160 PS starken aufgeladenen G60-Motor des Corrado, permanenten Allradantrieb und bauchige Kotflügelverbreiterungen für die Verwendung breiter Räder. Schlagzeilenträchtige Erfolge im großen Rallyesport blieben jedoch Mangelware. Viele Rallye Golf landeten aber in den Händen von Automobilliebhabern, die sie bis heute hegen und pflegen.

Baujahr	1990-1991
Motor-Bauart	Vierzylinder (Reihe)
Hubraum (cm³)	1760
Leistung (PS/U/min)	98 bei 5400
Vmax in (km/h)	163
Bauart	Limousine (4-türig)
Produktionszahl	7735

Volkswagen Golf II Country, Werkscode Typ 1G1

Aus heutiger Sicht erscheint der 1990 präsentierte Golf Country wie eine automobile Karikatur – dabei leistete VW mit ihm wichtige, wenn auch verfrühte Pionierarbeit in Sachen SUV, von der letztlich noch der aktuelle Tiguan profitiert. Auf der Suche nach Verwendungsmöglichkeiten für den seinerzeit eingeführten permanenten Allradantrieb namens „syncro" verfiel man auf die Idee, einen viertürigen Golf II zu einem milden Offroadmodell mit Limousinenqualitäten zu machen. So addierten sich der intelligente„syncro"-Antrieb, ein höhergelegtes Fahrwerk, martialische Rammschutzbügel und ein außen angebrachtes Ersatzrad zu einem im Erscheinungsbild recht gewöhnungsbedürftigen Fahrzeug. Das Publikum sah das wohl auch so, denn weniger als 8000 Exemplare des Golf Country fanden einen Käufer. Damals war man offensichtlich noch der Meinung, dass Offroad-Optik und -technik im ganz normalen Autoalltag völlig überflüssig sei.

Volkswagen Golf III, Werkscode Typ 1H (1.4, 1.6, 1.8, 2.0, 2.0 16V, 2.8 VR6, 2.9 VR6, 1.9 D, 1.9 SDI, 1.9 TD, 1.9 TDI)

Baujahr	1991-1997
Motor-Bauart	Vierzylinder (Reihe), VR6, Vierzylinder-Diesel (Reihe), Vierzylinder-Turbodiesel (Reihe)
Hubraum (cm³)	1391 bis 2861
Leistung (PS/U/min)	55 bei 5200 bis 190 bei 5800
Vmax in (km/h)	150 bis 224
Bauart	Limousine (3-türig), Limousine (5-türig), Cabrio
Produktionszahl	4.805.900

Waren die ersten beiden Generationen von Deutschlands beliebtestem und meistverkauften Auto in ihrem äußeren Erscheinungsbild noch relativ ähnlich, so war die Präsentation des Golf III doch ein kleiner Schock: Mit seiner deutlich rundlicheren Form hob er sich eindeutig von den Vorgängerserien ab – nicht zur Freude jedes Kunden. Unter dem Blech hatte jedoch eine Menge Entwicklungsarbeit stattgefunden, die den Golf zu einem immer erwachseneren – aber auch schwergewichtigeren – Auto machte. Sogar Sechszylindermotoren fanden auf Wunsch den Weg unter die Haube, genauso wie Allradantrieb und erstmals eine Kombiversion namens Variant. Auch ein neues Cabrio kam 1993 hinzu.

Volkswagen Golf IV, Werkscode Typ 1J (1.4, 1.6, 1.8, 1.8 T, 2.0, 2.3 V5, 2.8 V6, 3.2 R32, 1.9 SDI, 1.9 TDI)

Baujahr	1997-2004
Motor-Bauart	Vierzylinder (Reihe), Vierzylinder-Turbo (Reihe), VR5, VR6, Vierzylinder-Diesel (Reihe), Vierzylinder-Turbodiesel (Reihe)
Hubraum (cm³)	1390 bis 3189
Leistung (PS/U/min)	68 bei 4200 bis 241 bei 6250
Vmax in (km/h)	160 bis 247
Bauart	Limousine (3-türig), Limousine (5-türig), Kombi, Cabriolet
Produktionszahl	k.A.

Der Golf bleibt der Golf – das änderte sich auch 1997 nicht, als die dritte Generation ausgedient hatte und durch den Golf IV abgelöst wurde. Vom Kompaktwagen der unteren Mittelklasse hatte sich der Multimillionenseller aus Wolfsburg längst zum klassenlosen Allzweckmobil für alles und jeden entwickelt – ganz wie ehedem der Käfer. Im Lauf der Zeit immer höher technisch spezifiziert verfügte die jüngste Ausgabe über Fahreigenschaften und –leistungen, die denen eines 3er BMW oder der Mercedes-Benz C-Klasse in nichts nachstanden – wer wollte, konnte für seinen Golf auch die gleiche Menge Geld investieren und ihn besonders edel motorisieren und ausstatten.

Volkswagen Sharan, Werkscode Sharan I Typ 7M8/7M9 (1.8 T, 2.0, 2.0 LPG, 2.8 VR6, 2.8 V6, 1.9 TDI, 2.0 TDI)

Etwa fünf Jahre lang konnten Branchenfremde den VW Sharan, den Ford Galaxy und den Seat Alhambra kaum auseinanderhalten. Kein Wunder: Sowohl VW/Seat als auch Ford waren die Entwicklungskosten und Investitionen in ein nötiges neues Werk zu hoch, um sie allein zu tragen. Sie gründeten daher in Palmela (Portugal) die Firma Autoeuropa Automóveis, an der sich Ford und VW je zur Hälfte beteiligten. Ab dem Jahr 2000 sorgten die Wolfsburger für ein Facelift beim Sharan und passten die Optik des Familienvans der Optik des VW Golf und des VW Passat an. Ende 2004 erhielt der Sharan ein weiteres Facelift, dessen Ergebnis zum Beispiel an geänderten Rückleuchten, Seitenblinkern im Spiegel und Chromumrandung am Kühlergrill zu erkennen war.

Baujahr	1995-2010
Motor-Bauart	Vierzylinder (Reihe), Vierzylinder-Turbo (Reihe), VR6, Vierzylinder-Turbodiesel (Reihe)
Hubraum (cm³)	1781 bis 2792
Leistung (PS/U/min)	90 bei 4000 bis 204 bei 6200
Vmax in (km/h)	160 bis 217
Bauart	Van
Produktionszahl	k.A.

VW Caddy 1.4, 1.6, 1.7 SDI, 1.9 D, 1.9 SDI, 1.9 TDI

Baute VW einst mit dem Käfer einen echten Volkswagen, nahm die Zahl der für jeden bezahlbaren fahrenden Untersätze im Laufe der Zeit kontinuierlich ab. Allerdings blieb der VW Caddy – ein Einfachauto für alle, die für die Tour von A nach B nichts anderes brauchen als vier Räder, Sitze und einen Motor. VW versteckte ihn allerdings im Portfolio von VW Nutzfahrzeuge – auch wenn er in Form des Hochdachkombis deutlich ein Pkw war. Anfangs kurvte der Caddy der ersten Generation allerdings noch als Pickup auf Golf herum. Diese zweite Generation schon wesentlich eigenständiger – auch wenn er dem Seat Inca, mit dem er in Spanien vom Band lief, wie aus dem Gesicht geschnitten schien. Kein Wunder: Beide standen auf der VW Polo- und Seat Ibiza-Plattform.

Baujahr	1995-2003
Motor-Bauart	Vierzylinder, Vierzylinder-Diesel, Vierzylinder-Turbodiesel
Hubraum (cm³)	1390 bis 1896
Leistung (PS/U/min)	57 bis 90
Vmax in (km/h)	139 bis 165
Bauart	Hochdachkombi
Produktionszahl	k.A.

Volkswagen New Beetle, Werkscode Typ 9C (1.4, 1.6, 1.8 T, 2.0, 2.3 V5, 2.5, 3.2 RSI, 1.9 TDI)

Mitte der neunziger Jahre kam das sogenannte Retrodesign in Mode, bei dem sich die Gestaltung aktueller Fahrzeugmodelle am historischen Vorbild orientierte. Was BMW mit dem Mini in perfekter Weise gelang, war beim Ende 1997 auf den Markt gebrachten VW New Beetle nicht annähernd so erfolgreich. Im Gegensatz zum Käfer besaß der New Beetle Frontmotor samt –antrieb sowie eine Heckklappe und basierte auf technischen Komponenten des Golf. Obwohl die typische Käfer-Linie trotz Neuinterpretation sehr gut getroffen worden war, kam der New Beetle bei Publikum nicht so recht an. Er bot nicht allzu viel Platz, war fühlbar teurer als etwa ein gleich motorisierter Golf und blieb zeitlebens ein Nischenmodell – trotz des 2003 nachgereichten ausgesprochen hübschen Cabrios. 2005 folgte ein Facelift, fünf Jahre später verabschiedete sich die erste Generation. Die folgende zweite büßte das „New" im Namen ein…

Baujahr	1997-2010
Motor-Bauart	Vierzylinder (Reihe), Vierzylinder-Turbo (Reihe), VR5, VR6, Vierzylinder-Turbodiesel (Reihe)
Hubraum (cm³)	1390 bis 3189
Leistung (PS/U/min)	75 bei 5000 bis 224 bei 6200
Vmax in (km/h)	160 bis 225
Bauart	Limousine (2-türig), Cabrio
Produktionszahl	k.A.

Volkswagen Passat, Werkscode B5 Typ 3B/3BG (1.6, 1.8, 1.8 T, 2.0, 2.3 VR5, 2.8 V6, 4.0 W8, 1.9 TDI, 2.0 TDI, 2.5 TDI)

Baujahr	1996-2005
Motor-Bauart	Vierzylinder (Reihe), Vierzylinder-Turbo (Reihe), VR5, V6, W8, Vierzylinder-Turbodiesel (Reihe)
Hubraum (cm³)	1595 bis 3999
Leistung (PS/U/min)	90 bei 4000 bis 275 bei 6000
Vmax in (km/h)	178 bis 250
Bauart	Limousine (4-türig), Limousine (5-türig)
Produktionszahl	k.A.

Seit 1973 besetzt der Passat von VW die Rolle des typischen Familien- und Geschäftsautos der Mittelklasse. Als Limousine und mehr noch als Variant genannter Kombi ist er ein Garant für geräumige, robuste und jederzeit verlässliche Motorisierung. Der 1996 auf den Markt gebrachte Passat der Serie B5 überzeugte besonders durch sein harmonisches Äußeres, ein breites Angebot an Antriebsaggregaten, vielfältige Ausstattungsvarianten und Langlebigkeit. Technisch ist der Passat eng mit den Mittelklasse-Audis A4 und A6 verwandt, was sich auf die Verkaufszahlen dieser Modellreihen aber keineswegs negativ auswirkte. Der Versuch, mit dem Passat W8 ein Achtzylinder-Spitzenmodell zu etablieren scheiterte allerdings schon nach gut drei Jahren.

Baujahr	1998-2005
Motor-Bauart	Vierzylinder (Reihe), Dreizylinder-Turbodiesel (Reihe), Vierzylinder-Diesel (Reihe), Vierzylinder-Turbodiesel (Reihe)
Hubraum (cm³)	999 bis 1716
Leistung (PS/U/min)	50 bei 5000 bis 125 bei 6000
Vmax in (km/h)	152 bis 205
Bauart	Limousine (3-türig)
Produktionszahl	490.000

Volkswagen Lupo (1.0, 1.4, 1.6 GTI, 1.2 TDI, 1.4 TDI, 1.7 SDI)

Erstmals besetzte VW das Marktsegment unterhalb des Polo im Jahr 1998 mit einem Fahrzeug, das nahezu baugleich auch als Seat Arosa vom Band lief. Der VW Lupo brillierte mit extrem kompakten Ausmaßen, einem im gegebenen Rahmen guten Raumangebot und einer breiten Auswahl an Motoroptionen. Sie reichten vom Dreizylinder mit 1,2 Litern Hubraum im Lupo 3L TDI bis hin zum 1,6-Liter-Vierzylinder mit 125 PS im Lupo GTI. Während diese Modelle Randerscheinungen blieben, wurde das Gros der Lupo-Modelle mit den 1,4-Liter-Benzinern oder dem gleich großen TDI-Diesel geordert. Der hohe Aufwand und die deshalb schwierige Ertragssituation beim Lupo veranlasste VW schließlich im Jahr 2005, dieses Modell einzustellen und statt dessen den kostengünstiger zu produzierenden, aber auch deutlich simpler gestrickten VW Fox aus Brasilien ins Programm zu nehmen.

Baujahr	2001-2009
Motor-Bauart	Dreizylinder (Reihe), Vierzylinder (Reihe), Vierzylinder-Turbo (Reihe), Dreizylinder-Turbodiesel (Reihe), Vierzylinder-Turbodiesel (Reihe)
Hubraum (cm³)	1198 bis 1896
Leistung (PS/U/min)	55 bei 4750 bis 180 bei 5800
Vmax in (km/h)	152 bis 225
Bauart	Limousine (3-türig), Limousine (5-türig)
Produktionszahl	k.A.

Volkswagen Polo, Werkscode Polo IV Typ 9N/9N2/9N3 (1.2, 1.4, 1.6, GTI, 1.4 TDI, 1.9 SDI, 1.9 TDI)

Im Laufe der Jahre wurde nicht nur der Golf immer erwachsener, auch der Polo war mit all seinen Talenten nicht mehr das einfache Einsteigermodell, sondern zu einem hochwertigen – und nicht ganz billigen – Vertreter der Kleinwagenklasse geworden, der im nationalen wie internationalen Konkurrenzumfeld die Standards setzte. Mit dem Steilheck-Konzept hatte VW den Polo unter dem Aspekt des praktischen Nutzwerts optimal positioniert. Als etwas kleinerer Golf, aber mit dem gleichen Aufwand wie dieser konstruiert, und in vielen Varianten lieferbar, schuf sich der Polo – sei es als leistungsstarker GTI, als CrossPolo in Offroad-Optik oder als Ressourcen schonender Polo BlueMotion – europaweit Millionen Freunde. Im Frühjahr 2009 stand schließlich der nächste Generationswechsel an.

Volkswagen Phaeton, Werkscode Typ D1 (3.0 V6, 3.2 V6, 3.6 V6, 4.2 V8, W12, 3.0 V6 TDI, V10 TDI)

Baujahr	2002-2016
Motor-Bauart	V6, VR6, V8, W12, V6-Turbodiesel, V10-Turbodiesel
Hubraum (cm³)	2967 bis 5998
Leistung (PS/U/min)	225 bei 4000 bis 450 bei 6050
Vmax in (km/h)	230 bis 250
Bauart	Limousine (4-türig)
Produktionszahl	84.235

VW-Lenker Ferdinand Piëch war es ein Anliegen, die ganze Kompetenz seiner vielköpfigen Ingenieurschar sich in einem Auto kristallisieren zu lassen, das man am allerwenigsten von einem Hersteller mit dem Namen Volkswagen erwartet hatte. Der 2002 präsentierte Phaeton, eine Limousine der absoluten Oberklasse, trat in Konkurrenz zu den Topmodellen der Mercedes-Benz S-Klasse, zum 7er von BMW und nicht zuletzt zum Halbbruder Audi A8. Der unbestreitbare Imagenachteil eines VW in diesem Marktsegment sollte mit einem Feuerwerk an technischen Feinheiten überdeckt werden, was durchaus gelang. Benzinmotoren von Sechs- bis zum Zwölfzylinder sowie V6- und V10-Dieseltriebwerke garantierten souveräne Fahrleistungen. Zwar ließen die Verkaufszahlen des Phaeton insgesamt zu wünschen übrig, doch die Brillanz des Wagen sicherte ihm dennoch eine treue und überzeugte Gefolgschaft. 2007 erhielt das Modell ein Facelift, im März 2016 wurde das Experiment „Phaeton" allerdings ohne Nachfolger eingestellt – nach nur knapp 85.000 gebauten Exemplaren in rund 14 Jahren.

Volkswagen Touareg, Werkscode Touareg I Typ 7L (3.2 V6, 3.6 V6, 4.2 V8, W12, 2.5 TDI, 3.0 V6 TDI, 5.0 V10 TDI, R50)

Baujahr	2002-2010
Motor-Bauart	VR6, V8, W12, Fünfzylinder-Turbodiesel (Reihe), V6-Turbodiesel, V10-Turbodiesel
Hubraum (cm³)	2460 bis 5998
Leistung (PS/U/min)	174 bei 3500 bis 450 bei 6000
Vmax in (km/h)	175 bis 250
Bauart	Kombi (5-türig)
Produktionszahl	k.A.

2002, ein Jahr vor dem Porsche Cayenne, mit dem er die Plattform und verschiedene technische Komponenten teilt, stellte VW den Touareg der Öffentlichkeit vor. Im Boom-Markt der großvolumigen SUV-Fahrzeuge begab man sich damit in Konkurrenz zur Mercedes-Benz M-Klasse und dem BMW X5. Hoher technischer Aufwand bei Fahrwerk und Allradantrieb garantierte, dass der Touareg auf der Straße wie im Gelände gleichermaßen exzellent voran kam und die Wettbewerber zumeist hinter sich ließ. Das Motorenangebot entsprach im Wesentlichen dem des im gleichen Jahr vorgestellten Phaeton. Im Unterschied zu diesem wurde der – mit in der Basisausführung fast 40.000 Euro ebenfalls empfindlich teure – Touareg jedoch ein großer Verkaufserfolg. 2006 spendierte VW eine Modellpflege, 2010 war es Zeit für die zweite Generation.

Volkswagen Golf V, Werkscode Typ 1K (1.4, 1.4 TSI, 1.6, 2.0, 2.0 TFSI, 2.5, 3.2, 1.9 TDI, 2.0 SDI, 2.0 TDI)

Baujahr	2003-2008
Motor-Bauart	Vierzylinder (Reihe), Vierzylinder-Turbo (Reihe), Vierzylinder-Turbo + Kompressor (Reihe), Fünfzylinder (Reihe), VR6, Vierzylinder-Diesel (Reihe), Vierzylinder-Turbodiesel (Reihe)
Hubraum (cm³)	1390 bis 3189
Leistung (PS/U/min)	75 bei 4200 bis 250 bei 6300
Vmax in (km/h)	163 bis 250
Bauart	Limousine (3-türig), Limousine (5-türig), Kombi
Produktionszahl	k.A.

Seinen Rang als Deutschlands meistgekauftes und beliebtestes Auto hatte der Golf auch nicht verloren, als der nächste Generationswechsel bevorstand. 2003 erblickte der Golf V das Licht der Welt und erntete zu Beginn etwas Skepsis auf Grund seiner Formgebung, die verschiedentlich Widerspruch herausforderte. Aber schnell gewöhnte sich das Publikum an die neue Optik, zumal wie üblich die inneren Werte des Golf überzeugten. Eine neue aufwändige Hinterachse, überarbeitete Benzin- und Dieselmotoren von 1,4 bis 3,2 Liter Hubraum sowie die auf den neuesten Stand gebrachte Sicherheitstechnik zementierten die führende Rolle des Golf in der nach ihm benannten Fahrzeugklasse. Technische Highlights waren der auf 200 PS erstarkte Golf GTI und der Golf GT mit 1,4 Liter großem TSI-Triebwerk, das mit Stufenaufladung durch Turbolader und Kompressor 170 PS bereit stellt.

Volkswagen Touran und Cross Touran, Werkscode Touran I Typ 1T (1.2 TSI, 1.4 TSI, 1.6, 2.0, 1.6 TDI, 1.9 TDI, 2.0 TDI)

Beim Golf war VW ja ziemlich verwöhnt, was große Absatzzahlen angeht. Aber bei einem Van? Hat auch geklappt, und zwar bei der ersten Generation des VW Touran. Genau sieben Jahre lang, nämlich von 2004 bis 2011, war er bei uns sogar der meistverkaufte Kompaktvan. Seine Basis war der Golf V mit Einzelradaufhängung rundum und der Möglichkeit, bis zu sieben Sitze anzubieten. Schon in der günstigsten Variante waren Fahrer- und Beifahrerairbags, Kopfbags für die beiden vorderen Sitzreihen, CD-Radio und die Schleuderbremse ESP serienmäßig dabei. 2006 spendierte VW eine „Große Produktaufwertung" mit Designänderungen und einem neuen Motor (1.4 TSI) mit 170 PS. 2007 schwappte die „Cross"-Welle auch über den Touran mit dem Ergebnis des „Cross Touran", der aussah, als könne er überall hin. Immerhin besaß er außer Offroad-Optik 1,2 Zentimeter mehr Bodenfreiheit und eine härtere Federung. Insgesamt wurden knapp zwei Millionen Exemplare des Touran verkauft.

Baujahr	2003-2015
Motor-Bauart	Vierzylinder (Reihe), Vierzylinder-Turbo (Reihe), Vierzylinder-Turbo + Kompressor (Reihe), Vierzylinder-Turbodiesel (Reihe)
Hubraum (cm³)	1197 bis 1984
Leistung (PS/U/min)	90 bei 4000 bis 177 bei 4200
Vmax in (km/h)	171 bis 213
Bauart	Van
Produktionszahl	k.A.

Volkswagen Golf Plus und Cross Golf (1.2 TSI, 1.4, 1.4 TSI, 1.6, 1.6 MultiFuel, 1.6 BiFuel, 2.0, 1.6 TDI, 1.9 TDI, 2.0 TDI)

Pummeliges Rentnerauto? Mag sein – na und? Wenn's gekauft wird … Und das wurde der „Golf Plus". Er basierte wie der Golf V auf der so genannten PQ35/A5-Plattform und wurde von VW als Nischenfüller zwischen einer zu kleinen Kompaktlimousine und einem zu großen Kompakt-Van positioniert. Tatsächlich war der Hochdach-Plus zehn Zentimeter höher als der normale Golf, was 2004 für normalgebaute Piloten noch reichte, um über eine Menge anderer Autos drüberzusehen. Im Unterschied zum normalen Golf wurden im Golf Plus – zum ersten Mal in der Kompaktklasse – serienmäßige LED-Rückleuchten verwendet. Im September 2006 wurde zudem noch der CrossGolf vorgestellt, basierend auf der Sportline des Golf Plus. Wie alle Golf Plus und Cross-Modelle von Volkswagen wurde auch der CrossGolf ausschließlich mit Frontantrieb verkauft. Den 1,6-Liter-Saugbenziner mit 102 PS gab es auch als Ethanol- („Multifuel") und als Autogas-Verkoster („Bifuel"). Nachfolger des Golf Plus wurde der Golf Sportsvan.

Baujahr	2004-2014
Motor-Bauart	Vierzylinder (Reihe), Vierzylinder-Turbo (Reihe), Vierzylinder-Turbo + Kompressor (Reihe), Vierzylinder-Turbodiesel (Reihe)
Hubraum (cm³)	1197 bis 1984
Leistung (PS/U/min)	86 bei 4800 bis 150 bei 6000
Vmax in (km/h)	161 bis 216
Bauart	Van
Produktionszahl	930.000

Volkswagen Jetta, Werkscode Jetta V Typ 1K2 (1.4 TSI, 1.6, 2.0, 1.6 TDI, 1.9 TDI, 2.0 TDI)

Baujahr	2005-2010
Motor-Bauart	Vierzylinder (Reihe), Vierzylinder-Turbo (Reihe), Vierzylinder-Turbodiesel (Reihe)
Hubraum (cm³)	1390 bis 1984
Leistung (PS/U/min)	102 bei 5600 bis 200 bis 6000
Vmax in (km/h)	190 bis 235
Bauart	Limousine, Kombi
Produktionszahl	k.A.

Richtig geliebt wurde der VW Jetta hierzulande eigentlich nie. Geboren einst als Stufenheckmodell des ersten VW Golf, hatte er sich aber inzwischen weltweit einen Namen gemacht – die fünfte Generation des Jetta in China zum Beispiel als Sagitar, in Argentinien und Chile als Vento, in Mexiko als Bora (weil dort der Jetta IV noch als Jetta verkauft wurde). Das Auto war vom Golf V abgeleitet worden und als Nachfolger des Modells präsentiert, das hierzulande Bora hieß (man muss nicht alles verstehen …). Besonders Amerika ist es zu verdanken, dass es den Jetta heute noch gibt – VW hatte schon mit seiner Einstellung spekuliert. Motorisch gab es keine Überraschungen – die Antriebe waren alle aus anderen Modellen bekannt.

Volkswagen Fox, Werkscode Typ 5Z (1.2, 1.4, 1.4 TDI)

Baujahr	2005-2011
Motor-Bauart	Dreizylinder (Reihe) Vierzylinder (Reihe), Dreizylinder-Turbodiesel (Reihe)
Hubraum (cm³)	1198 bis 1422
Leistung (PS/U/min)	54 bis 75
Vmax in (km/h)	148 bis 167
Bauart	Limousine
Produktionszahl	k.A.

Der VW Fox (englisch für „Fuchs") war 2005 bis Anfang 2011 als Nachfolger des Lupo das kleinste VW-Modell. Der Basispreis lag anfangs bei 8950 Euro. Ganz schön günstig – allerdings gab es dafür auch so gut wie keine Komfortausstattung. Die elektrohydraulische Servolenkung mit einem in Höhe und Reichweite verstellbaren Lenkrad konnte beim 54-PS-Basismodell immerhin extra bestellt werden. Seitenairbags, elektrische Fensterheber, elektrisch verstellbare Spiegel, Zentralverriegelung oder auch die (zur Vergrößerung des Gepäckraums verschiebbare) Rücksitzbank mit geteilter Rücksitzlehne waren ebenso nur gegen Aufpreis erhältlich wie die Einstiegshilfe „Easy Entry" für die Fondpassagiere. In Deutschland besaß der VW Fox immerhin serienmäßig ABS, Fahrer-/Beifahrerairbag und Gurtstraffer. Zwischen 2005 und 2012 sind in Deutschland gut 140.000 VW Fox neu zugelassen worden. Die gar nicht so leichte Aufgabe des Nachfolgers übernahm der VW up!.

Volkswagen Passat, Werkscode Passat B6 Typ 3C (1.4 TSI, 1.6, 1.8 TSI, 2.0, 2.0 TFSI, 3.2 V6, R36, 1.6 TDI, 1.9 TDI, 2.0 TDI)

Baujahr	2005-2010
Motor-Bauart	Vierzylinder (Reihe), Vierzylinder-Turbo (Reihe), VR6, Vierzylinder-Turbodiesel (Reihe)
Hubraum (cm³)	1390 bis 3597
Leistung (PS/U/min)	102 bei 5600 bis 299 bei 6600
Vmax in (km/h)	188 bis 250
Bauart	Limousine, Kombi
Produktionszahl	k.A.

Mehr als 500 Varianten sollen vom VW Passat VW Typ 3C zu haben gewesen sein – das zeigt bereits, wie wichtig der recht große Mittelklassewagen und vor allem -Kombi für VW und die Kundschaft war. Er wurde von Februar 2005 bis Juli 2010 sowohl im Werk Emden als auch im Volkswagenwerk Zwickau als Nachfolger des Modells B5 gefertigt und ähnelte technisch dem VW Golf V. Im 3C begann VW, die benzineinspritzende FSI-Technik sowie die Doppelkupplung DSG einzusetzen. Ab 2008 gab es mit dem R36 sogar werksseitig ein Sportmodell als Limousine und Kombi – 299 PS sollten nicht nur sportlich ambitionierte Väter, sondern auch eilige Firmenchefs, die nicht gleich mit Supersportoptik auffallen wollten, beglücken.

Volkswagen EOS, Werkscode Typ 1F (1.4 TSI, 1.6, 2.0, 2.0 TSI, 3.2 V6, 3.6 V6, 2.0 TDI)

Baujahr	2006-2015
Motor-Bauart	Vierzylinder (Reihe), Vierzylinder-Turbo (Reihe), Vierzylinder-Turbo + Kompressor (Reihe), VR6, Vierzylinder-Turbodiesel (Reihe)
Hubraum (cm³)	1390 bis 3597
Leistung (PS/U/min)	115 bei 6000 bis 260 bei 6000
Vmax in (km/h)	192 bsi 250
Bauart	Coupé/Cabrio
Produktionszahl	k.A.

Mit dem nach dem griechischen Sonnengott benannten Eos beugte sich VW dem Trend nach Cabrios mit versenkbarem Blechdach. Was die Franzosen von Peugeot und Renault konnten, und auch Opel und Ford anboten oder anzubieten planten, konnte für VW nicht tabu sein. Der Eos wurde mit einem beherzten Griff ins VW-Teileregal realisiert. Er basierte auf der Golf V-Plattform und verfügte über die aktuellen Fahrwerkskomponenten des Passat. Es kamen Vier- und Sechszylinder-Benzinmotoren bis zum 3,6-Liter zum Einsatz, darüber hinaus auch der bekannte Zweiliter-Diesel. Das dreiteilige Dach verschwand in weniger als einer halben Minute elektrisch unter der Kofferraumklappe und verhalf vier Passagieren zum gewünschten Frischlufterlebnis. 2010 überarbeitete VW das Cabrio hauptsächlich optisch, der VR6-Motor war ab 2011 nicht mehr zu haben. Das galt ab Mai 2015 für das gesamte Modell: VW ließ das Spaßauto ohne Nachfolger sterben.

Volkswagen Tiguan, Werkscode Tiguan I Typ 5N (1.4 TSI, 2.0 TSI, 2.0 TDI)

Baujahr	2007-2016
Motor-Bauart	Vierzylinder-Turbo (Reihe), Vierzylinder-Turbo + Kompressor (Reihe), Vierzylinder-Turbodiesel (Reihe)
Hubraum (cm³)	1390 bis 1984
Leistung (PS/U/min)	110 bei 2750 bis 211 bei 6200
Vmax in (km/h)	174 bis 215
Bauart	SUV
Produktionszahl	k.A.

Eine echte Mixtur aus allem, was VW so in der Golf Plus-Größe anzubieten hatte, stellte der ab 2007 verkaufte VW Tiguan dar. Kurios: Inoffiziell kursierte vor der Präsentation der Name „Marrakesch" statt Tiguan, angelehnt an eine gleichnamige Studie vor dem Serienanlauf. VW versuchte lange, dagegen zu steuern. Das klappte aber erst bei der Markteinführung – es wurde ein Mix aus „Tiger" und „Leguan". Unter dem Kleid steckten Technik und Module vom Golf und Passat, die Optik stammte vom Touareg, Interieur und Abmessungen vom Golf Plus. Technisch punktete der Tausendsassa mit dem 4Motion-Allradantrieb samt Haldex-Kupplung und mit einer selbstlenkenden Einparkhilfe. Allerdings selbst als Variante „Track and Field" mit anders ausgeführten Stoßfängern für mehr Böschungswinkel wurde kein Geländewagen daraus. Im Jahr 2011 erhielt der Tiguan ein Facelift, das sich in veränderter Optik und anderen Motoren ausdrückte. Im Januar 2016 ging dann der neue Tiguan als Nachfolger an den Start.

Volkswagen Golf, Werkscode Golf VI Typ 1K (1.2, 1.2 TSI, 1.4, 1.4 TSI, 1.6, 1.6 BiFuel, 1.8 T, GTI, GTI Edition 35, 1.6 TDI, 2.0 TDI, GTD)

Baujahr	2008-2012
Motor-Bauart	Vierzylinder (Reihe), Vierzylinder-Turbo (Reihe), Vierzylinder-Turbo + Kompressor (Reihe), Vierzylinder-Turbodiesel (Reihe)
Hubraum (cm³)	172 bis 246
Leistung (PS/U/min)	80 bei 5000 bis 235 bis 6300
Vmax in (km/h)	175 bis 225
Bauart	Limousine (3-türig), Limousine (5-türig), Kombi, Cabriolet
Produktionszahl	2.850.000

Der Golf VI markierte bei seiner Markteinführung im Jahr 2008 einen erneuten Sprung in Sachen technischer Qualität. Den Wolfsburger Ingenieuren gelang eine weitere deutliche Verfeinerung in allen Bereichen – und die Optik der neuen Generation war diesmal nur sehr vorsichtig verändert worden. Außer einer leichten Straffung der Linien kann der oberflächliche Betrachter kaum Unterschiede zum Vormodell ausmachen. Die Motorenpalette stammte im Wesentlichen vom Golf V wurde aber wiederum überarbeitet. Auf breiterer Front kam nun das 7-Gang-DSG-Getriebe zum Einsatz, das auf mechanischem Weg und ohne Zugkraftunterbrechung für effektivste Gangwechsel ohne Kupplungseinsatz sorgte. Den Golf gab wiederum nicht nur mit der klassischen Karosserieform, sondern auch als hohen Golf Plus und als Kombi 2011 kam das neuentwickelte Cabriolet dazu. nach vier Jahren musste die vierte Generation bereits seinem Nachfolger Platz machen.

Volkswagen Scirocco, Werkcode Scirocco III Typ 13 (1.4 TSI, 2.0 TSI, R 2.0 TSI, 2.0 TDI)

Baujahr	2008-2017
Motor-Bauart	Vierzylinder-Turbo (Reihe), Vierzylinder-Turbo + Kompressor (Reihe), Vierzylinder-Turbodiesel (Reihe)
Hubraum (cm³)	1390 bis 1984
Leistung (PS/U/min)	122 bei 5000 bis 280 bei 6000
Vmax in (km/h)	200 bis 250
Bauart	Coupé
Produktionszahl	k.A.

Nach mehr als 15 Jahren reaktivierte VW den legendären Modellnamen Scirocco für sein neues 2+2-sitziges Sportcoupé, das im Frühjahr 2008 debütierte. Breit, flach und insgesamt aggressiver im optischen Auftritt zielte es bei gleichem Grundkonzept auf eine weniger bürgerliche Kundschaft als es seine Vorläufer taten. Mit Benzinmotoren von 122 bis 200 PS und dem 140 PS starken TDI-Dieseltriebwerk war der neue Scirocco , der auf dem Golf V basierte, erfreulich vernünftig motorisiert. Da sich die Marktgegebenheiten in der Zwischenzeit erheblich verändert hatten, rechneten die Verkaufsstrategen bei VW nicht mit annähernd so hohen Absatzzahlen wie vor rund 20 Jahren – dennoch war der Scirocco eine höchst attraktive Abrundung der Modellpalette. Was die Wolfsburger nicht davon abhielt, den Scirocco III 2017 ohne Nachfolger aus dem Portfolio zu streichen.

Baujahr	2008-2017
Motor-Bauart	Vierzylinder-Turbo (Reihe), Vierzylinder-Turbo + Kompressor (Reihe), VR6, Vierzylinder-Turbodiesel (Reihe)
Hubraum (cm³)	1395 bis 3597
Leistung (PS/U/min)	140 bei 4200 bis 299 bei 6600
Vmax in (km/h)	211 bis 250
Bauart	Limousine
Produktionszahl	k.A.

Volkswagen Passat CC und CC, Werkscode Typ 35 (1.4 TSI, 1.8 TSI, 2.0 TSI, 3.6 V6, 2.0 TDI)

Für einen Hersteller ist eine Lücke im Portfolio nicht akzeptabel – auch wenn die Lücke eigentlich keine ist. So erging es VW mit dem vermeintlichen Platz zwischen Passat und Phaeton. Also quetschten die Wolfsburger den „Passat CC", ab 2012 nur „CC" genannt, dazwischen. Das bedeutete „Comfort-Coupé" und es reihte sich in die nicht unumstrittene Phalanx der so genannten „viertürigen Coupés" ein. Das Modell war fünf Zentimeter flacher als der Passat, 3,6 Zentimeter breiter, besaß ein Sportfahrwerk und eine breitere Spur – und wurde trotzdem kein Bringer für VW. Gut 30.000 Euro musste der Kunde zunächst hinblättern, erhielt dafür aber unter anderem den laut VW weltweit ersten aktiv in die Lenkung eingreifenden Spurhalteassistenten „Lane Assist", der mit einer Kamera Fahrbahnmarkierungen erfasste und vor dem Verlassen einer Spur automatisch gegenlenkte. Der VW bot drei Fahrmodi an, das Spitzenmodell hatte einen 3,6-Liter-Sechszylinder-Ottomotor und war serienmäßig mit Doppelkupplungsgetriebe sowie mit Allradantrieb ausgestattet. Der Nachfolger des glücklosen CC wurde übrigens der Arteon.

Volkswagen Sharan, Werkscode Sharan II Typ 7N (1.4 TSI, 2.0 TSI, 2.0 TDI)

Baujahr	seit 2010
Motor-Bauart	Vierzylinder-Turbo (Reihe) Vierzylinder-Turbo + Kompressor (Reihe), Vierzylinder-Turbodiesel (Reihe)
Hubraum (cm³)	1390 bis 1984
Leistung (PS/U/min)	115 bei 4200 bis 220 bei 6200
Vmax in (km/h)	183 bis 226
Bauart	Van
Produktionszahl	k.A.

Wie Ford beim Galaxy, so ging auch VW beim Sharan II nach der Trennung der beiden Marken eigene Wege, weswegen die zweite Generation des Großraumvans ein eigenständiges Design bekam. Naja, jedenfalls halbwegs, denn der Seat Alhambra blieb das nahezu baugleiche Schwestermodell. Technisch steckte unter dem Sharan II der Passat mit der internen Bezeichnung B6. Von anderen Vans dieser Größe unterschied sich der Sharan besonders durch die hinteren Schiebetüren links und rechts, die sich gegen Kleingeld auch elektrisch öffnen und schließen ließen. Bis zu sieben Sitze waren möglich, zwei davon aber nur optional gegen Aufpreis zu haben. Ebenso konnte der Kunde seinen Sharan ab 2011 mit Allradantrieb bekommen. 2016 wurde ein Facelift spendiert, besonders die Motoren wurden modernisiert und verbrauchten nun weniger Sprit.

Volkswagen up!, Werkscode Typ AA (1.0, 1.0 TSI, 1.0 GTI, e-up!)

Wenn ein Auto ein echter Europäer war, dann der Winzling VW Up!. Der 3,54 Meter kurze Nachfolger des VW Fox kam 2011 auf den deutschen Markt, ab 2012 war er in ganz Europa zu haben. Seine sehr ähnlichen Brüder hörten auf die Namen Seat Mii und Skoda Citigo. Die beiden größten Vorteile des Up! gegenüber der Konkurrenz: vier Türen und erstaunlich viel Komfort für so einen modernen Mini. Zunächst gab es nur einen Einliter-Dreizylinder unter der Haube, aber VW zog nach und nach noch diverse Spielarten aus dem Ärmel: Ab 2012 war der mit Erdgas betriebene eco up! erhältlich. 2013 wurde eine rein elektrisch betriebene Variante des Wagens mit dem Namen e-up! und einer Reichweite von bis zu 160 km vorgestellt. 2016 spendierte VW ein Facelift, seit 2014 ist außerdem der eingeschränkt geländetaugliche cross up! (nur als Viertürer) auf dem Markt. Im Mai 2017 stellte Volkswagen beim GTI-Treffen am Wörthersee den up! GTI mit 115 PS vor, der seit 2018 zu haben ist.

Baujahr	seit 2011
Motor-Bauart	Dreizylinder (Reihe), Dreizylinder-Turbo (Reihe), E-Motor
Hubraum (cm^3)	999
Leistung (PS/U/min)	60 bei 6000 bis 115 bei 5500
Vmax in (km/h)	130 bis 196
Bauart	Limousine
Produktionszahl	k.A.

Volkswagen Golf, Werkscode Golf VII Typ AU (1.0 TSI, 1.2 TSI, 1.4 TGI, 1.4 TSI, 1.5 TGI, 1.5 TSI, 1.8 TSI, GTI, GTI Performance, GTI Clubsport, GTI Clubsport S, GTI TCR, 1.6 TDI, 2.0 TDI, GTD, GTE)

Wohl kaum ein anderes deutsches Automodell hat so viel Pfründe zu verteidigen wie der VW Golf. So sind die Wolfsburger stets dazu verdammt, einen neuen Golf besser als den alten zu machen und vor allem besser als die Konkurrenz, die inzwischen auch schon aus Bayern oder sogar Korea kommt. Das alles galt auch für die siebente Generation, die 2012 auf den Markt kam. Die Fachjurys zumindest waren zufrieden und verpassten dem Golf die Krone zum „Europäischen Auto des Jahres 2013" sowie zum „World Car of the Year". 2015 wählte Nordamerika den Golf, der erstmals auf dem neuen modularen Querbaukasten des VW-Konzerns steht, zum Auto des Jahres. Alle Drei- oder Vierzylindermotoren waren Neuentwicklungen. Die Kunden griffen zu: Der GTE – ab 2014 zu haben, eine Hybrid-Version mit Verbrenner und E-Motor, was sich zu 204 PS und immerhin 1615 Kilo summierte – zum Beispiel war ab Mai 2018 aufgrund von Engpässen neun Monate lang nicht lieferbar. Der GTE konnte 50 Kilometer rein elektrisch fahren.

Baujahr	2012-2020
Motor-Bauart	Dreizylinder-Turbo (Reihe), Vierzylinder-Turbo (Reihe), Vierzylinder-Turbo + E-Motor (Reihe), Vierzylinder-Turbodiesel (Reihe)
Hubraum (cm^3)	999 bis 1984
Leistung (PS/U/min)	85 bei 5500 bis 310 bei 6500
Vmax in (km/h)	179 bis 265
Bauart	Limousine, Kombi
Produktionszahl	k.A.

Volkswagen Golf R, Werkscode Golf VII Typ AU (2.0)

Baujahr	2013-2020
Motor-Bauart	Vierzylinder-Turbo (Reihe)
Hubraum (cm³)	1984
Leistung (PS/U/min)	300 bei 6200 bis 310 bei 6500
Vmax in (km/h)	250 bis 263
Bauart	Limousine, Kombi
Produktionszahl	k.A.

Klar, man könnte den VW Golf R zum normalen Golf VII packen, aber das würde ihm nicht gerecht werden. Der Golf R kam mit gewaltigen 300, später 310 PS, was den Sprint in 4,6 Sekunden gelingen ließ. Allradantrieb und eine elektronische Differenzialsperre halfen beim schnellen Quertreiben um die Ecken der Republik. Bis auf echten Sound aus den vier Endrohren trug der Golf R ein erstaunliches Understatement in die Welt. Nur für den Hinterkopf: Die Schweizer hatten es mal wieder besonders gut. Denn ab September 2016 konnten sie einen Golf R360S ordern. Der war nicht nur satte 360 PS stark, sondern besaß 17-Zoll-Winterkompletträder „Dijon", ein „R360S" Zeichen am Heck und eine Folierung im Carbonlook. Hinzu kam ein sportlicher „Volkswagen-R-Chronograph". Zusätzlich zur Exklusivausstattung umfasste die Serienausstattung unter anderem das Navigationssystem „Discover Pro", die Rückfahrkamera, das proaktive Insassenschutzsystem, die adaptive Fahrwerksregelung DCC sowie den elektrisch verstellbaren Fahrersitz. Alles nur für die Schweiz …

Volkswagen Passat und Alltrack, Werkscode Passat B8 Typ 3G (1.4 TSI, 1.5 TSI, 1.8 TSI, 2.0 TSI, GTE, 1.6 TDI, 2.0 TDI, 2.0 TDI 4Motion)

Baujahr	seit 2014
Motor-Bauart	Vierzylinder-Turbo (Reihe), Vierzylinder-Turbo + E-Motor (Reihe), Vierzylinder-Turbodiesel (Reihe), Vierzylinder-Biturbodiesel (Reihe)
Hubraum (cm³)	1395 bis 1984
Leistung (PS/U/min)	120 bei 4000 bis 280 bei 6500
Vmax in (km/h)	198 bis 250
Bauart	Limousine, Kombi
Produktionszahl	k.A.

Wer „Passat" sagt, meint eigentlich Kombi – das war schon immer so, zumindest in Deutschland. Fast 70 Prozent aller ausgelieferten Passat sind Kombis. Das war auch beim B8 nicht anders, der bereits achten Generation des Dauerbrenners, die ab 2014 zu haben war. 2015 wurde der neue Passat zum „Europäischen Auto des Jahres" gewählt. Wie gewohnt gab es eine Vielzahl von Motorisierungen, die Wahl zwischen Frontatrieb und Allrad, Handschalter oder Doppelkupplung, eben das ganze Programm. Hinzu kam Mitte 2015 der Passat Alltrack, allerdings ausschließlich als Kombi und mit Allradantrieb. Bei ihm wurde die Karosserie um 28 Millimeter höhergelegt. Zur Serienausstattung gehörten neben einer Dachreling unter anderem eine Radkastenverkleidung in schwarz, Unterfahrschutz in Edelstahloptik und Kunststoffbeplankung an den Stoßfängern. 2019 bot Volkswagen den Passat B8 als Facelift an. Neben äußerlichen Änderungen an der Karosserie gab es neue Ausstattungsmerkmale und eine Umbenennung der Ausstattungsvarianten. Ende 2018 kam der GTE, also die Plug-In-Version, mit 218 System-PS.

Volkswagen XL1

Baujahr	2014-2016
Motor-Bauart	Zweizylinder-Turbodiesel + E-Motor (Reihe)
Hubraum (cm³)	800
Leistung (PS/U/min)	75
Vmax in (km/h)	160
Bauart	Coupé
Produktionszahl	200

Normalerweise verschwinden Studien irgendwann in der Versenkung. Anders der VW XL1: Dieses Experimentalfahrzeug wurde tatsächlich gebaut. Sogar in einer Kleinserie von 200 Exemplaren. Das Besondere: Es geriet zum wahr gewordenen Einliterauto. Das erste Konzeptfahrzeug aus dem Jahr 2002 wog noch 390 Kilo und transportierte zwei Insassen hintereinander. Der Motor war ein Einzylinder-Dieselmotor mit Direkteinspritzung durch ein Pumpe-Düse-System mit 299 Kubikzentimetern Hubraum, der etwa 8,5 PS leistete, was für 120 km/h reichte. Das Serienauto wog letztlich 795 kg, die Sitze befanden sich nebeneinander. Er wurde bewegt dank eines Zweizylinder-TDI-Dieselmotors mit 800 Kubik Hubraum plus einem Elektromotor. Insgesamt 75 PS wurden auf die Hinterräder übertragen. Die Reichweite betrug rein elektrisch 50 Kilometer, der Verbrauch soll bei 0,9 Liter Diesel gelegen haben.

Volkswagen Golf Sportsvan (1.0 TSI, 1.2 TSI, 1.4 TSI, 1.5 TSI, 1.6 TDI, 2.0 TDI)

Klingt sportlich, ist es aber nicht: Der Golf Sportsvan wurde 2014 Nachfolger des Golf Plus und füllte die Nische zwischen Golf und Touran. Der Kompaktvan war 4,35 Meter lang, bot fünf Sitzplätze und richtete sich an alle, denen ein klassischer Van zu groß ist, die aber mehr Platz als in einer Kompaktlimousine wünschten. Als Allrounder in Sachen gute Übersichtlichkeit, hohe Sitzposition, sicheres und komfortables Fahrwerk sprach er mehr potenzielle Kunden an. Auch seine dynamischere Optik kam besser an als die rundliche des Golf Plus. Richtig sportlich unterwegs war man deshalb noch lange nicht: Der Top-Motor leistete gerade 150 PS, was bei mindestens 1,4 Tonnen Wagengewicht nicht die Welt bedeutete. Immerhin: Als erster Volkswagen wurde der Golf Sportsvan optional mit einem Ausparkassistent („Blind Spot-Sensor plus") angeboten. Dieser konnte beim Ausparken heranfahrende Autos aus bis zu 40 Metern Entfernung wahrnehmen und gegebenenfalls auch eine Notbremsung einleiten.

Baujahr	2014-2020
Motor-Bauart	Dreizylinder-Turbo (Reihe), Vierzylinder-Turbo (Reihe), Vierzylinder-Turbodiesel (Reihe)
Hubraum (cm³)	999 bis 1968
Leistung (PS/U/min)	85 bei 5500 bis 150 bei 6000
Vmax in (km/h)	177 bis 212
Bauart	Van
Produktionszahl	k.A.

Volkswagen e-Golf, Werkscode Golf VII Typ AU

Baujahr	2014-2020
Motor-Bauart	Elektromotor
Hubraum (cm³)	entfällt
Leistung (PS/U/min)	115, 136
Vmax in (km/h)	140, 150
Bauart	Limousine
Produktionszahl	145.561

Ein Hinweis darauf, dass VW die automobile Zukunft in Elektroautos erkannte, war der e-Golf. Er wurde von 2014 bis 2020 gebaut und besaß einen permanentmagneterregten Synchronelektromotor mit zunächst 115 PS. Er wirkte über eine Getriebeuntersetzung auf die Vorderräder. Schneller als 140 km/h ging nicht, auch die Beschleunigung von 0 auf 100 km/h in 10,4 Sekunden war nicht gerade sportlich. Kein Wunder bei einer Batterie, die alleine 310 Kilo wiegt. Ein Facelift ließ 2016 den e-Golf auf 136 PS erstarken. Optisch konnte man den e-Golf nur schwer von seinen Verbrenner-Brüdern unterscheiden, am besten vielleicht noch aufgrund der Magnesium-Felgen. Rund 145.000 Stück wurden gebaut, bevor der e-Golf Platz machen musste für den ID.3.

Volkswagen Polo, Werkscode Polo VI Typ AW (1.0, 1.0 TGI, 1.0 TSI, 1.5 TSI, 2.0 GTI, 1.6 TDI)

Der Polo VI ist die sechste Generation des kleinen Bestsellers von VW. Er ist nach dem im Januar 2017 vorgestellten Seat Ibiza V das zweite Fahrzeug auf der neuen Konzern-Plattform, die inzwischen (2020) für fast 20 Modelle von Seat, Volkswagen, Audi und Škoda verwendet wird. Der Polo wird ausschließlich als fünftürige Limousine angeboten. Im Herbst 2020 wurde der Polo optisch leicht überarbeitet. Das Fahrzeug wird seitdem mit dem von VW groß gefeierten neuen Volkswagen-Logo geliefert – weitere optische Änderungen gab es nicht.

Baujahr	seit 2017
Motor-Bauart	Dreizylinder (Reihe), Dreizylinder-Turbo (Reihe), Vierzylinder-Turbo (Turbo), Vierzylinder-Turbodiesel (Reihe)
Hubraum (cm³)	999 bis 1984
Leistung (PS/U/min)	65 bei 6000 bis 200 bei 6000
Vmax in (km/h)	164 bis 240
Bauart	Limousine
Produktionszahl	k.A.

Volkswagen T-Roc, Werkscode Typ A1 (1.0 TSI, 1.5 TSI, 2.0 TSI 4Motion, R, 1.6 TDI, 2.0 TDI, 2.0 TDI 4Motion)

Baujahr	seit 2017
Motor-Bauart	Dreizylinder-Turbo (Reihe), Vierzylinder-Turbo (Reihe), Vierzylinder-Turbodiesel (Reihe)
Hubraum (cm³)	999 bis 1984
Leistung (PS/U/min)	110 bei 5000 bis 300 bei 6500
Vmax in (km/h)	185 bis 250
Bauart	SUV
Produktionszahl	k.A.

T-Rex, T-Roc – alles das gleiche? Mitnichten, denn VW's neues Nischenauto ist auf der Straße nicht gerade ein beißender Riese, aber es setzt durchaus bleibende Duftmarken. Der hochgesetzte Golf, der schicke SUV, der kleine Tiguan-Bruder, wird eine eigene Baureihe. Natürlich spendet der Golf die Technik; der Radstand zwischen Golf und T-Roc unterscheidet sich gerade mal um drei Zentimeter. Der Platz innen wird allgemein gelobt, das viele Hartplastik erwähnt, und VW's Aussage bestätigt, dass der T-Roc das sportlichste SUV im eigenen Portfolio ist. Dem Piloten stehen fünf verschiedene Fahrmodi zur Verfügung, und als jüngste Variante gibt es den T-Roc als R – was 300 PS für 44.000 Euro bedeutet.

WOB DZ 34E

Volkswagen Arteon und Arteon Shooting Brake (1.4 e-Hybrid, 1.5 TSI, 2.0 TSI, R, 2.0 TDI)

Schwere Aufgabe für das neue Flaggschiff von VW: Der Arteon soll als „avantgardistischer Grand Turismo" sowohl den CC als auch den Phaeton ablösen – und das mit Komponenten von Golf und Passat. Der Name setzt sich aus „Art" (engl. für Kunst) und dem Suffix „-eon" zusammen, das einen Bezug zum chinesischen Topmodell Phideon herstellen und für Eleganz und Premium-Ambiente stehen soll. In Sachen Design hat VW schon mal getroffen – der Arteon sieht dynamisch und edel aus. 2017 kam das Auto auf den Markt, anfangs nur mit 280-Benziner-PS und einem Dieselmotor mit 150 oder 240 PS. 2020 gab es bereits ein Facelift und zusätzlich mit dem Shooting Brake als Lifestyle-Kombi eine neue Karosserieform. Ende 2020 überzeugt VW mit dem Arteon R, das Topmodell mit 320 PS für knapp 62.000 Euro.

Baujahr	seit 2017
Motor-Bauart	Vierzylinder-Turbo (Reihe), Vierzylinder-Turbo + E-Motor (Reihe), Vierzylinder-Turbodiesel (Reihe), Vierzylinder-Biturbodiesel (Reihe)
Hubraum (cm^3)	1395 bis 1984
Leistung (PS/U/min)	150 bei 6000 bis 320 bei 6500
Vmax in (km/h)	220 bis 270
Bauart	Limousine, Kombi
Produktionszahl	k.A.

Volkswagen T-Cross, Werkscode Typ C1 (1.0 TSI, 1.5 TSI, 1.6 TDI)

Kleiner geht immer: 2019 machte VW nun auch aus dem Polo ein SUV und nennt es T-Cross. Er rollt in Spanien neben dem Polo vom Band – klar, dass die beiden sich auch eine Plattform teilen. Das kleinste VW-SUV kostet in der Basisversion knapp 18.000 Euro, wer ihn hochgerüstet und mit 150 PS haben will, kann auch 30.000 Euro loswerden. Was nicht zu haben ist sind vier angetriebene Räder oder eine Hybrid-Version, selbst nicht als Mild-Hybrid. Dafür gibt's optional fünf Fahrmodi, diverse Fahrassistenten inklusive Totwinkelüberwachung und Querverkehrswarner. Auf den 4,11 Metern Fahrzeuglänge lassen sich maximal 1300 Liter Gepäck unterbringen. Ein guter Wert, der beweist, dass der T-Cross nicht nur ein Lifestylehochsitz ist, sondern durchaus Alltagsqualitäten hat.

Baujahr	seit 2018
Motor-Bauart	Dreizylinder-Turbo (Reihe), Vierzylinder-Turbo (Reihe), Vierzylinder-Turbodiesel (Reihe)
Hubraum (cm³)	999 bis 1598
Leistung (PS/U/min)	95 bei 5500 bis 150 bei 6000
Vmax in (km/h)	180 bis 200
Bauart	SUV
Produktionszahl	k.A.

VW ID.3 Pure, Pro, Pro Performance, Pro S

Baujahr	seit 2019
Motor-Bauart	E-Motor
Hubraum (cm³)	entfällt
Leistung (PS/U/min)	145 bis 204
Vmax in (km/h)	160
Bauart	Limousine
Produktionszahl	k.A.

Marktführer in ein paar Monaten? VW kann's. Und zwar mit dem vollelektrischen VW ID.3. Ab September 2020 ausgeliefert, soll das Auto Ende 2020 das meistverkaufte reine Elektroauto in Europa sein. Das liegt sicherlich auch an den Flotten-Kunden, aber trotzdem – der künftige Super-VW, dessen Kürzel „Intelligentes Design" bedeuten soll, hat auch viele Erwartungen geweckt. Kein Wunder, sieht VW ihn doch in einer Reihe mit Käfer und Golf. Tatsächlich sitzt der Motor wie beim Käfer hinten, ebenso wird die Hinterachse angetrieben. Und zwar mit bis zu 204 PS dank permanenterregter Synchronmaschine. Das Top-Tempo ist auf 160 km/h begrenzt. Innen befindet sich ein Screen im Cockpit, alle Bedienelemente – auch jene im Lenkrad – werden über Touch-Funktionen mit berührungssensitiven Tasten gesteuert. Lediglich für die Fensterheber und das Warnblinklicht setzt VW noch auf haptische Schalter. Volkswagen verspricht eine Garantie auf die Batterie von acht Jahren beziehungsweise 160.000 Kilometern.

Volkswagen Golf, Werkscode Golf VIII Typ CD (1.0 TSI, 1.0 eTSI, 1.5 eTSI, 1.5 TSI, 1.5 TGI, GTI, GTI Clubsport, R, 1.4 TSI eHybrid, 1.4 GTE, 2.0 TDI, GTD)

Baujahr	seit 2019
Motor-Bauart	Dreizylinder-Turbo (Reihe), Vierzylinder-Turbo (Reihe), Vierzylinder-Turbo + E-Motor (Reihe), Vierzylinder-Turbodiesel (Reihe)
Hubraum (cm³)	999 bis 1984
Leistung (PS/U/min)	90 bei 5500 bis 320 bei 5350
Vmax in (km/h)	188 bis 250
Bauart	Limousine, Kombi
Produktionszahl	k.A.

Wenn man ein so wichtiges Modell wie den Golf in seinem Portfolio hat, ist man bei jeder neuen Generation zum Erfolg verdammt. Zumal ein Auto wie der Golf VIII das Geld für die Entwicklung der Elektrostrategie des Konzerns einbringen soll. Da wirklich große Schritte kaum mehr zu realisieren sind, stellt VW den Wagen auf dieselbe Plattform wie den Vorgänger, wenn auch weiterentwickelt, und konzentriert sich auf Digitalisierung und Hybridisierung. Trotzdem wird alles neu, besonders innen mit dem Widescreen-Cockpit. Natürlich gibt es den neuen Golf ab 2020 auch wieder als Variant, also als Kombi. Bei der stärksten Hybrid-Version werden 204 PS und 350 Newtonmeter Drehmoment Systemleistung aktiviert. 80 Kilometer reine Stromfahrt soll möglich sein, in der Liste stehen dafür aber 40.000 Euro. Als erster VW besitzt der Golf VIII serienmäßig eine so genannte Car-2-X-Funktion mit rund 800 Metern Reichweite. Damit kann der Golf VIII im Schwarm mit anderen Fahrzeugen oder der Verkehrsinfrastruktur kommunizieren, wenn diese entsprechend ausgerüstet sind. Allerdings wird der Marktstart durch diverse Rückrufe, vor allem wegen Softwarefehlern, beeinträchtigt.

Baujahr	seit 2019
Motor-Bauart	Dreizylinder-Turbo (Reihe), Vierzylinder-Turbo (Reihe)
Hubraum (cm³)	999, 1498
Leistung (PS/U/min)	110, 150
Vmax in (km/h)	185, 200
Bauart	SUV-Cabrio
Produktionszahl	k.A.

Volkswagen T-Roc Cabriolet, Werkscode Typ A1 (1.0 TSI, 1.5 TSI)

Eigentlich war das Evoque Cabrio von Land Rover eine gute Idee. Als erstes offenes SUV sollte der ansehnliche Hochbeiner ab 2016 die Schickimicki-Welt aufmischen – geklappt hat das allerdings nicht gut. 2019 traute sich VW etwas und öffnete den kleinen SUV T-Roc. Der kostet im Vergleich zum geschlossenen Pendant in der Basis immerhin rund 6000 Euro mehr. Die Motorenauswahl ist beim T-Roc Cabrio stark begrenzt: Entweder man entscheidet sich für 110 PS dank eines Einliter-Turbomotors (1.0 TSI) oder für 150 PS aus einem 1,5-Liter-TSI. Das Cabrio ist knapp 200 Kilo schwerer als das geschlossene SUV, das Softtop zeigt sich modern mit einer Zeit von nur neun Sekunden, die es zum Öffnen oder Schließen braucht. Das funktioniert auch beim Fahren bis 30 km/h. Gewöhnungsbedürftig ist, dass der kleine Schalter dafür auf der Mittelkonsole sowohl fürs Öffnen als auch fürs Schließen gezogen werden muss. Der Kofferraum ist mit 280 Liter ganz ordentlich, die günstigste Variante kostet fast 28.000 Euro.

Volkswagen ID.4 (Pure, Pure Performance, Pro, Pro Performance)

Baujahr	seit 2020
Motor-Bauart	E-Motor
Hubraum (cm³)	entfällt
Leistung (PS/U/min)	148 bis 204
Vmax in (km/h)	160
Bauart	SUV
Produktionszahl	k.A.

ID.3 ist ja ganz nett – der globale rein elektrische Besteller von VW soll aber der ID.4 werden. Er ist so groß wie der Tiguan und wird in Zwickau gebaut. Er ist 4,58 Meter lang, kommt mit einem Radstand von 2,77 Metern, bietet gute 543 bis 1575 Liter Kofferraumvolumen und kostet ohne staatliche und stattliche Hilfen 36.950 Euro. Softtouch-Oberflächen im Interieur sollen den modernen Anspruch belegen. Bildschirme und Bedieneinheiten sind denen im ID.3 sehr ähnlich, aber große Experimente hat sich VW verkniffen – ein Weltauto darf nicht zu kompliziert sein. Zwei Akkugrößen werden angeboten, als Reichweiten werden etwa 350 bis 520 Kilometer genannt. Der Kunde hat die Wahl aus vier Autostärken von 148 bis 204 PS. Das Top-Tempo ist auf 160 km/h gedrosselt. Eine Allradvariante soll in Arbeit sein.

Volkswagen Caddy, Werkscode Caddy V (1.5 TSI, 1.5 TGI, 2.0 TDI, 2.0 TDI 4Motion)

Baujahr	seit 2020
Motor-Bauart	Vierzylinder-Turbo (Reihe), Vierzylinder-Turbodiesel (Reihe)
Hubraum (cm³)	1498, 1968
Leistung (PS/U/min)	75 bei 2250 bis 130 bei 6000
Vmax in (km/h)	157 bis 187
Bauart	Hochdachkombi
Produktionszahl	k.A.

Schon seit einiger Zeit ist der Caddy kein reines Nutzfahrzeug mit der Möglichkeit zur Umrüstung für Personentransport mehr – das gilt erst recht für die fünfte Generation. 2020 startete der neue Caddy mit Golf-Cockpit und künftig wohl auch mit Hybrid-Motoren. Noch besser: Er steht nicht mehr, wie viele seiner Vorgänger, auf der Golf-V-Plattform, sondern ganz modern auf der des Achter-Golf. Damit ist der Caddy endlich ein richtiger Personenkraftwagen. Zwei Radstände sind zu haben, unter der Haube stecken entweder ein Benziner, drei verschiedene Dieselmotoren und auch ein Erdgasantrieb, was eine Spanne von 75 bis 130 PS zulässt. Man kann das Auto mit Heckklappe oder Hecktüren bekommen, die Preise beginnen bei gut 25.000 Euro. Dafür kommt der Caddy nun endlich nicht mehr mit Blattfedern an der Hinterachse, sondern mit einer Starrachse samt Schraubenfedern, doppelten Längslenkern und einem Panhardstab. Bis zu sieben Personen können mitfahren.

VW-Porsche 914 (1.7, 1.8, 2.0)

Eigentlich eine bestechende Idee, den Klang des Namens Porsche, ein modernes Mittelmotorkonzept und preiswerte VW-Motorisierung miteinander zu kombinieren und so den Sportwagenmarkt im Sturm zu nehmen. Leider passte dies alles nicht wirklich gut zusammen: Die Karosserieform war Geschmackssache, aus dem VW-Porsche wurde schnell der bespöttelte „Vopo" und der kompromisslose Zweisitzer bot zwar hervorragende Fahreigenschaften, aber sehr wenig Nutzwert im Alltagseinsatz.

Baujahr	1969-1975
Motor-Bauart	Vierzylinder (Boxer)
Hubraum (cm^3)	1679, 1795, 1971
Leistung (PS/U/min)	80 bei 4900 bis 100 bei 5000
Vmax in (km/h)	178 bis 190
Bauart	Coupé (Dachteil entfernbar)
Produktionszahl	115.646

Wartburg Cabrio und Reise-Coupé

In der Frühzeit nach dem Mauerbau ließen sich in der ehemaligen DDR tatsächlich noch vereinzelte Signale wahrnehmen, die sich um die Befriedigung des Bedürfnisses nach Individualität mühten. Die extravaganten Cabrio- und Hardtop-Versionen des Wartburg 311/312 waren ein solches. Sie zeigten ein gelungenes Design ihrer zweitürigen Karosserie und orientierten sich ganz offensichtlich an Vorbildern aus dem Westen.

Baujahr	1966-1988
Motor-Bauart	Dreizylinder-Zweitaktmotor
Hubraum (cm³)	992
Leistung (PS/U/min)	45 bei 4250 bis 50 bei 4250
Vmax in (km/h)	125 bis 130
Bauart	Cabriolet, Coupé
Produktionszahl	1.225.190

Wartburg 311, 312

In der DDR lebte die Tradition der DKW-Zweitakter munter weiter. Was im Westen längst zum Scheitern verurteilt war, repräsentierte seinerzeit den technischen Stand der staatlich gelenkten Automobilindustrie. Die knorrigen Wartburg-Limousinen taten unauffällig ihre Pflicht im Alltag und haben heute, 20 Jahre nach dem Mauerfall, wieder an exotischem Reiz gewonnen. Besonders hübsch waren übrigens die Cabriolet- und Hardtop-Varianten, die erstaunlicher Weise ebenfalls in der Modellpalette vertreten waren.

Baujahr	1956-1966
Motor-Bauart	Dreizylinder-Zweitaktmotor
Hubraum (cm³)	900, 992
Leistung (PS/U/min)	37 bei 4000 bis 45 bei 4200
Vmax in (km/h)	100 bis 122
Bauart	Limousine (4-türig), Kombi (3-türig)
Produktionszahl	292.723 (o. Sport)

Wartburg Sport

Baujahr	1957-1960
Motor-Bauart	Dreizylinder-Zweitaktmotor
Hubraum (cm³)	900
Leistung (PS/U/min)	50 bei 4500
Vmax in (km/h)	140
Bauart	Cabriolet
Produktionszahl	469

Auf die Spitze hatten es die Eisenacher VEBler schon vor dem Mauerbau getrieben. 1957 präsentierten sie sogar einen attraktiven Zweisitzer, der gewisse optische Anleihen an amerikanischen Vorbildern nahm. Auf der vorhandenen Bodengruppe des 311 durften sich die Karosseriestilisten nach Herzenslust austoben, schließlich war nur Raum für zwei Passagiere zu schaffen. Der auf 50 PS getriebene Dreizylinder-Zweitakter, ein winziges Motörchen, dürfte unter der ellenlangen Motorhaube dabei kaum aufgefallen sein.

Wartburg Camping Limousine

Eine besonders ansehnliche 311- bzw. 312-Variante war die sogenannte Camping-Limousine – speziell geeignet für den so intensiv urlaubenden DDR-Bürger … Schmückendes Beiwerk in Form verschnörkelter Chromleisten, eine Zweifarbenlackierung und natürlich der üppig verglaste Kombiaufbau gaben ihr ein besonderes Gepräge. Technisch war sie freilich kein Stückchen moderner als ihre Limousinen-Genossinnen – schließlich arbeiteten die Cousins von DKW in Ingolstadt nach dem gleichen antiquierten Zweitakt-Konzept.

Baujahr	1957-1963
Motor-Bauart	Dreizylinder-Zweitaktmotor
Hubraum (cm³)	900, 992
Leistung (PS/U/min)	37 bei 4000 bis 45 bei 4200
Vmax in (km/h)	100 bis 105
Bauart	Kombi (5-türig)
Produktionszahl	k.A.

Wartburg 353

Auf der Höhe der Zeit präsentierte sich 1966 der Nachfolger des Wartburg 312. Mit aufwändiger Fahrwerkstechnik und zeitlos eleganter Karosserie konnte er durchaus punkten. Die Ära des Zweitaktmotors war aber – international betrachtet – definitiv beendet. Die politisch Verantwortlichen in der DDR focht das aber nicht an – am Zweitakter musste festgehalten werden. Lieferbar waren die Karosserie-Varianten viertürige Limousine und fünftüriger Kombi. Beide waren in der Standard- wie auch in einer Luxus-Ausführung erhältlich.

Baujahr	1966-1988
Motor-Bauart	Dreizylinder-Zweitaktmotor
Hubraum (cm³)	992
Leistung (PS/U/min)	45 bei 4250 bis 50 bei 4250
Vmax in (km/h)	125 bis 130
Bauart	(4-türig), Kombi (5-türig)
Produktionszahl	1.225.190

Zündapp Janus

Baujahr	1957-1958
Motor-Bauart	Einzylinder-Zweitaktmotor
Hubraum (cm³)	248
Leistung (PS/U/min)	14 bei 5000
Vmax in (km/h)	80
Bauart	Limousine (2-türig)
Produktionszahl	6902

Der Name dieses deutschen Kleinwagens war Programm, denn der Flugzeugkonstrukteur Claudius Dornier hatte wieder mal einen Geniestreich gelandet – diesmal jedoch auf dem automobilen Sektor. Geplant als Dornier Delta, jedoch in Produktion genommen beim Münchner Zweiradhersteller Zündapp, sah der „Janus" von vorne und von hinten fast völlig gleich aus. Konsequenterweise saßen die bis zu vier Insassen zu je Zweien Rücken an Rücken. Technisch clever ausgedacht, aber leider ohne die Befindlichkeiten des bundesdeutschen Autokäufers zu berücksichtigen.

ALLE TITEL
CA. 256 SEITEN, ZAHLREICHE FARBIGE ABBILDUNGEN, HARDCOVER 21,5 X 27 CM

Mehr als 650.000 verkaufte Exemplare der Reihe

€ 14,99
ISBN 9783958438972

€ 14,99
ISBN 9783958436923

€ 14,99
ISBN 9783958433533

€ 14,99
ISBN 9783958439405

€ 9,99
ISBN 9783958437661

2. Auflage

€ 14,99
ISBN 9783966645492

6. Auflage

€ 14,99
ISBN 9783868526349

€ 14,99
ISBN 9783966643016

€ 9,95
ISBN 9783868522921

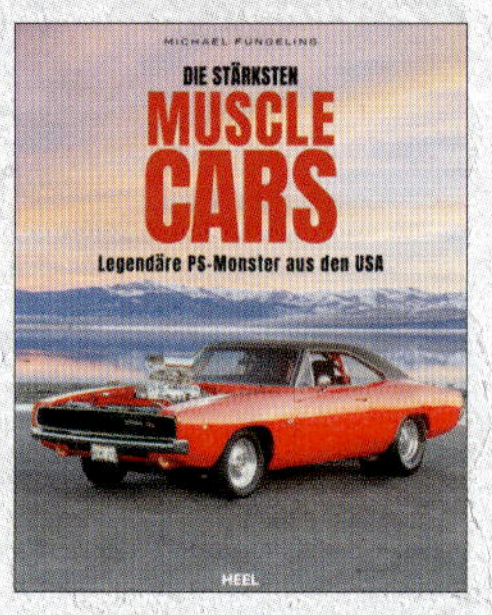

€ 14,99
ISBN 97839666488440

3. Auflage

€ 14,99
ISBN 9783868526943

€ 14,99
ISBN 9783966641357

€ 14,99
ISBN 9783966645867

€ 14,99
ISBN 9783868527049

€ 14,99
ISBN 9783868529456

7. Auflage

€ 14,99
ISBN 9783868522808

€ 14,99
ISBN 9783966647809

€ 14,99
ISBN 9783958430303

€ 14,99
ISBN 9783868527094

€ 14,99
ISBN 9783868529531

Unser komplettes Programm finden Sie im Buchhandel und unter www.heel-verlag.de